欢乐数学之

Math

Games

游戏

with

Bad

大闯关

Drawings

75 1/4 Simple, Challenging,
Go-Anywhere Games—And Why They Matter

一本充满
"烂插画"的
数学思维互动书

[美]本·奥尔林 著

Ben Orlin

唐燕池 译

天津出版传媒集团

天津科学技术出版社

著作权合同登记号：图字 02-2023-174 号

Math Games with Bad Drawings:75$\frac{1}{4}$ Simple, Challenging, Go-Anywhere Games—And Why They Matter
Copyright © 2022 by Ben Orlin
This edition published by arrangement with Black Dog & Leventhal, an imprint of Perseus Books, LLC, a subsidiary of Hachette Book Group, Inc., New York, New York, USA. All rights reserved.
Simplified Chinese edition copyright © 2023 by United Sky (Beijing)New Media Co., Ltd.
All rights reserved.

审图号：GS 京（2023）1698 号

图书在版编目（CIP）数据

欢乐数学之游戏大闯关：一本充满"烂插画"的数学思维互动书 / (美) 本·奥尔林著；唐燕池译. -- 天津：天津科学技术出版社，2023.10（2024.10重印）
书名原文：Math Games with Bad Drawings: 75 1/4 Simple, Challenging, Go-Anywhere Games—And Why They Matter
ISBN 978-7-5742-1541-2

Ⅰ.①欢… Ⅱ.①本… ②唐… Ⅲ.①数学－青少年读物 Ⅳ.①O1-49

中国国家版本馆CIP数据核字(2023)第157198号

欢乐数学之游戏大闯关：一本充满"烂插画"的数学思维互动书
HUANLE SHUXUE ZHI YOUXI DACHUANGGUAN：
YIBEN CHONGMAN "LANCHAHUA" DE
SHUXUE SIWEI HUDONGSHU

选题策划：联合天际·边建强
责任编辑：马妍吉
出　　版：天津出版传媒集团
　　　　　天津科学技术出版社
地　　址：天津市西康路35号
邮　　编：300051
电　　话：（022）23332695
网　　址：www.tjkjcbs.com.cn
发　　行：未读（天津）文化传媒有限公司
印　　刷：北京雅图新世纪印刷科技有限公司

开本　710×1000　1/16　印张　27　字数　308 000
2024年10月第1版第4次印刷
定价：108.00元

关注未读好书

客服咨询

献给凯西，她每天都会教我神奇的新游戏，

尽管其中有许多令我一头雾水

目录

前言

　　我想用一个谜题拉开这本书的序幕。请问：你和黑猩猩到底有什么区别？

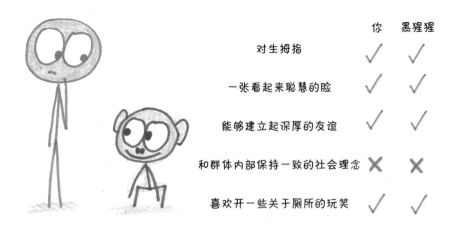

	你	黑猩猩
对生拇指	✓	✓
一张看起来聪慧的脸	✓	✓
能够建立起深厚的友谊	✓	✓
和群体内部保持一致的社会理念	✗	✗
喜欢开一些关于厕所的玩笑	✓	✓

　　答案揭晓：黑猩猩在小时候是一只小猩猩，然后会长大，而你在小时候是一只小猩猩，长大后还是一只小猩猩。

　　我没在开玩笑，照照镜子看看你自己吧：光滑的皮肤、窄小的下颌、硕大的圆形颅骨——这些都是我们的类人猿表亲随着年龄的增长而逐渐消失的特征，而你在成长过程中却将它们固执地保留了下来。没有嘲笑你的意思啦，毕竟我也是这样过来的。人类在成年后仍保留着孩子般的特征，并执着于古生物学家史蒂芬·杰·古尔德[①]所说的"永葆青春"——专业术语称为"幼态持续"（neoteny），而在灵长类动物世界中，这就是人类的特色。最神奇的是，我们不仅长得像小猩猩，行为也和它们很像，如热衷于

---

① 史蒂芬·杰·古尔德（Stephen Jay Gould，1941—2002），美国著名的古生物学家、进化论科学家和科学史学家。其代表作有《自达尔文以来》《火烈鸟的微笑》《熊猫的拇指》等。——译者注

模仿、探索、提问等。简言之，就是爱玩。

　　各位长着娃娃脸的人类朋友，正是因为爱玩，我们才能成为灵长类动物中的天才选手。也正是因为爱玩，人类才能建造出金字塔、在月球上留下脚印，以及制作出全球销量超过 3 000 万张的专辑《艾比路》①。当然，我们并不是长大后自然而然地拥有了智慧，而是因为从小拒绝做一个愚蠢的生物。人类从动物界脱颖而出的秘密在于从未停止过学习，而我们学习能力强的秘密就在于从未停止过玩耍。

　　所以，还等什么呢，一起来玩吧！

如何玩转本书？

你需要准备些什么呢？

　　（1）**一些常见的生活用品。**我尽量让大多数游戏只需用到纸和笔，但有些游戏可能还要准备些别的。每一章都详细说明了这些细节，尾声部分的表格中也有相关总结（注：骰子不一定要准备实物，在网上搜索"在线骰子""骰子小工具"等应用就能模拟掷骰子的结果）。

　　（2）**玩伴。**很多数学书里的游戏都是一个人单独玩的，但本书不是。我写这本书时，正值由新冠肺炎疫情引发的保持"社交距离"（social distancing）被提出的那一年，于是它就成了一封写给社交与聚会的情书。除少数单人游戏外，你是需要玩伴的。此外，虽然本书是为像我这样的"黑猩猩大宝宝"而写的，但满 10 岁的孩子基本上就可以玩书中所有的游戏了，甚至还有很多游戏适合 6 岁左右的孩子。

---

① 《艾比路》（*Abbey Road*），英国摇滚乐队披头士于 1969 年发布的第 11 张专辑，也是他们的最后一张录音室专辑。——译者注

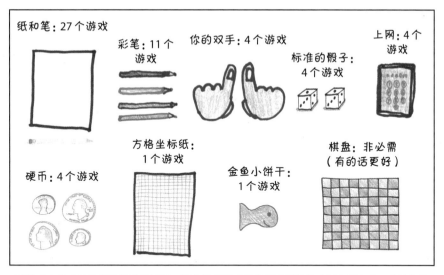

新游戏本身才是最难准备的原材料。那些已有游戏的变体及相关游戏不包括在内。在法律禁止的情况下，以上建议均无效。但如果你所在的地区法律禁止玩游戏，那问题就更严重了。

（3）回归本心。史蒂芬·杰·古尔德写道："许多动物在童年时期表现出高度的灵活性和玩耍的能力，但成年后却遵循着严格的既定模式。"作为一名数学老师，我不得不承认，在很多情况下，人类的数学课似乎是为其他动物（如白蚁这类刻板的模仿者）设计的。这些课程不出意料地捕捉到了我们思维中最糟糕的一面：麻木、笨拙、焦虑。阅读本书时，请抛开这一切，召唤出你真实的本性和你内心最珍贵的童心。

玩游戏的目的是什么？ 最大限度地激发人类思维的潜力。

有哪些游戏规则？

（1）本书探讨的是一种独特的人类玩耍方式：**游戏**，也被称为"**规则游戏**"。它们的涵盖范围很广：从拥有无数规则（如"大富翁"）到只有一个规则（如"地上都是岩浆"），从残酷竞争的场景（如"大富翁"）到需要深度合作的场景（如"地上都是岩浆"），从最糟糕的人类文化产物（个人认为如"大富翁"）到最有价值的人类文化产物（个人认为如"地上都是岩浆"）。

在写作过程中，我一直在寻找那些规则简单且巧妙，同时能支撑丰富而复杂玩法的游戏。正如那句谚语所说："学会一分钟，精通一世功。"

（2）"**数学游戏**"具体指的是什么？这是个好问题。第一个问我这个问

我因"太复杂"而拒绝的游戏

"邓斯里圆锥"游戏

"北非战争"游戏

"范畴论"游戏

"板球"游戏

我因"太简单"而拒绝的游戏

井字棋

十字棋

无字棋

① 1英尺约等于0.3米。——译者注

题的是维托·索罗（Vito Sauro），他是明尼苏达州最友善的桌游专家之一。他指出，几乎所有桌游都是由数学框架和某种主题的外壳构成的，所以我这本书会涵盖所有已经问世的游戏吗？

我告诉维托：并不会。在我的定义中，数学游戏是一种让你觉得"哦哦哦，这的确很数学"的游戏。

面对我的回答，维托认为说了等于没说，但他对此已经很满意了。不管怎样，我一直在尝试设计与**逻辑、策略和空间推理**有关的经典游戏，而设计的三个标准如下：①有趣；②容易玩；③在数学上给人启迪。[①]

（3）这本书介绍了5大类游戏：**空间游戏、数字游戏、组合游戏、风险与回报游戏，以及信息游戏。**以上分类只是我的灵光一现，并不严谨，切勿将其看作每个样本都能被归档的完美分类学。它们更像是一种氛围灯，用于突出游戏鲜明的特征。例如，国际象棋可以被归为这五大类中的任意一类，它在不同的光源下看起来略有不同。

以上每个大类的游戏各占一章，每章都以一篇介绍数学相关分支的有趣文章拉开序幕，紧接着推荐**5款有特色的游戏**，每款游戏占一节，大致按照复杂性不断增加的顺序排列（但每章都是全新的开始），最后是对多个游戏的简要介绍（其中有几个我非常喜欢）。

---

① 尽管身为一名教师，但我还是会尽量避免设计"多项式多米诺骨牌""联立方程大冒险"和"谁能最快完成作业"这类课堂上常见的游戏。——作者注（后文若无特殊说明，均为作者注）

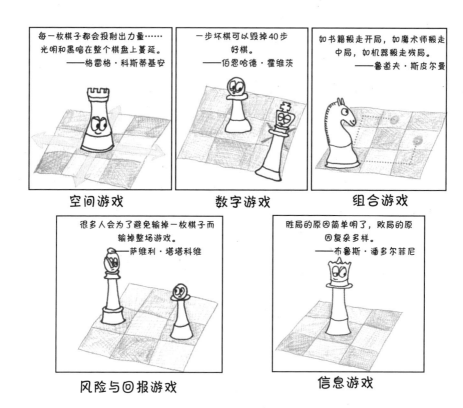

每一枚棋子都会投射出力量······
光明和黑暗在整个棋盘上蔓延。
——格雷格·科斯蒂基安

空间游戏

一步坏棋可以毁掉40步好棋。
——佰恩哈德·霍维茨

数字游戏

如书籍般走开局，如魔术师般走中局，如机器般走残局。
——鲁道夫·斯皮尔曼

组合游戏

很多人会为了避免输掉一枚棋子而输掉整场游戏。
——萨维利·塔塔科维

风险与回报游戏

胜局的原因简单明了，败局的原因复杂多样。
——布鲁斯·潘多尔菲尼

信息游戏

（4）每款精选游戏都遵循相同的程序做介绍。首先，在"这个游戏怎么玩？"中，我将列出游戏的机制，包括你需要准备什么、玩家要实现的目标，以及游戏规则。

然后，在"**游戏体验笔记**"中，我将详细阐述游戏玩法的特色，尝试将那些只可意会不可言传的滋味描述清楚。你可能会得到一些游戏策略上的建议，但那不是我的目的。我只是想厘清数学游戏中微妙的色调和阴影，其中的变化如此精妙，可能会让葡萄酒看起来像糟糕的陈年葡萄汁。①

---

① 对那些年纪太小还不知愁滋味的人来说，葡萄酒就是一种糟糕的陈年葡萄汁。

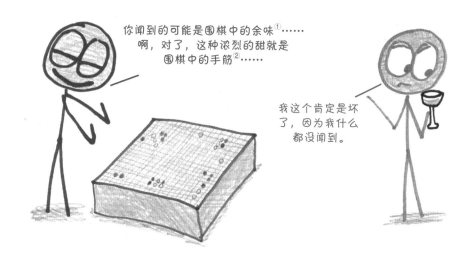

接下来，在"这个游戏从何而来？"中，我会告诉你我所知道的这些游戏的起源。有些是流传了多年的古老游戏，有些是新鲜出炉的青涩游戏，还有些二者兼有（不要问我这是怎么回事，情况就是这么个情况）。

再下来，在"为什么这个游戏很重要？"中，我将告诉你这款游戏为何能激发人类最好的思维。或许是因为它模拟了物质的量子结构；或许是因为它揭示了拓扑学的朴素之美，或者美国选区划分中不公正的冷酷逻辑；又或许是因为它能释放你内在的天赋，唤醒你体内那只沉睡已久的"黑猩猩"。不管怎样，我认为这是这一节的关键，也是我写这本书最重要的目的。

最后，在"变体及相关游戏"中，我将提出一些有趣的方向，你可以在其中尽情探索。在这些变化中，有些是对规则的微调，而有些则是在历史、概念或精神等方面与原版游戏有所关联的全新游戏。

---

① 余味，围棋术语，一般指不要过早定型，保留变化，根据棋局的进程再来决定怎么下。——译者注

② 手筋，围棋术语，指棋手处理关键部分时所使用的手段和技巧。——译者注

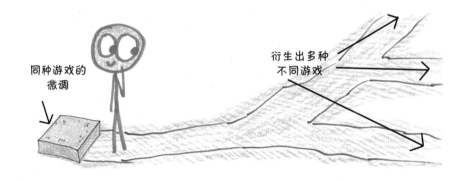

同种游戏的微调

衍生出多种不同游戏

（5）在本书的结尾，我列出了一个详尽的表格，包含书中所有的游戏，以及大家喜爱的以问答形式呈现的参考文献。

哦，对了，我还会解释自己是如何在本书中创造出 $75\frac{1}{4}$ 种游戏的。如果你现在就想问："那 $\frac{1}{4}$ 种游戏是怎么回事？"请你大可放心，我在结尾部分解释的内容比这复杂得多。

本书的游戏体验笔记

如果你愿意，你可以把它当作一部普通的非虚构作品。一页页翻过去，在看到笑话时礼貌的微笑，然后喃喃自语："我的天，这画画技术也太糟糕了，买书的钱花得可'真值'。"一章接着一章、一个游戏接着一个游戏，你会度过一段非常愉快的时光，但你也会错过所有真正的乐趣。

这本书是用来玩的。人类就应该玩各种各样的数学游戏，就像大象玩它的长鼻子、鸟儿玩它的翅膀，或者"蝙蝠侠"玩他的豪车，这应该是人类与生俱来的兴趣。人类的数学思维能力是一种非凡的天赋，除无法破解猫的高冷傲娇之外，堪称动物界无可匹敌的力量。所以，千万别把这个好不容易才进化来的"礼物"留在包装纸里，把它拿出来，玩起来。或者至少像猫一样，玩一玩包装纸吧。

本书中的大多数游戏都是多人游戏。我希望你能找到一个愿意分享好奇心的玩伴，和他一起在游戏中探索，边玩边分析。数学家玛丽·埃佛勒斯·布尔（Mary Everest Boole）说："在竞争大行其道的地方，只有死掉的数学才能被教授。鲜活的数学必须永远是公共财产。"但在我看来，即使是竞争性的游戏也是协作项目，而在竞争性游戏中，玩家将他们的头脑联合在一起，形成了非凡的逻辑和策略之链。国际象棋大师大卫·布龙斯坦（David Bronstein）将其称为"两个人的思考"，著名精神病学家卡尔·门宁格（Karl Menninger）称之为"思想的渐进式渗透"，而我则称之为"玩耍"。

总之，我希望你能读读这本书。从组合爆炸到信息论，其中的每个游戏都揭示了数学的深层真理。反过来，这些数学真理的光芒又照亮了我们的游戏。别担心它们会亮得刺眼，你的眼睛会适应的。正如英国牧师查尔斯·凯莱布·科尔顿（Charles Caleb Colton）所说："数学的研究就像尼罗河一样，始于微小，终于宏大。"

本书中数学游戏的来源

书中的游戏来自法国巴黎的大学、日本的校园、阿根廷的杂志、厚脸皮的吹牛大王、喧闹的赌场、喝得醉醺醺的学者、谦逊的数学业余爱好者，以及精神亢奋的孩子。这些游戏之所以变化多端，是因为数学变化多端；之所以冒着傻气，也是因为数学冒着傻气。数学游戏属于所有人，因为无论那些令人生畏的公式和喜欢冷嘲热讽的学院派人士怎么说，数学都属于所有人。

总的来说，本书中的游戏主要来自以下4个领域：

（1）**传统的儿童游戏**，如战舰游戏、筷子游戏和点格棋。

（2）**休闲娱乐的桌游**，如Teeko游戏、纸上拳击和亚马逊棋。

（3）**由数学家设计的概念游戏**，如SIM游戏、抽芽游戏和多米诺工程。

（4）**古怪但有趣的课堂游戏**，如邻居游戏、离谱游戏和"到101就输了"。

　　这些游戏是怎么产生的呢？是什么点燃了数学之火？我自己设计了9款游戏，按理来说，我应该知道问题的答案。然而，答案却是，没有唯一的路径。这些游戏并不存在共同的起源。印度带给我们国际象棋①，中国带给我们围棋，马达加斯加带给我们迁棋②，而我2岁的侄子斯坎德尔为我们带来的则是"围着问题跳舞，口中还喊着'哇呜哇呜'"。

　　为什么数学游戏如此普遍？说实话，我不知道答案，也许是因为宇宙本身就充满了数学。

　　举个例子：1974年，遗传学家玛莎·让·法尔科（Marsha Jean Falco）开始在索引卡上画符号。这是一个研究工具：每张卡代表一只狗，每个符号代表狗基因组中的一个DNA序列。但随着她不断地洗牌和重新排列，所有的细节都消失了，她开始看到纯粹的组合和抽象的图案。这就是逻辑游戏。法国数学家亨利·庞加莱（Henri Poincaré）写道："物质不会吸引（数学家的）注意力，他们只对形式感兴趣。"玛莎开始跳脱出兽医的视角看问题，并在不久后想出了一个游戏。

　　就这样，史蒂芬·霍金（Stephen Hawking）最喜欢的消遣方式、顶尖数学家最喜欢的研究课题，以及20世纪最受欢迎的纸牌游戏之一——SET纸牌——诞生了。

---

① 关于这一说法目前存有争议。——译者注
② 流行于马达加斯加的双人类棋，玩法类似围棋。——译者注

SET纸牌：从各方面来说，
这3张牌要么完全相同，要么完全不同

颜色相同，数量相同

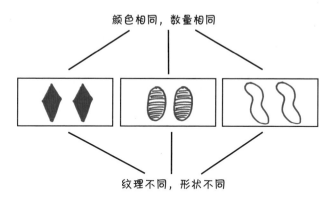

纹理不同，形状不同

形状相同

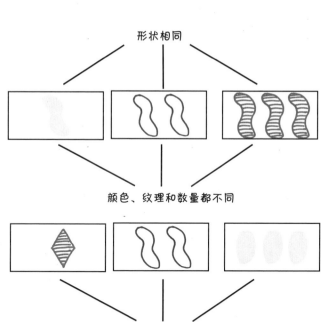

颜色、纹理和数量都不同

颜色、纹理、形状和数量都不同

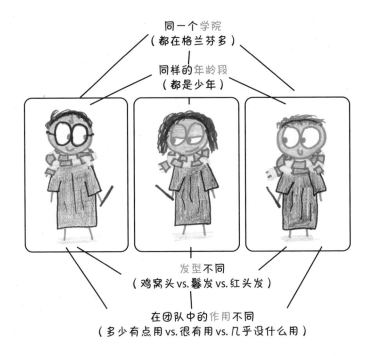

同年，匈牙利建筑师厄尔诺·鲁比克（Ernő Rubik）给自己设定了一个结构上的挑战：是否可以把许多独立的小方块积木拼成一个大方块积木？经过一番尝试后，他成功了。接下来，他又突发奇想，在大方块积木的每一面都贴上彩纸，然后开始扭动它。他后来回忆道："这场彩色之旅让我感到心满意足。但最终，就像在一段愉快的旅程即将结束之际，已经看了许多旖旎的风景，我认为是时候回家了——该把小方块们放回原位了。"

经过一番尝试，他失败了。爱玩的他屡战屡败，但从未停止尝试。经过1个月的努力，他终于将这个立方体恢复到了原来的状态。

就这样，魔方诞生了，并成为人类历史上最畅销的玩具之一。

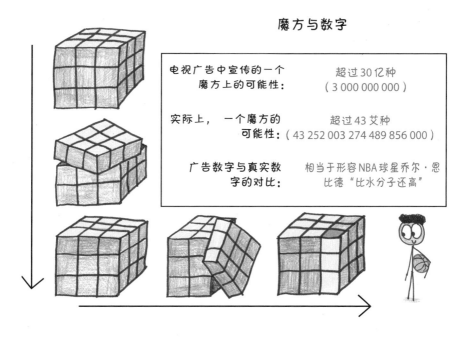

魔方与数字

电视广告中宣传的一个魔方上的可能性：	超过30亿种（3 000 000 000）
实际上，一个魔方的可能性：	超过43艾种（43 252 003 274 489 856 000）
广告数字与真实数字的对比：	相当于形容NBA球星乔尔·恩比德"比水分子还高"

　　SET纸牌和魔方向我们展示了数学思维的两条基本路径：你可以像玛莎那样从现实的一角开始，寻找它的抽象结构；或者你也可以像厄尔诺那样从一个抽象结构开始，在现实中寻找它的意义。从这个意义上说，SET纸牌和魔方不只是用来玩的游戏，它们本身就是游戏思维的成果，是那些从不停止学习的天才猩猩所创造的闲散艺术。

为什么数学游戏很重要？

　　因为它们能激发人类思维中最好的部分。

　　1654年，有个赌徒在写给数学家布莱兹·帕斯卡[①]和皮埃尔·德·费马[②]的信中提出了一个谜题。这个谜题是这样的：两个人在玩简单的概率对

[①] 布莱兹·帕斯卡（Blaise Pascal，1623—1662），法国数学家、物理学家和哲学家，提出了著名的帕斯卡定理。——译者注
[②] 皮埃尔·德·费马（Pierre de Fermat，1601—1665），法国业余数学家，提出了著名的费马大定理。——译者注

半游戏，每赢一局可得1分。最先得到7分的人可获得100法郎奖金。但在比赛进行到一半时，比赛中断了，此时其中一方以6∶4领先。在这种情况下，怎样分配奖金才公平？

这两位数学家解决了这个问题，[①]更棒的是，他们的解法促成了对不确定性的数学研究，即今天人们所熟知的概率论。

没想到吧？概率论作为一个现代的基本工具，竟然诞生于一个关于机会游戏的简单谜题。

另外，还有一个真实的故事。18世纪，每到周日下午，柯尼斯堡（今天的加里宁格勒）的居民都喜欢在这座河滨城市的4个区之间闲逛，旨在找到一条既能一座不落地穿过城内所有的桥（共7座）——铁匠桥、连接桥、

---

① 剧透一下，落后的玩家获胜的唯一希望是赢得接下来3轮的每一轮。而这一情况发生的概率是$\frac{1}{8}$。因此，该玩家应获得奖金的$\frac{1}{8}$，即12.50法郎，而领先的玩家应得到87.50法郎。

绿桥、商人桥、木桥、高桥和蜜桥，又能保证每座桥只经过一次的路线。但是没有人能做到。1735年，瑞士数学家莱昂哈德·欧拉（Leonhard Euler）证明了他们失败的原因。从数学层面来看，这是不可能做到的，这样的路径也不可能存在。今天，我们将他的证明视为"图论"（graph theory）的开端，图论是对网络的研究，它奠定了社交媒体、互联网搜索算法及流行病学等事物的根基。谷歌、脸书（Facebook）和如今人类抗击新型冠状病毒肺炎（COVID-19）的斗争都可以追溯到普鲁士人的这项午后娱乐活动。

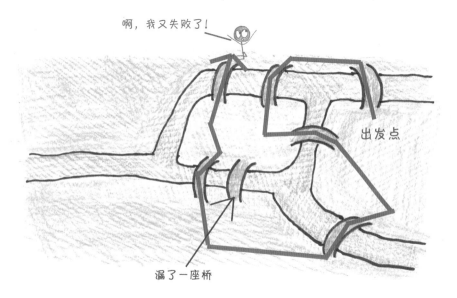

还要我再举一个例子吗？那就说说约翰·康威（John Conway）吧。他是一位传奇的数学家，在我写这本书期间去世了。从细胞自动机到抽象代数，康威探索了各种各样的数学。然而，他一次又一次地回到游戏中。他本人最得意的发现是超实数，它将双人游戏的结构编码成一个数字系统。而他最受瞩目的（也是他最不以为然的）发现——生命游戏，则展现了这个世界的复杂性是如何从一些简单的规则中产生的。

"我被他关于游戏的想法深深打动了，"康威的崇拜者、数学家吉姆·普罗普（Jim Propp）写道，"游戏的想法在他关于晶格、代码和包装的研究中发挥了作用……一个热爱游戏的数学家发现，游戏恰好是他所研究的其他学科的基础，这是何等的幸运。"

　　我还有很多诸如此类的例子——每周一次的"扑克之夜"启发约翰·冯·诺伊曼①提出了博弈论，如今，他的战略性洞见已经渗透到生态学、外交和经济学领域——但我不是要歌颂这些应用。我并不关心数学游戏是否造就了亿万富翁或创造了数万亿美元的财富。我想说的是，这些结果是数学游戏中带有偶然性的副产品。

　　当你从游戏中抬起头，意识到自己在不经意间改变了人类历史的进程时，你会发现自己在玩一种特殊的"火"。

　　马森·哈特曼（Mason Hartman）写道："一切好的思考都是游戏。"她的意思是，探索想法最好的方式应当像小猩猩探索森林一样，带着一种自由和舍弃的精神。这不是玩飞行棋，走的每一步都是为了胜利。相反，这是一个关于假装和想象的游戏，一个告诉自己"是的，然后……"的游戏，一个代代相传的游戏，一支永不熄灭的火炬。"玩一个有限游戏的目的是获胜，"詹姆斯·卡斯（James Carse）写道，"而玩一个无限游戏的目的是让游戏不要停下来。"

　　数学在我们眼中通常是一个个有限游戏：待回答的问题，待解开的谜

---

① 约翰·冯·诺伊曼（John von Neumann，1903—1957），美籍匈牙利数学家、计算机科学家、物理学家，是20世纪最重要的数学家之一，被后人称为"现代计算机之父""博弈论之父"。——译者注

题，待证明的定理。然而，当它们汇聚起来时，便构成了一个永无止境的宏大游戏，几乎囊括了每个已开化猿类的思想。"我爱数学，"数学家罗莎·彼得（Rózsa Péter）说，"既因为人类把自己玩耍的精神注入其中，也因为它给人类提供了最伟大的游戏——无限游戏。"

尽管我个人认为人类最伟大的游戏应该是"地板是熔岩"，但我偶尔也会从无限游戏中获得乐趣，诚挚地邀请你也加入进来。

第1章

空间游戏

　　在这一章中，你将邂逅5款游戏，每款游戏都属于不同的领域。如果你在读完本章后只能掌握1个知识点，我希望你至少知道：**空间有不同的种类。**

　　点格棋始于一个结构严谨的矩形网格——很像一座规划合理的城市。抽芽游戏在一片蜿蜒流淌的梦境中展开。终极井字棋设想了一个涵盖微观、宏观和回声的分形世界。蒲公英游戏描绘了一片被风吹过的田野，遵循着严格的风向。而量子井字棋则被设定在一个非常怪异的空间里（几乎没有空间的感觉）。当把这些游戏放在一起时，你就会明白为什么数学家在谈论

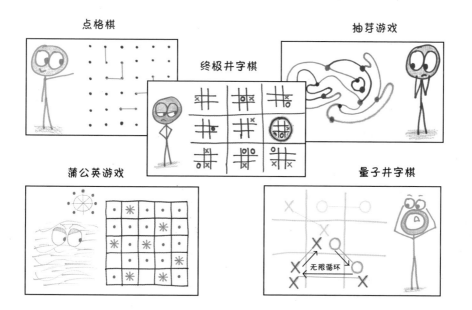

"几何学"这一概念时通常使用的是"geometries",而不是"geometry",因为每种几何的概念化空间及其内容完全不同。"一种几何并不会比另一种几何更正确,"数学家亨利·庞加莱写道,"它只可能更方便。"

然而,这些多样化的游戏有一个共同点:它们都是平面的。它们是试图照亮三维世界的二维体验,就像水中的倒影一样。

作为现代人,这是一个有趣的体验。我们的祖先像人猿"泰山"一样从一棵树荡到另一棵树,而我像珍妮一样从一本书荡到另一本书,从一页荡到另一页,从一张纸荡到另一张纸。我的大脑是为有深度、动态化的三维世界而构建的,我却把它交付给了一个由文档和屏幕组成的二维世界,用这些薄片映照厚重的现实。

好吧,如果我们无法把人猿带回丛林,几何游戏就会做出一个最好的抉择:把丛林还给人猿。它们把平面世界变成了有深度的世界,把二维转变为了三维。接下来,我将通过3个简单的有奖游戏向你展示这个过程。

第一个把二维转变为三维的有奖游戏是1979年的经典街机游戏《小行星》,玩家可以在游戏机屏幕上操纵一艘箭头形状的飞船。在游戏中,屏幕就是整个宇宙:如果你的飞船从一边边缘飞出去,就会重新出现在对侧另一边。由此产生的体验就像在球体上一样,飞船无论向哪个方向移动,最终都会回到起始位置。

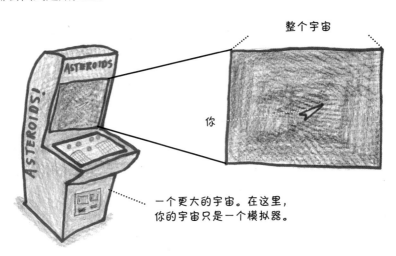

整个宇宙

你

一个更大的宇宙。在这里,
你的宇宙只是一个模拟器。

　　然而，这个屏幕实际上并不是球体。首先，通过连接屏幕的左右边缘，游戏设计师创造了一个圆柱形的世界。然后，他们又通过连接屏幕的顶部和底部边缘，连接了这个圆柱体的顶端和底部。如此一来，得到的并不是球体，而是类似于甜甜圈的形状，被数学死忠粉们称为"环面"。[①]

　　哇，原来小行星栖息在一个环形宇宙中，应该要把这件事告诉美国国家航空航天局。

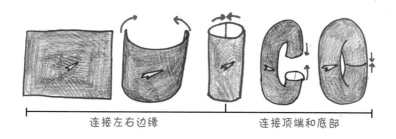

连接左右边缘　　　　　　　　　　连接顶端和底部

　　第二个把二维变成三维的游戏来自比利时数学家英格丽·多贝西（Ingrid Daubechies）。她曾回忆说："那时我才八九岁，玩洋娃娃时，我最喜欢做的事就是给它们做衣服。人们通过将平面的织物拼接在一起，制作出曲面的事物，这让我觉得很神奇。"

　　几十年后，她在微波方面的研究推动了图像压缩技术的发展。在某种意义上，这是同一个游戏：平面度和曲率，体积和表面积，厚度和压缩。

　　在我看来，几何不过是给你的洋娃娃打扮的古老数学运算。

---

① 在《经典游戏的新规则》（*New Rules for Classic Games*）一书中，R.韦恩·施米特伯格（R.Wayne Schmittberger）建议将《小行星》的空间逻辑应用到拼字游戏中。这样一来，单词就可以从底部消失，然后再次出现在顶部，或者从右侧边缘消失，然后再次出现在左侧。他写道："环形拼字游戏的有趣结果之一，就是会出现按照传统拼字游戏标准，不但不合规，而且非常可笑的情况。比如一个单词片段或单个字母会飘浮在棋盘边缘，看起来与任何东西都无关，但实际上它是另一个处于边缘的单词的一部分。这是能让那些喜欢乱出主意的人不知所措的好办法。"我建议将同样的环形逻辑应用于本书中的其他游戏，如抽芽游戏、顺序游戏和亚马逊棋。

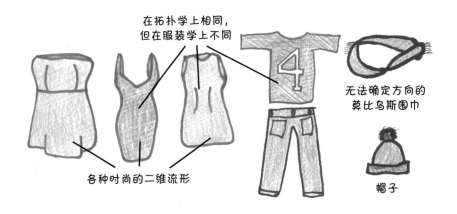

在拓扑学上相同，但在服装学上不同

各种时尚的二维流形

无法确定方向的莫比乌斯围巾

帽子

第三个把二维变成三维的游戏来自荷兰艺术家M.C.埃舍尔（M. C. Escher）。或许你早就见过他的一些作品：两只手互相描绘、鸟和鱼的拼块镶嵌图、一个不可思议的楼梯（一直向上、向上、向上……）。数学家喜欢埃舍尔的作品是因为其与他们的作品一样，都是对深奥思想的玩弄。"这是一种乐趣，"他写道，"有意地混淆二维和三维，平面和空间，玩转重力。"另外，他还喜欢说："我所有的作品都是游戏，严肃的游戏。"

对我来说，想要探索不同的几何世界，没有比玩游戏和解谜题更好的方法了。用数学家约翰·尤索（John Urschel）的话来说："如此一来，我们便能一瞥各种可能的思维途径。"它们能让我们以简洁而生动的形式体验到完全不同的现实。

你我骨子里都是人猿，我们会不由自主地展开空间思维。所以，当空间中有成千上万种味道和风格，而且一种比一种奇特，一种比一种奇妙时，对我们来说当然是件好事。

点格棋

格子游戏

数学家埃尔温·伯利坎普（Elwyn Berlekamp）在《点格棋：复杂的儿童游戏》（*Dots and Boxes : Sophisticated Child's Play*）一书的前言中宣称，这个游戏是"世界上数学含量最丰富且最受欢迎的儿童游戏"。这句话的原文稍微有些歧义，但不管他的意思是说这是一款面向受欢迎的孩子的复杂游戏，还是一款面向成熟孩子的受欢迎的游戏，抑或是一款面向富有且受欢迎的孩子的复杂且世俗的游戏，其传达出的信息都是明确的：这款游戏非常棒。

由于篇幅所限，在本节中，我无法为你们展示完整的点格棋理论。不过，我接下来要展示的东西更棒：完整的数学探究理论，来自第一个发明这个游戏规则的学者。

如果你问我阅读以下文字会不会让你变成一个富有、受欢迎、成熟的孩子，虽然我不能给你法律意义上的保证，但是你看到我在眨眼了吧？懂了吗？跟我冲！

这个游戏怎么玩？

你需要准备什么？ 2 名玩家、2 支不同颜色的笔和一系列点。我推荐 6×6 的点，但也不一定，只要是能组成矩形的一系列点都可以。

玩家的目标是什么？ 比对手占领更多的格子。

游戏的规则是怎样的呢？

（1）玩家轮流画出垂直或水平的短线，以连接相邻的点。

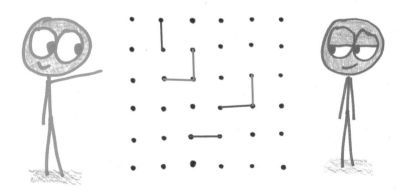

（2）谁画出一个小格子的第4条线，谁就可以宣布这个格子被自己占领了（可以在里面写上自己的名字），然后直接走下一步。

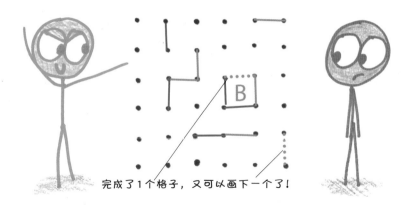

完成了1个格子，又可以画下一个了！

这条规则可以让你在对手有机会再次移动之前连续占领几个格子。

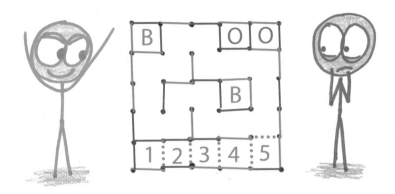

（3）一直玩到网格被画满，最终谁占领的格子多，谁就是赢家。

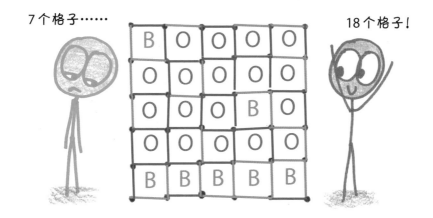

游戏体验笔记

　　我第一次玩这款游戏是童年时在地下室玩的，四周摆满了放录像带的架子，不时还会传来楼上大人们经过时的脚步声。我和几个兄弟姐妹都缺乏战略经验：大家的行动几乎是随机的，只是在努力确保不要在任何格子上画第3条线（因为这会"帮助"你的对手画第4条线），而且不论我们愿不愿意，最后网格里的标记都会分散得毫无章法。① 直到游戏进行至某个时刻，已经没有安全的地方可以画，事态就开始变得紧张起来。

_____

① 有时，第2个玩家会狡猾地模仿第1个玩家的操作，这样的话，如果把棋盘旋转180°，看起来还是一样的。这就保证了第2个玩家能够先得到1个格子。但精明的第1个玩家可以继续利用这个策略，以牺牲1个格子来赢得其余的格子。

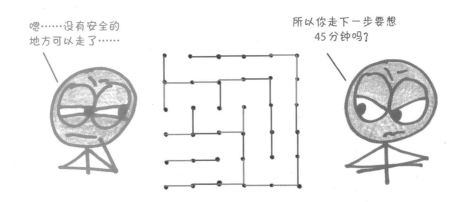

这时，牺牲已经是不可避免的了，但并不是所有的牺牲都有同等的价值。有些招式可能只会让给对手 1～2 个格子，而另一些几乎会让给对手整个棋盘。我总是尽量让出最小的区域，把较大的区域留给自己。

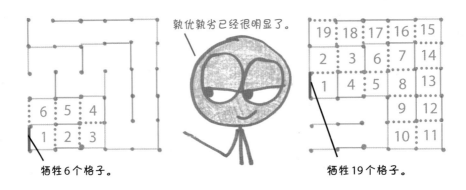

多年以后，也就是在写这本书时，我领悟到了其中一个关键策略。这个策略执行起来很简单，但足以击败 99% 的新手，那就是，**一箭双雕**。具体方法是，当对手准备在下一回合占领某个格子时，不要给他机会。取而代之，你可以跳过倒数第二步，缩短自己的回合。这样你只牺牲了 2 个格子，而对手则需要通过画一条线来获得这 2 个格子（因此被称为 "一箭双雕"）。作为交换，你将得到对手所关注的整个区域。

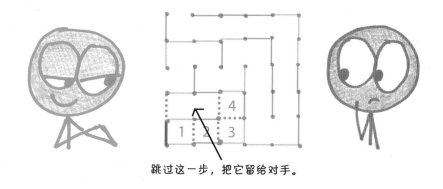

跳过这一步，把它留给对手。

在这一策略层面之外，当你试图控制已成形区域的大小和结构时，一切都将变得模糊而复杂。如果想了解这些细节，你可以参考伟大的已故数学家埃尔温·伯利坎普的著作。他在我写这本书期间去世了，我们将永远怀念这个精明、成熟的"大孩子"。

这个游戏从何而来？

今天，你会在很多地方看到点格棋的身影，黑板、白板、硬纸板、便笺、餐巾纸，甚至在某些极端情况下，裸露的手臂上也会出现。[1]它首次被提及是在数学家爱德华·卢卡斯[2]于1889年出版的《点格棋》（*La Pipopipette*）一书中。卢卡斯把该游戏的发明归功于他在著名的巴黎综合理工学院任教时的几名学生。

这不由得让人疑惑，为什么这些名校的学生会花时间研究面向儿童的游戏？为什么像卢卡斯这样受人尊敬的学者会选择设计这样一款游戏？

---

[1] 许多国家的人都爱玩这种游戏，它的名字五花八门，从平平无奇（美国的"点格棋"和英国的"正方格"）到优美动听（法国的"Pipopipette"和墨西哥的"Timbiriche"），再到天马行空（荷兰的"Kamertje Vehuren"，意思是"出租一个小房间"；德国的"Käsekästchen"，意思是"小奶酪盒"）。

[2] 爱德华·卢卡斯（Édouard Lucas，1842—1892），法国数学家，以研究斐波那契数列而闻名，还发明了河内塔问题。——译者注

因为严肃的数学往往来自幼稚的游戏。

我们在卢卡斯本人的职业生涯中也看到了这种模式。他最著名的可能是关于斐波那契数列的研究，其中每个数都是前2个数的和（经典数列从"1，1，2，3，5，8"开始，以此类推）。斐波那契数列看起来像个愚蠢的游戏，然而，当你开始数松果上的凸起、雏菊的花瓣或菠萝表面的小果眼儿时，将会意识到这个愚蠢的游戏不仅孩子们（以及不成熟的成年人）在玩，大自然自己也在玩。

或者以炮弹问题为例，这是卢卡斯喜欢的另一个游戏。这个游戏需要求出当炮弹的数量为多少时，炮弹既可以堆成一个正方体，又可以堆成一个正四面体金字塔。这个谜题毫无意义，但解题难度是地狱级别的。经过

推算，卢卡斯认为，已知的答案（4 900 枚炮弹）是这个游戏唯一的解。几十年后，人们对椭圆函数的进一步研究最终证明他是对的。

还可以了解一下卢卡斯最著名的发明：河内塔。你之前可能见过，它有3根立柱和1组圆盘，初始状态是圆盘按从大到小的顺序从底部往上套叠在其中一根立柱上，形成一座塔。玩家的目标是将整座塔从一根立柱转移到另一根立柱上，每次只能移动一个圆盘，而且要保证大的圆盘不放在小的圆盘上。

无论是从外观还是从内涵上，这座塔——怎么说呢——看起来都像一个婴儿玩具。然而，人们已经给河内塔找到了各种各样的实际用途：心理学家利用它测试认知能力，计算机科学教授用它来讲授递归算法，软件工程师把它作为一个备份数据的轮换方案。

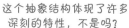

这个抽象结构体现了许多深刻的特性，不是吗？

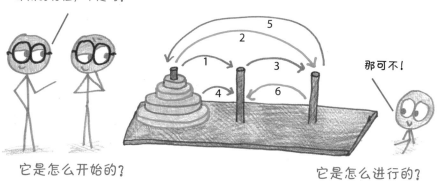

它是怎么开始的？

那可不！

它是怎么进行的？

游戏是如何如此轻易地混入科学研究中的呢？为什么工作和娱乐之间的界限是如此模糊、如此混乱？

说句实话，我真不知道，估计卢卡斯也不知道。我们只能说，简单的数学原理一次又一次地产生深远的影响。这就是数学——复杂的相互作用中的简单概念。正如卢卡斯在谈到点格棋时所言："它的玩法虽然简单，却能源源不断地带来惊喜。"

为什么这个游戏很重要？

因为无用的游戏往往能产生最有用的见解。

在《点格棋》一书中，爱德华·卢卡斯用很长的篇幅介绍了纯粹的好奇心的价值。通过列举历史中的一系列事例，他提出我们必须为了问题本身而追问问题，不管这些问题看起来有多愚蠢，因为我们永远不知道自己可能会发现什么深刻的真相。

他的辞藻虽然华丽得过了头，但仍然值得引用。[1]

当古人在干燥的天气里用猫的毛皮摩擦琥珀来吸引轻而小的物体时——这对他们来说不过是一种娱乐消遣方式。他们应该不可能想到，这个现象将成为电学理论的起源，并将带来大量令人震惊的应用……

当希腊的几何学家切开一个头圆尾巴尖的蔬菜根茎来研究它的形状和特性时，他们绝对想不到自己的研究能在两千多年后帮助开普勒阐明行星的运动规律……

当波斯的祭司边念魔咒边作法时，他们不会想到，有一天这幅全是符号的画会被数学家塔尔塔利亚[2]和帕斯卡以算术三角形的形式采用，而算术三角形正是现代代数的基础……

---

① 顺便说一下，如果你觉得这本书一直在兜圈子，请对比一下爱德华·卢卡斯的著作里在正式进入游戏之前的那些长篇大论，就不会觉得我是话痨了。

② 塔尔塔利亚（Tartaglia，1499或1500—1557），原名尼科洛·丰坦纳（Niccolò Fontana），意大利数学家和工程师，对弹道和抛体问题的研究有着开创性的贡献。——译者注

　　所有数学家都在孜孜不倦地探索不同思想之间的深层联系。问题是，该怎么做呢？更加努力地寻找？或许是个办法。更加耐心地计算？不一定会有好结果。在书中查找答案？不好意思，你离正确答案越来越远了。依靠想象力的飞跃？对了，这就是我们接下来要讨论的。

　　爱德华·卢卡斯认为，深奥的原理来自玩乐，科学来自愚笨。他并不是唯一这样想的人。埃尔温·伯利坎普6岁时接触到点格棋，70年后，他仍在玩这个游戏。因此，可以说这个游戏陪伴了他一生。在麻省理工学院电气工程专业学习时，他突然意识到可以用数学将点格棋游戏转化为等价的"二元游戏"，并将其称为"绳子与硬币"游戏。

　　那么，点格棋的这个替代版是怎样的呢？想象一下，用几根绳子将一堆硬币连在一起。每根绳子的一端粘在一枚硬币上，另一端粘在另一枚硬币（或桌子）上。玩家轮流用剪刀把绳子剪断。如果绳子被剪断后释放了一枚硬币，你就能把这枚硬币装进口袋，然后继续剪绳子。当最后一枚硬币被释放时，谁口袋里的硬币多，谁就是赢家。

　　在"绳子与硬币"游戏中，没有格子，只有硬币；不画线，只剪绳子。但这两个游戏在本质上是一样的。在没有改变核心结构的情况下，埃尔温把点格棋游戏翻了个底朝天。

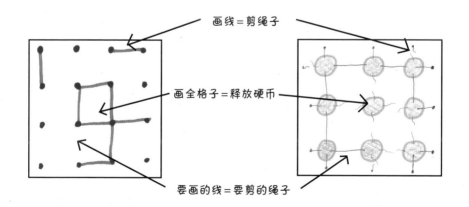

这个新游戏的意义在哪里？没有什么意义，就是很酷。"让思想家去思考，让梦想家去做梦，"爱德华·卢卡斯写道，"不必担心他们关注的对象是否时而有用，时而浅薄，因为正如智者安纳萨格拉斯[1]所说：'一切都存在于一切之中。'"

这一哲学理念推动了数千年的数学探索，还将在未来持续下去。让思想家去思考吧，让梦想家去做梦吧，让学生在课堂上信手涂鸦吧。不要再试图划清现实与不切实际、有意义与无意义、无所事事与理想主义之间的无形边界了。它们都属于同一片广袤无垠的大陆、同一片我们刚刚开始探索的壮丽荒野。

变体及相关游戏

瑞典棋盘：从已经画好的棋盘外缘开始。

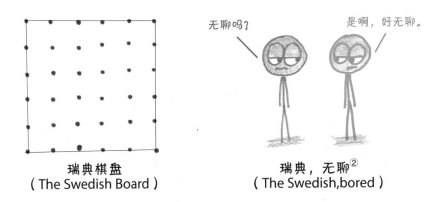

无聊吗？

是啊，好无聊。

瑞典棋盘
（The Swedish Board）

瑞典，无聊[2]
（The Swedish, bored）

点和三角形：其他游戏规则都保持不变，除了点的排布形状改成了等边三角形，玩家们需要争夺小等边三角形的所有权。在我看来，这个改动

---

① 安纳萨格拉斯（Anaxagoras，公元前500—公元前428），古希腊自然派哲学家、无神论者，第一位生活在雅典的哲学家。——译者注

② 在英文中，"board"（棋盘）与"bored"（无聊）谐音。——译者注

让游戏焕然一新（而且三角形也不难画）。如果你已经玩腻了点格棋的经典版本，那么在餐厅等上菜的时候，就非常适合来两局"点和三角形"。

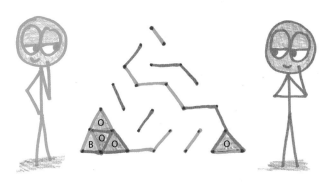

纳扎雷诺： 点格棋的这个巧妙变体来自安德烈亚·安焦利诺（Andrea Angiolino）的著作《超有趣的纸笔游戏》（*Super Sharp Pencil and Paper Games*）。在这个新游戏中，只改变了 2 个规则：第一，在每个回合，**你都可以画一条任意长度的直线，** 只要它不和现有的线重合（如此一来，你就可以用一条线完成并占领多个格子）；第二，当玩家完成一个格子时，不会奖励该玩家接着再画一条线。

"点和三角形"游戏看起来与点格棋不大一样，外观上的差异掩盖了这 2 个游戏基本相同的内核。"纳扎雷诺"恰恰相反：在相似的外观下掩藏着与点格棋完全不同的游戏体验。

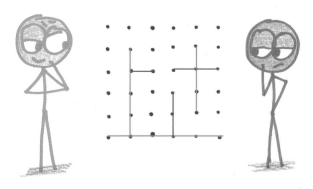

正方形珊瑚虫： 沃尔特·尤里斯（Walter Joris）在他的《100 个纸笔策略游戏》（*100 Strategic Games for Pen and Paper*）一书中提及了一些天马行空、

带有点格棋影子的游戏。我最喜欢的是第90个：正方形珊瑚虫。玩这个游戏，需要2名玩家和2支不同颜色的笔。

（1）画一个9×9圆点阵列（初学者可以少画一些，资深玩家可以多画一些），然后两个玩家**轮流在上面放置正方形珊瑚虫**。正方形珊瑚虫就是有两条相邻的边延伸出来的正方形，像下面这样：

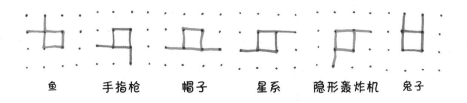

| 鱼 | 手指枪 | 帽子 | 星系 | 隐形轰炸机 | 兔子 |

（2）用属于你的颜色围起来的部分就是你的领地。每只珊瑚虫会自动占据一个1×1正方形，但如果玩得好，你可以占据面积更大、形状更奇怪的区域。

（3）**线条不可以重叠**。①否则，你就可以用一个刺状的触手来破坏对手的精巧构思了（同样，他也可以借此轻松地破坏你的构思）。

（4）**玩到无路可走时，谁的圈地面积大，谁就是赢家。**

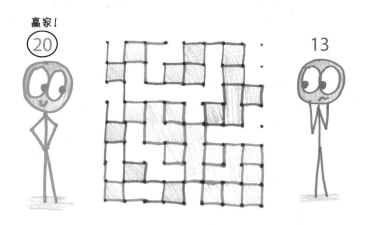

赢家！
20
13

---

① 如果你还想试试点格棋游戏的其他变体，游戏测试员瓦尔基娅（Valkhiya）建议对这条规则做一个巧妙的调整：在放置珊瑚虫时，你可以重叠自己的线条，但不能重叠对手的线条。

抽芽游戏

具有"奇特的拓扑风味"的游戏

学校里的几何课教给我们一个枯燥乏味的道理：大小（或尺寸）是非常重要的。事实上，大小是物质的本质特征。角可以是锐角、直角或钝角，图形有长度、面积或体积，咸焦糖摩卡有中杯、大杯或超大杯……这些特征都可以归结为大小。对了，还有"几何"（geometry）这门学科的名字——"geo"是地球的意思，"metry"是测量的意思——就是衡量世界本身。

这种注重大小的哲学理念会冒犯到你吗？如果会，那你应该喜欢拓扑学。它的形状可以像橡胶一样伸缩，像橡皮泥一样挤压，像气球一样膨胀。事实上，它不是某种形状，而是一个变形怪。在这个像熔岩般流动的世界里，大小并不重要。事实上，"大小"甚至没有任何意义。拓扑学寻求的是更深层的真理。

没有什么比抽芽游戏能更形象地介绍这些真理。哪些点可以连接？会形成多少个区域？"里面"和"外面"的区别是什么？拿好你的帽子——或者它的拓扑等价物——享受一个任何孩子都能玩，但没有超级计算机能解决的游戏。

这个游戏怎么玩？

你需要准备什么？2名（或更多）玩家、2支不同颜色的笔和1张纸。先在纸上画几个点。对于最初几轮游戏来说，3～4个点就足够了。

玩家的目标是什么? 抢占最后一步，让你的对手别无选择。

游戏的规则是怎样的呢?

（1）在每个回合中，玩家轮流用一条平滑的线**连接2个点**（或将一个点与它自身相连），并在自己刚刚画的那条线上标注一个新的点。

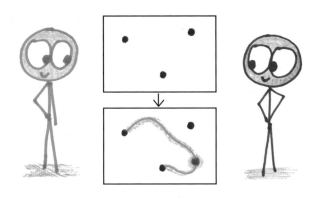

（2）只有2个限制：①**连接线不能相交叉**；②**每个点最多可以发散出3条线**。

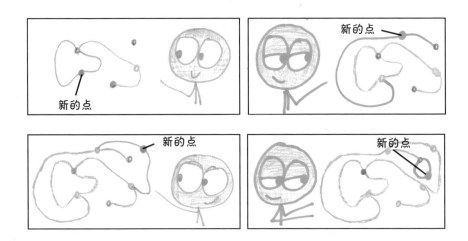

（3）最终，你们会无路可走。**谁走了最后一步，谁就是赢家。**

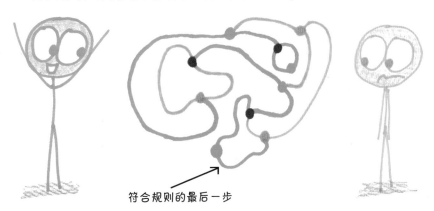

符合规则的最后一步

游戏体验笔记

　　抽芽游戏的乐趣在于它的灵活性。不管你画的是短线或懒洋洋的曲线，还是迷宫般的螺旋。重要的是，你连接了哪些点。你甚至可以签上自己的名字。在我们的游戏测试中，6年级学生安吉拉发明了用抽芽游戏签名，尽管从技术上讲，这违反了"禁止交叉"规则，但它看起来实在太棒了，让人于心不忍。

安吉拉的作品

　　这种灵活性抓住了拓扑学的精髓：看起来非常不同的东西，从功能上看，可能是相同的。

　　以单点游戏为例。第1个玩家必须将这个点和它自己连接起来。之后，第2个玩家必须连接图中的2个点。要实现这一点，似乎有2种不同的方式：

从内部穿过，或者从外部绕过去。

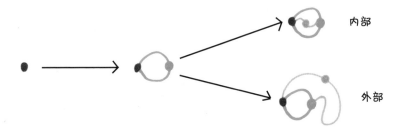

等等，想象一下如果在球体表面玩这个游戏。在这种情况下，尽管"从内部穿过"和"从外部绕过去"看起来截然不同，但实际上什么都没有改变。从拓扑学的角度来看，这2种移动是相同的。第二个玩家并没有真正的自由选择权。

2个点的抽芽游戏是什么样的呢？从拓扑学的角度来看，玩家在开局只有两种选择：把2个点连起来，或者将其中一个点和自身相连。不管把另一个点留在"外面"还是"里面"，都无关紧要，因为在拓扑学中，这2种情况都一样。

选择1：
连接2个点

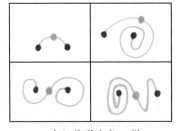

在拓扑学中都一样

选择2：
将1个点和自身相连

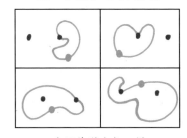

在拓扑学中都一样

这么说来，拓扑学家是不是会忽略所有的区别，将所有事物都视为一样的？在拓扑学中，"赢"等同于"输"吗？"好"只是"坏"的另一种表述吗？猫等同于鱼吗？如果是，我们是否应该在水族馆里放小猫砂盒？

最后一个问题由你这个宠物主人做决定。但说到抽芽游戏，不必担心，并不是所有的步骤都是一样的。事实上，在2个点的抽芽游戏的第二步，你已经面临6种不同的拓扑选择。所以自此，你便获得了选择的自由。

前 2 步的展开方式

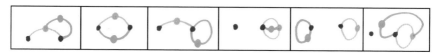

在拓扑学中都不同

点格棋游戏呈现给我们的是刚性的直线几何，就像一座建在网格上的城市。相比之下，抽芽游戏是一款开放的、形式自由的游戏，就像一场混乱喧嚣的嘉年华狂欢。

这个游戏从何而来？

抽芽游戏诞生的确切时间和地点：1967年2月21日星期二下午，英国剑桥。

那天，抽芽游戏的"父母"——计算机科学家迈克·帕特森（Mike Paterson）和数学家约翰·康威，正在纸上涂鸦，试图设计一款新游戏。当时，迈克提出"添加1个新的点"的规则，约翰给游戏取了个名字，抽芽游戏就这样诞生了。[①]这对欣喜若狂的"父母"一致同意将功劳按迈克60%、约翰40%的比例分配，这种友好而精确的功劳分配比游戏的诞生更令人钦佩。

抽芽游戏很容易玩，但几乎不可能破解。丹尼斯·莫利森（Denis

---

① 无论出于什么原因，细想这个游戏的名称"Sprouts"都会让原本头脑清醒的人变得一头雾水。曾经有个研究生注意到游戏中存在很多点，而且具有扩散性，建议称它为"麻疹"。后来，埃里克·所罗门（Eric Solomon）写下了自己关于这个问题的见解：最终游戏得到的图案形状类似"煮过头的、会解体的抱子甘蓝"，因此得名（sprouts也有"抱子甘蓝"之意，抱子甘蓝外形类似小卷心菜，因此煮过头后会散开）。这个观点在2个层面存在问题：首先，这根本不是游戏名的来源；其次，埃里克·所罗门真的应该考虑让别人来煮抱子甘蓝。

Mollison）曾写了一篇长达47页的分析报告，介绍如何掌控6个点的抽芽游戏。直到1990年，贝尔实验室的一台计算机才破解11个点的抽芽游戏。到我写这本书时，抽芽游戏被破解的最高点数超过40个。不过2020年，康威在去世前对这一结果的合理性提出了质疑。"如果有人说他们发明了一种机器，可以写出能与莎士比亚的戏剧相提并论的作品，你会相信吗？"他问道，"实在太复杂了。"

这样盘根错节的复杂性有没有吓跑那些只想在抽芽游戏中寻求乐趣的玩家呢？完全没有。"当抽芽游戏问世后，似乎所有人都在玩它。"康威写道，"在咖啡馆或茶舍，人们围成一个个小圈，以滑稽的姿势围观抽芽的位置……秘书人员也未能幸免……有人甚至在最不可能的地方也发现了人们在玩这个游戏……就连我3岁和4岁的女儿也在玩，"他补充道，"不过我通常能打败她们。"

为什么这个游戏很重要？

因为在现代数学的所有分支中，拓扑学是①动态的；②奇异的；③实用的；④美丽的。

还有很多其他形容词可以描述它，下面让我逐一道来。

拓扑学是动态的。拓扑学家在一个由可拉伸的织物、熔化的金属和旋转的软冰激凌组成的变形世界中遨游。无论他们走到哪里，都在寻找**不变量**的踪迹，即那些在经历了所有的剧变之后，以某种方式保持不变的特征和属性。

最著名的不变量是**欧拉示性数**。在抽芽游戏中，它可以归结为一个简单的等式（这个版本由埃里克·所罗门提供）：点数＋封闭区域数＝线条数＋独立部分数。

这个等式适用于所有可能出现的抽芽游戏场景，包括从游戏开始到结束，从最简单的到最复杂的环节。无论你是从2个点开始还是从200万个点开始，点的数量加上封闭区域的数量总是等于连接点的线的数量加上独立部分的数量。[①]

这就是典型的拓扑学：在千变万化中，我们找到了其强大的规律。

点数＋封闭区域数＝线条数＋独立部分数

 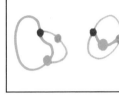 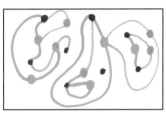

点数：3　　线条数：2
封闭区域　独立部分
数：0　　　数：1

点数：6　　线条数：8
封闭区域　独立部分
数：4　　　数：2

点数：18　线条数：20
封闭区域　独立部分
数：6　　　数：4

拓扑学是奇异的。以下是约翰·康威给出的一个有趣结果。如果想让抽芽游戏的步数最少，那么游戏结束时必然呈以下形状之一：

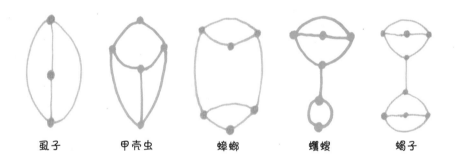

虱子　　　甲壳虫　　　蟑螂　　　螳螂　　　蝎子

正如经典著作《数学游戏的制胜之道》（*Winning Ways for Your Mathematical Plays*）中所解释的："游戏最终呈现的将是一只（可能以某种方式被翻转过来）被大量虱子（其中一些可能会感染其他昆虫）感染的昆虫构造。"

那可能会是铺天盖地的虱子。正如康威所调侃的那样有一部分构造尤其"虱山虱海"。

---

① 此处的"独立部分"是指任何一组相连的点，它也可能只是一个点。

拓扑学是实用的。忽略虱子和蠼螋的花哨形状，拓扑学让我们对各种事物有了更深刻的见解，从多结的DNA到错综复杂的社交网络，更不用说宇宙学和量子场论了。

以拓扑学中的一个著名问题为例：**图同构**。如你所见，在抽芽游戏中，可能会出现2种看起来不同，但包含相同结构的部分。我们要如何分辨它们是真的不同，还是表面虽然不同，但本质相同呢？

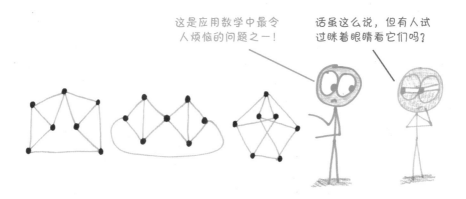

当电气工程师比较电路原理图、计算机科学家编码视觉信息、化学家在结构数据库中查找化合物时，都会遇到同样的问题。事实上，这些清醒的科学家都在玩私人定制版的抽芽游戏。

拓扑学是美丽的。许多人第一次接触拓扑是通过莫比乌斯环，也就是把一根纸条扭转180°后，再将两头粘起来变成一个纸带圈。

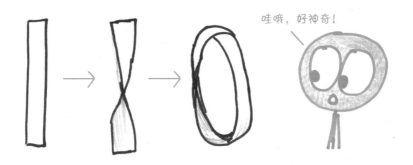

莫比乌斯环没有"内外"之分。如果你想给它像手镯一样上色，即蓝色的部分朝向手腕，红色的部分朝外，你是不会成功的。无论先涂哪种颜色，最终这种颜色都会覆盖环的整个表面。这只是它的特性之一。如果你把一条莫比乌斯环从中间剪开，会发生什么？如果把它剪成3段呢？

英国数学家大卫·理查森（David Richeson）在他的《欧拉的宝石》（*Euler's Gem*）一书中统计了拓扑学家获得菲尔兹奖（数学领域最著名的奖项之一）的次数。他写道："在48名获奖者中，大约有 $\frac{1}{3}$ 的数学家是因为他们在拓扑学方面所做的工作而得奖，而在与拓扑学密切相关的其他领域做出贡献的人甚至更多。"

如果说拓扑学的美丽来自简单性与复杂性的联姻，那么抽芽游戏一定是它们最受宠的孩子。

变体及相关游戏

杂草游戏： 这个游戏由弗拉基米尔·伊格内托维奇（Vladimir Ygnetovich）设计。在每个回合中，你不是在自己刚刚画的线上添加1个点，而是要选择添加0个、1个还是2个点。

点集游戏： 在沃尔特·尤里斯设计的这个变体游戏中，除了你可以通过占领区域获得分数，其他规则与抽芽游戏一样。如果你画线后创建了一个封闭区域，就用你的初始值或颜色标记它，此区域边界上的每个点都可以得1分，此后不得在该区域内再做任何操作。当最后无路可走时，得分最多的人获胜。[1]

———————————

[1]　此处有一个必要的补充规则：不能创建包含独立部分的封闭区域，即使这个部分只是1个点。

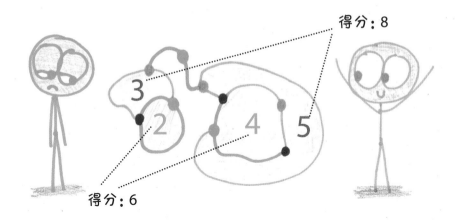

抱子甘蓝游戏：从表面上看，抱子甘蓝游戏似乎和原版抽芽游戏一样完全是开放式且充满策略性的。但事实上，比起游戏，"抱子甘蓝"更像是狡猾的恶作剧。

这个游戏从几个"十"字开始，每个"十"字都有4个可以连接的"有空"末端。玩家轮流连接任意2个"有空"末端，然后在自己刚刚画的那条线上画一条短竖线，这样就会生成2个新的"有空"末端。注意，画的过程中不能和现有的线条交叉。画最后一条线的玩家为赢家。

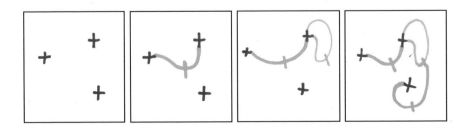

恶作剧体现在哪里呢？就是你的玩法和策略对游戏结果不会产生任何影响。起始"十"字的数量为奇数时，先走的玩家获胜；起始"十"字的数量为偶数时，后走的玩家获胜。因此，你所有的运筹帷幄和深谋远虑，与转动着玩具方向盘，想象自己在控制汽车的情形没有什么不同。

这是如何做到的呢？来，注意看，在游戏过程中，可连的末端数是不变的。每走一步就会消耗2个末端，然后再用2个新的末端替代它们。区域的数量则恰恰相反，大多数时候每走一步都会增加一个新的区域——除一些特殊的走法外。在有 n 个 "十" 字的游戏中，将有 $(n-1)$ 步是用于连接之前未连接过的 "十" 字，这 $(n-1)$ 步都不会增加任何新区域。

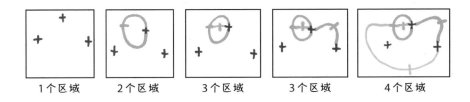

| 1个区域 | 2个区域 | 3个区域 | 3个区域 | 4个区域 |

当区域的数量赶上 "有空" 末端的数量时，游戏结束。这需要走 $(4n-1)$ 个增加区域的步数，加上 $(n-1)$ 个不增加区域的步数，总共是 $(5n-2)$ 步。

"十" 字	+	+ +	+ +（换行）+	+ +（换行）+ +	+ +（换行）+ +　+
步数	3	8	13	18	23
赢家	先走的玩家	后走的玩家	先走的玩家	后走的玩家	先走的玩家

如果你想用这个恶作剧整一下好朋友，可以提议一起玩 2、4 或 6 个 "十" 字的抱子甘蓝游戏，每次都大大方方地坚持让对方先走。当朋友感觉到不对劲并要求你先走时，偷偷地切换成 3 或 5 个 "十" 字的游戏。当然，开玩笑可以，不能用这个办法骗人哦。

终极井字棋

关于分形结构的游戏

2013年，在数学系的一次野餐活动上，我偶然知道了这个游戏，并在之后写了一篇介绍它的文章。那篇文章引发了短暂的互联网现象，不但登上了黑客资讯（Hacker News）的头条[①]，还登上了红迪网（Reddit）的首页[②]，甚至催生了一个小型的手机APP[③]产业。我的职业生涯在很大程度上归功于这款游戏，所以我深入思考了它与众不同的原因。是游戏规则巧妙，还是因为下棋策略不复杂，抑或它和极限飞盘[④]运动之间存在潜在的联系？

近年来，我逐渐发现，使终极井字棋变得无可取代的是另一种特质——分形（我早就应该想到这一点）。

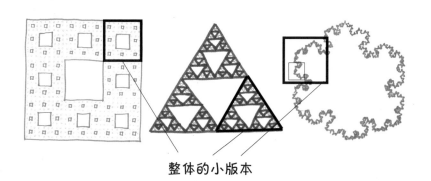

整体的小版本

从空中的云朵到天边的海岸线，再到大树的枝杈，我们生活在分形的

① 如果你不知道黑客资讯是什么，就有点奇怪了哦。
② 如果你不知道红迪网是什么，也有点奇怪哦。
③ 如果你不知道手机APP是什么，很正常。
④ "极限飞盘"的英文为Ultimate Frisbee，Ultimate本意为"终极"。——译者注

包围之中，也许这就是为什么终极井字棋玩起来让人感觉如此自然。这是传统井字棋一直渴望成为的样子。

这个游戏怎么玩?

你需要准备什么?　2名玩家、笔和纸。画一个大的井字棋盘，然后在每个方格中填上小的井字棋盘。

玩家的目标是什么? 赢得3个可以连成一条线的小棋盘。

游戏的规则是怎样的呢?

（1）玩家轮流标记自己的方格。游戏的第一步可以设定在任何方格。但在此之后，你必须根据对手之前的行动在小棋盘上操作。该怎么做呢? **就是无论他们选择哪个方格，你都必须在与其位置对应的小棋盘上进行下一步。**

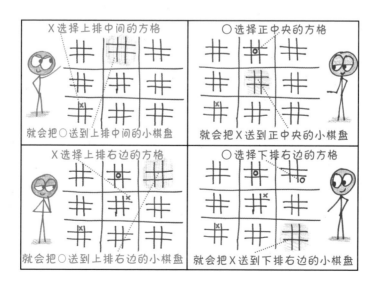

（2）如果你在小棋盘上占领了3个连成一条线的方格，你就赢得了这个

小棋盘。这样一来，这个小棋盘就被关闭了，此时对方玩家则需要在其他小棋盘上操作下一步。

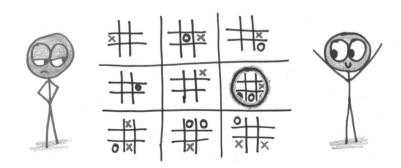

（3）占领连成一条线的3个小棋盘的玩家获胜。

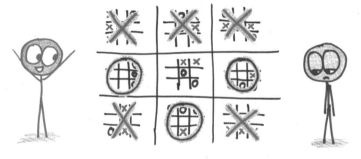

关于其他可能的获胜条件，详见终极井字棋的变体及相关游戏。

游戏体验笔记

2018年5月的一天，我在538网站^①上浏览新闻时，看到一个令人惊讶的新闻标题。"唐纳德·特朗普（Donald Trump）没在玩《3D国际象棋》，"资深记者奥利弗·罗德（Oliver Roeder）在这则头条新闻中写道，"他玩的是终极井字棋。"

---

① 美国一个著名的通过建立模型进行分析预测的网站。——译者注

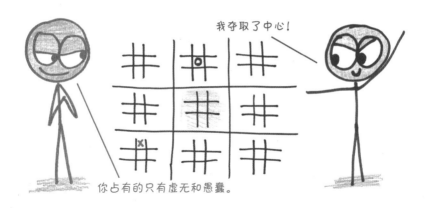

当时，人们花了很多时间分析特朗普总统的行为。他从一场政治斗争跳到另一场政治斗争，常常因为一时兴起就改变讨论的主题。他是在实施什么大计划吗，或者只是遵从内心疯狂的冲动？"他是不是以为自己在玩《3D 国际象棋》？"批评者经常打趣道。奥利弗·罗德对此观点表示赞同。但在他看来，特朗普完全是在玩另一场游戏。

国际象棋只有一个战场，而终极井字棋有很多。"这些战场以奇怪而复杂的方式相互作用，"罗德写道，"即便是一局经过深思熟虑的终极井字棋游戏，乍一看也很随意、简单，甚至愚蠢至极。"这是一个"流动的、不断变化目标的"游戏，适用的策略包括"声东击西、拖延误导和即兴发挥"（这一策略像极了特朗普的媒体策略）。

这是良好的政治状态吗？也许不是。那么，这是良好的游戏状态吗？绝对是的。不仅如此，它还是一个绝妙的空间概念：一种分形视觉，让大棋盘和小棋盘之间产生共鸣。

如此一来，就营造出一种局势紧张的氛围。在小棋盘上看起来不错的一步棋，（如占据了中心方格）在整体布局中可能会变成一个错误（将对手送到中心棋盘）。要想获胜，你必须实现这 2 个层面的平衡，去做那些政治活动家努力做的事：全球化思维，本地化行动。

这个游戏从何而来？

　　我能找到的最早版本是1977年的一款桌游，名为"Tic Tac Toe Times 10"。后来有一个名叫"Tic Tac Ku"的版本赢得了2009年的门萨精选奖，它的规则和现在略有不同（玩家要想获胜，需要先占领9个小棋盘中的5个，而不是占领连成一条线的3个小棋盘）。几年后，一个名为"Tic Tac Ten"的电子版本问世，游戏规则的改变加速了游戏的进程：只要占领1个小棋盘，你就赢得了整场游戏。尽管如此，我在2013年发表的博客文章仍然标志着这款游戏进入了流行语行列。

　　这个游戏有很多不同的名字。维基百科中提到的有"超级井字棋""战略井字棋""变体井字棋"和"井字棋二次方"等，但遗漏了我听到的另外2个，即我最喜欢的"分形井字棋"和最不喜欢的"井字棋空间"。① 无论如何，"终极"这个词似乎被人们记住了。这是我无比自豪的一点，因为它是

---

① 我认为，每个对语言较真的人都可以进行一场注定失败的堂吉诃德式战斗，但是只允许进行一场。如果你对非字面意义上的"literally"（literally原意为"确实的、字面意义上"，但常被用于夸张地强调，导致它的本意丧失）感到愤怒，那你就不能对"irregardless"（regardless本身为否定词，意为"不管"，加上"ir"后本应为双重否定，但在口语中，irregardless仍被习惯性地当作"不管"来用）这个词再出拳了。如果你愿意战死在"data（数据）应该是复数"的那座山上，你就不能同时死在旁边"begs the question and raises the question"（begs the question原意为"回避问题"，但在实际使用中，常被误用为"提出问题"，即被当作"raises the question"使用）的那座山上。你必须选择一场对你来说最重要的，并且你认为人类文明赖以生存的战斗。我选择的战斗是"inception"这个词。2010年，那部令人瞩目的电影《盗梦空间》，原名为 *Inception*，"inception"指的是在别人头脑中植入想法，让他们以为这个想法是自己产生的。这是个非常有用的概念，是我试图对生命中的每个人做的，就像他们同时（更成功地）对我做的那样。可惜的是，这部电影令人难忘的高潮是一个嵌套的梦中梦结构。因此，人们开始使用"inception"来形容"物中物"，如在比萨（pizza）上面加一个迷你比萨就成了"pizza-ception"。在我看来，"inception"在这里的使用太蠢了，因为它不但挤走了嵌套概念的专有名称（分形比萨），还让"植入想法"这个概念没有词可以用了（"pizza-ception"的意思本来应该是"植入比萨的想法"）。

我奥克兰特许高中的学生想出来的。加油，斗牛士们！

为什么这个游戏很重要？

因为我们生活在一个分形世界里。

分形是指在不同尺度上看起来相同的东西。它对放大漠不关心，对缩小也无动于衷。看到树枝如何分裂成更小的树枝了吗？每一根树枝都是整体的微缩版。还有那沿着锯齿状曲线延伸的海岸线，在不同的尺度上看起来也都一样，甚至连云朵蓬松的结构也具有分形的特性。

这些分形事物蕴含的美感绝非偶然。一个简单的设计原则在不同的尺度上无限重复，就能创造出迷人的复杂性。这就是《混沌》（*Chaos*）的作者詹姆斯·格雷克（James Gleick）所说的"一种摇摆不定且充满活力的和谐"。

"从本质上讲，河流是一种会产生分支的事物……它的结构在各个尺度上相互呼应，从大河到小河，到潺潺的小溪，再到涓涓细流，一直产生分支，分出无数条小到叫不出名的分支。"

——詹姆斯·格雷克

19世纪，分形溜进了数学界的聚会，它不请自来，显得有些格格不入。分形带来的那些新形状参差不齐、不成体系，而且很难描述。数学家用"病态"这个词来形容它们，因为它们破坏了几何学的所有规则。

　　然而，几十年来，从没有人正儿八经地给这些形状归类，它们只是一堆兼容性很差的玩具。直到20世纪，数学家伯努瓦·曼德尔布罗特（Benoit Mandelbrot）将它们统称为"分形"（fractal），并开始将其视为"治疗"方法，而不是疾病。他用"分形"治疗什么呢？嗯，根除那个认为三角形、正方形和锥形与物理现实有关的疯狂老观点。根据伯努瓦的说法，真正病态的是我们在学校里教的几何知识。"云不是球体，"他写道，"山不是锥形的，海岸线不是圆形的，树皮不是光滑的，闪电也不是沿直线传播的。"

　　大自然不属于欧几里得的世界，它属于分形世界。

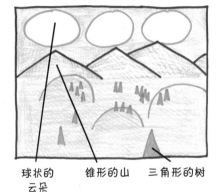

欧几里得的世界　　　　　　　现实世界

球状的　　　锥形的山　　　三角形的树　　　　分形的云　　　分形的山　　　分形的树
云朵

　　柏拉图肯定很讨厌分形几何。这位古代哲学家是如此坚定地相信纯粹的欧几里得几何，他在一次对话中曾假定整个宇宙是由三角形——确切地说，是两类堪称学生梦魇的"特殊直角三角形"——构成的。

　　嗯，好的，柏拉图，请你浏览一下照片墙（Instagram）上你最喜欢的自然风光类账号。你看到了多少个30°－60°－90°直角三角形？

　　现在再来看看，有多少个分形？分形比直角三角形更常见，不是吗？

　　大自然就是一个分形花园。山是锯齿状的岩石堆，顶部是更小的岩石堆，而它们的顶部是更小更小的岩石堆。在你的肺里，从气管开始分支、分支、再分支，平均分支23次，最后形成像气球一样的小肺泡，向血液中输送氧气。简言之，你的呼吸就来自分形。早在分形几何学诞生的几十年前，地质学家就已经意识到，小河床和大峡谷在照片中很难区分，所以他们总是会在画面中放一个镜头盖或锤子作为比例参考。

"只见树木不见森林"，我对这句谚语很陌生。毕竟，在每棵树上都能看到一片森林，你怎么可能错过呢？
——罗伯特·弗罗斯特（好像是他说的）

每个小事物都是一个微观世界，每个大事物都是一个宏观世界，每一个尺度都与另一个尺度相呼应。

当然，准确地说，我办公室窗外的那棵树并没有无限次地分支，估计最多不超过8次。然而，根据数学家迈克尔·弗雷姆（Michael Frame）和诗人阿米莉亚·厄里（Amelia Urry）合著的《分形世界》（Fractal Worlds）一书所述，这已经足够了。一个事物至少得有3个自相似的层级，才能被称为"分形"。终极井字棋，作为由正方形组成的正方形再组成的正方形，符合这一条件。如果你想更深入一级，把9个这样的游戏组合成一个由729个正方形构成的棋盘，请便。①

我承认，终极井字棋缺少分叉闪电的戏剧性。它是一种人为的分形，就像人造电容器里的分形，汤姆·斯托帕德（Tom Stoppard）戏剧里的分形，或者萨尔瓦多·达利（Salvador Dalí）画作中的分形。尽管如此，就像所有蕴

---

① 这样的话，游戏规则要怎么调整呢？可以试试让你的行动位置由前2步决定：上上一步（你走的）决定你在哪个中等大小的棋盘上玩，上一步（你的对手走的）决定你在哪个小棋盘上玩。有一项世界纪录正在等待着希望（并敢于）尝试这一方法的人。

藏着人类智慧的作品一样，终极井字棋从大自然的深井（这口井里充满了分形）中汲取灵感。

"从普朗克长度到整个宇宙都可能存在分形结构，"迈克尔和阿米莉亚写道，"也许还覆盖所有出现分支变化的宇宙。据我们所知，更大的尺度范围是不可能的。"

也许我的学生在给分形井字棋取这个最贴切的名字"终极"时，就已经想到了这一点。

变体及相关游戏

单次胜利：首先占领任意1个小棋盘的玩家将赢得这场游戏。

多数规则：为了获胜，你必须占领比对手更多的小棋盘。它们的排列不重要，重要的是它们的数量。

共享领地：在一般的游戏中，如果1个小棋盘被占领后没有和其他2个被占领的小棋盘连成一条线，对双方玩家来说都没有意义。但如果你愿意，你可以把它视为2名玩家共有（这样就更容易连赢3个棋盘）。

终极掉落三：本·伊赛克（Ben Isecke）给了我这个想法，这是终极井字棋和四子棋的完美结合。游戏其他步骤与终极井字棋一样，除了一点，即无论你把×或〇放在哪里，它都会"掉落在"离那个小棋盘中尽可能远的位置。在任何一个迷你棋盘上优先占领可以连成一条线的3个方格的玩家就是赢家（或者也可以定为优先占领连成一条线的3个小棋盘）。

在每个回合中，你只有3个选择：左、中、右。结果便是游戏过程变得让人更紧张、压力更大，但仍然非常复杂。

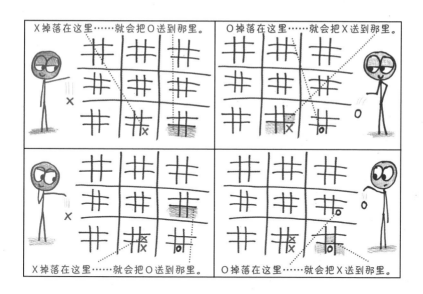

双重游戏：在原来的游戏中，对手的走法决定了你下一步必须走的小棋盘，而双重游戏则扭转了这一局面。现在的情况是，对手的走法决定了你下一步必须走的小方格，但选择哪个小棋盘由你而定。

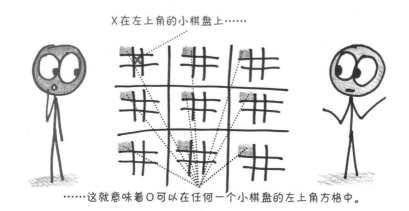

你也可以这样理解这个游戏：原来的游戏是把玩家送到一座城市，然后由玩家选择其中一个社区。这个版本是事先规定一个社区，玩家可以选择任意一座城市并占领整个社区。

这是一场艰苦的比赛。我只能勉强走一步看一步，很难思考更多。一定要注意最新的那一步，否则一不留神就会迷路。

蒲公英游戏

关于空间、时间及其他诸如绒毛等事物的游戏

亲爱的朋友，我知道你有一个愿望，就是想变成一棵毛绒绒的蒲公英，乘着轻风，飘过田野——

啊，等一下，对不起，我记错了。你的愿望是，希望自己能变成一阵风，轻轻拂去蒲公英身上的绒毛，让它们随风飘散——

啊，再等一下。现在我明白了，其实……这2个都是你的心愿，对吗？

哈哈，那我正好有个非常适合你的游戏。

这个游戏怎么玩？

你需要准备什么？纸、笔和2名玩家（分别扮演蒲公英和风）。在游戏开始前，你需要画一个5×5网格"草地"和一个罗盘玫瑰。

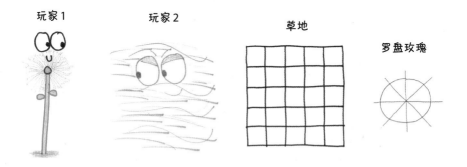

玩家1   玩家2   草地   罗盘玫瑰

玩家的目标是什么？蒲公英的目标是**覆盖整片草地**，而风的目标是至少有一小方块草地不被蒲公英或种子覆盖。

游戏的规则是怎样的呢？

（1）扮演蒲公英的玩家先走第一步，在网格草地的任意一格中**放置一朵花**（在这里，用星号代表）。

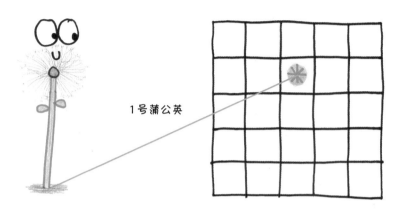

1号蒲公英

（2）接着扮演风的玩家走下一步，**他可以选择一个方向，吹起带着蒲公英种子的阵风**。现在顺着风吹的方向，位于蒲公英下风口的每个小方格都被一颗颗种子（在这里，用点号代表）占据。在游戏过程中，**风在每个方向只能吹一次**，所以在确定方向后，需要将其标注在罗盘上。

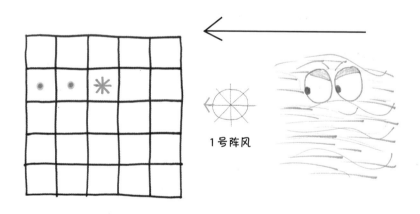

1号阵风

（3）2名玩家继续轮流。**又一棵蒲公英被种下**（要么种在空格上，要么种在已有的种子上）……

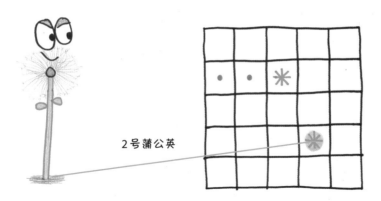

2号蒲公英

然后风从一个新的方向吹来，把所有蒲公英的种子都吹向草地，并将它们种在顺风的方格里。注意，**所有的蒲公英都会长出种子，但种子无法再长出种子。**

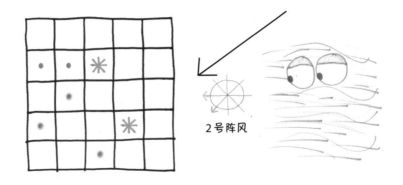

2号阵风

（4）游戏在7个回合后结束，这时风已经吹了7个方向。如果蒲公英和它们的种子**覆盖了整片草地，那就是蒲公英赢了。**

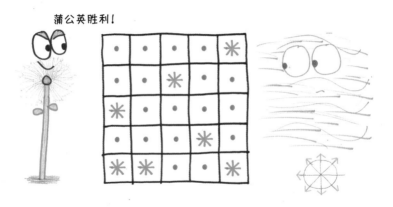

蒲公英胜利！

如果还有空格，那就是风赢了。

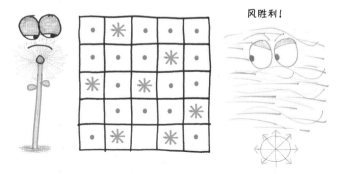

游戏体验笔记

艾米丽·丹尼特（Emily Dennett）是我的一位热心的游戏测试员，她这样写道："这款游戏就像大片的黄色蒲公英花田那样令人愉悦，希望它能以同样的速度传播开。"

这款游戏属于傲慢的非对称游戏家族，在这类游戏中，玩家们拥有完全不同的能力。[①] 在理想的情况下，你对哪一方拥有优势的感觉会随着时间的推移而改变。例如，在蒲公英游戏中，许多新手认为风更容易获胜，而资深玩家则持相反的观点。

蒲公英游戏给这类游戏带来了额外的转折：玩家不可避免地会助推对手，所以他们只能尽量提供最少的助力。就像游戏测试员杰西·奥赫莱因（Jessie Oehrlein）所言："想要传播的玩家无法传播，想要阻挡的玩家也无法阻挡。"

这个游戏从何而来？

当时我正在设计一款名为"颜料炸弹"的游戏，好友本·迪克曼（Ben

---

① 许多游戏都是非对称游戏，如"狐狸与猎狗"游戏、经典的尼泊尔虎棋游戏，以及来自斯堪的纳维亚的板棋游戏，这些游戏中都是一个玩家想逃跑，另一个玩家需要捕获。

Dickman）建议我不要用与战争相关的主题，所以我脑海中最先冒出来的想法就是把它改为"蒲公英"。尽管这个名字并不适合那款旧游戏（现在已经更名为"喷油漆"），但适合一个全新的游戏：一个关于风在开阔的草地上吹撒种子的游戏；一个关于协同合作和竞争的游戏。也就是这个游戏。

为什么这个游戏很重要？

因为空间游戏实际上也是时间游戏。

在我早期的蒲公英游戏实验中，风总是获胜，蒲公英要填满每一格似乎是不可能的。但后来我意识到一件事：一旦游戏中存在2棵蒲公英，某些方格就能有保障。例如，如果风还没有吹向南面或东面，那么在一棵蒲公英以南和另一棵蒲公英以东的方格，迟早会收获一粒种子。风也阻止不了它。

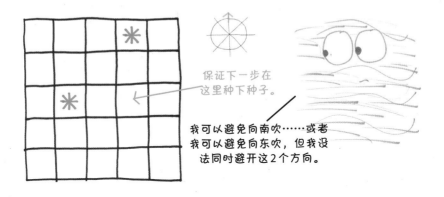

保证下一步在这里种下种子。

我可以避免向南吹……或者我可以避免向东吹，但我没法同时避开这2个方向。

慢慢地，我训练自己辨认出那些有保障的方格，接下来是一个更难的步骤——忽略它们，然后继续关注那些仍有悬念的方格。这种新的观点需要耐心，除此之外，还需要改变时间观念。我必须消除"过去已经种上"和"将来肯定会种上"之间的区别。

这一过程改变了我对这个游戏的看法。它揭示了很多问题，如第一棵蒲公英可以从7阵风中受益，而最后一棵蒲公英只从一阵风中受益。因此，早期的播种位置对结果的影响很大。

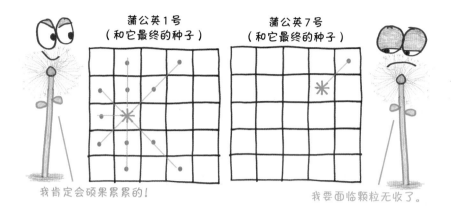

蒲公英1号
（和它最终的种子）

蒲公英7号
（和它最终的种子）

我肯定会硕果累累的！

我要面临颗粒无收了。

至于风，则正好相反。因为当方格快被填满时，风吹过时撒下的种子往往较少，所以我们很自然地认为早期的阵风更有影响力，但这是滞后的看法。第一阵风只能带来1棵蒲公英的种子，而最后一阵风将带来7棵蒲公英的种子，所以后来的风更重要。

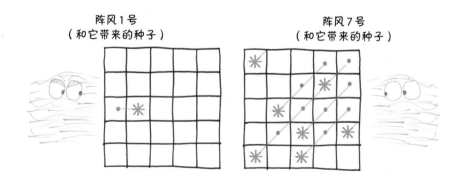

阵风1号
（和它带来的种子）

阵风7号
（和它带来的种子）

虽然蒲公英游戏的结构是空间的，但其微妙之处在时间上。它与国际象棋和围棋有相同的特点，尽管后两者的几何复杂程度更常被比作随时间展开的对话，每一场都是思想的来回交流。同样的道理也适用于几何学本身：脱离了思想就没有几何；脱离了时间就没有思想。

"蒲公英是一款关于空间推理的快速游戏，"游戏测试员乔纳森·布林利（Jonathan Brinley）写道，"在这款游戏中，玩家试图预测一系列不可改变的决定的长期影响。"要做到这一点，需要玩家主动把时间翻个底朝天。

变体及相关游戏

看看合作的变体游戏吧，在这个游戏中，风和蒲公英要互相配合，双方的目标都是覆盖尽可能多的草地。如何最好地概念化这个任务呢？通过重新分配时间。

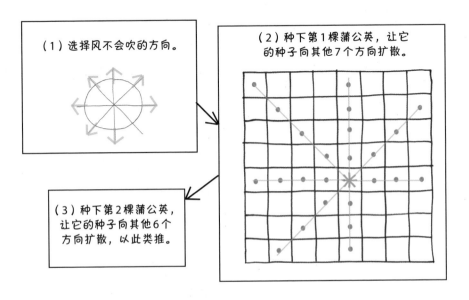

（1）选择风不会吹的方向。

（2）种下第1棵蒲公英，让它的种子向其他7个方向扩散。

（3）种下第2棵蒲公英，让它的种子向其他6个方向扩散，以此类推。

我们倾向于用固定的、绝对的方式来想象空间和时间：空间是一个盒子，里面装着宇宙的玩具，而时间则是墙上嘀嗒作响的时钟。

然而，游戏迫使我们想象空间和时间之间的其他关系和结合方式。在蒲公英游戏中，过去与未来交织在一起。时间和空间相互影响，就像风和蒲公英一样：不对称的伙伴用它们明亮的黄色后代填满了草地。

平衡调整：非对称游戏往往偏向于其中一方。如果想增加风获胜的机会，可以在**更大的草地**上比赛，如6×6网格。如果想增加蒲公英获胜的机会，可以在游戏开始时种植**双倍的蒲公英**（也就是2棵蒲公英），最后再以**两阵风**结束游戏（在第7次种植后，风吹2次）。

计分：换成更大的网格（我的建议是7×7网格），还是让蒲公英努力把它完全覆盖住，然后 2 名玩家交替扮演 "蒲公英" 和 "风"。每留下 1 块未被覆盖的方格，就给扮演风的玩家计 1 分。总得分高的人获胜。

　　随机种植：这个单人的变体游戏由乔·基森韦瑟（Joe Kisenwether）提出。在 6×6 网格上玩，通过投掷 2 个骰子（投掷出来的数字分别对应 x 和 y 坐标）来确定每棵蒲公英的位置。然后，由你来扮演风的角色，试图覆盖尽可能多的草地。

　　对手蒲公英：这个想法来自安迪·尤尔（Andy Juell）。在更大的草地上玩（至少是 8×8 网格），每名玩家种植一种颜色的蒲公英。在每一轮中，**一名玩家先种下蒲公英，另一名玩家再种**。下一回合，两人调换顺序。方格一旦被种子或蒲公英占据，就不能再种了。

　　在 2 名玩家都种下蒲公英后，**风将朝一个随机选择的方向吹去**——风向由 8 面骰子决定（8 面骰子的结果很容易模拟，在网上搜索 "掷骰子" 就可以）。

　　谁的颜色覆盖的方格更多，谁就是赢家。

　　合作蒲公英：再换一片更大的草地（如 8×8 网格），风和蒲公英一起合作，目标是覆盖整片草地。为了增加挑战性，吉约姆·都维尔（Guillaume Douville）建议，规定 2 名玩家不能讨论策略，只能通过行动交流，甚至在沉默中完成整场游戏。

　　在足够大的网格上，你们可以试试种 8 次蒲公英和吹 8 阵风。

　　这个合作游戏中还有一个单人谜题：想一想可以用这种方式填满的最大网格是多少乘多少呢？如果网格由于太大而无法被填满，你能覆盖的最多方格数是多少？

量子井字棋

混沌宇宙中的混乱游戏

"那些在第一次接触量子理论时面不改色的人,"物理学家尼尔斯·玻尔[①]说,"不可能理解了量子理论。"这句话可以作为该游戏的一个警告:量子井字棋是本书中最复杂的游戏。你需要耐心地接受把你的×(或○)放在2个存在不确定性方格中的想法。你需要更多的耐心来掌握"坍缩"的过程,这样你的×最终就会落在其中一个方格中。你还需要用超人般的耐心去面对那些令人生畏的词语,如"纠缠""叠加",以及最深奥的"状态"。

相信我:一切都是值得的。等待你的是策略上的转折、令人惊讶的细微差别,以及最重要的对量子领域的惊鸿一瞥。

这个游戏怎么玩?

你需要准备什么? 2名玩家、笔和纸。

玩家的目标是什么? 和经典井字棋差不多:放置纠缠的粒子,这样当波形坍缩时,就会留下3个可以连成一条线的粒子。

好吧,这样说起来好像和经典井字棋差很多……

[①] 尼尔斯·玻尔(Niels Bohr,1885—1962),丹麦物理学家,于1922年获得诺贝尔物理学奖。玻尔通过引入量子化条件,提出了玻尔模型来解释氢原子光谱,提出互补原理和哥本哈根诠释来解释量子力学。另外,他还是哥本哈根学派的创始人,对20世纪物理学的发展有着深远的影响。——译者注

游戏的规则是怎样的呢?

（1）玩家轮流放置量子 × 和○。具体的做法是，**标记任意一对方格，并用细线连接它们**。这些方格（现在是"纠缠在一起的"）不需要相邻。之后，粒子会落在其中一个方格上。到底是哪一个呢？目前还是未知数。

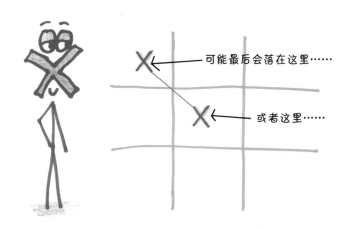

当你玩的时候，看起来似乎有多个量子粒子在共享同一个方格。但这只是暂时的。**最终，每个方格将只包含一个"经典的"× 或○。**

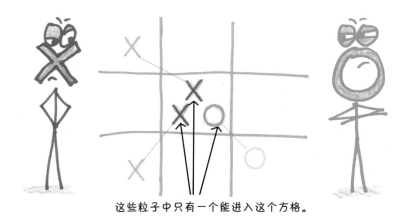

这些粒子中只有一个能进入这个方格。

（2）在某种程度上，**这种纠缠会形成一个循环**：例如，一个方格与另一个方格纠缠，后者再与第三个方格纠缠，第三个方格又与第一个方格纠缠。

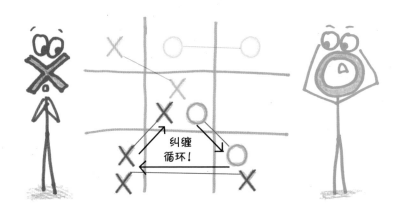

在那一刻，这些粒子会**坍缩**，我们可以认为它们被固定在了最终位置上。这个过程可以**以2种方式展开**：它们分别对应最后一个粒子的2个可能位置。无论它怎么走，**都会迫使另一个粒子离开它的方格，进入另一个方格**。这个强迫过程会一直持续下去，直到循环中的每个粒子都落入某个方格。

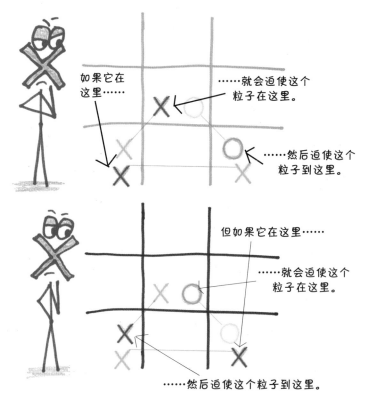

其他一些粒子可能只有一只"脚"在这个纠缠循环中，但它们最后会被挤出去，被逼到另一只"脚"所在的方格里。

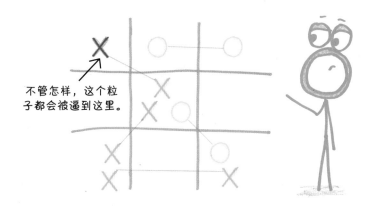

不管怎样，这个粒子都会被逼到这里。

（3）必须有人在2种可能出现的坍缩方式中做出选择，**由没有完成循环的人来选。**[1]当坍缩结束时，你们的棋盘将变得乱七八糟，所以需要**重新绘制棋盘**并继续游戏。

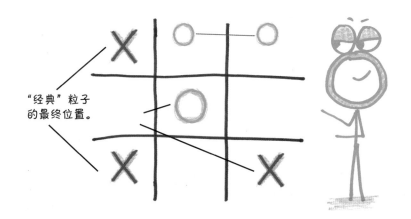

"经典"粒子的最终位置。

（4）注意，这些"经典"粒子的位置已经被固定，所以它们所在的方格不能放入新的粒子。如果你实现了**3个经典粒子连成一条线**，那么你就赢了！

---

[1] 如果想试试更具随机性的变体游戏，可以通过抛硬币来决定方向。

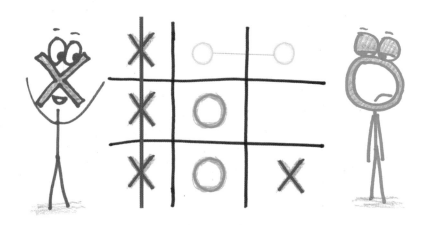

2名玩家可能会在同一个坍缩中实现3个经典粒子连成一条线。如果是这样，那么**双方都是赢家**。这不是平局，这是共同的胜利，是量子生命的奇妙之处！

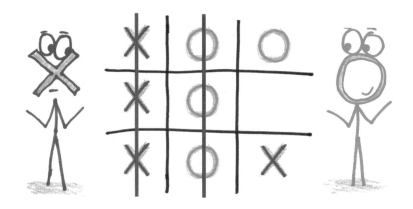

最后，如果9个方格中有8个都被经典粒子占据，但还是没有人赢，结果就是平局。

游戏体验笔记

一个游戏测试员称赞这些规则具有"异域风情"。这体现了游戏的两面性：对一些人来说，这个游戏是巧妙的；而对另一些人来说，它只是个古怪的游戏。无论如何，如果你能在迷雾中坚持下去，策略上的可能性就会慢慢浮现出来。

　　有个狡猾的策略是创造全 ×（或全〇）的短循环。虽然完成一个循环通常存在风险——这会让你的对手控制坍缩的方式，但如果整个循环都由你的符号组成，你就不必担心了。你留下的量子标记会轻而易举地变成经典标记。

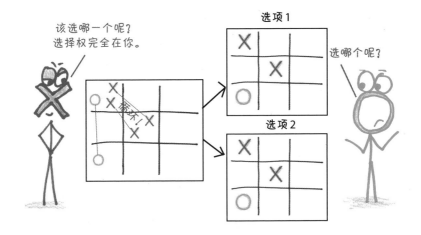

　　这种循环带来的威胁通常会迫使对手试图通过完成循环来抢占先机，从而让你控制坍缩。由此可见，这是一个强大的策略。然而，我认为，创造长串的纠缠会更有趣：你和对手可能会齐心协力地用一个漂亮的9步循环填满整个棋盘，而循环的坍缩（由〇来决定）将给游戏带来戏剧性的结尾。

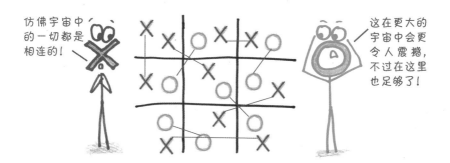

　　和在经典的井字棋中一样，×拥有明显的优势。所以我建议你们多玩几局，每一局都转换角色，并在游戏过程中计分。如果×在同一个坍缩中成功取得2组连成一条线的3个粒子，奖励2分。

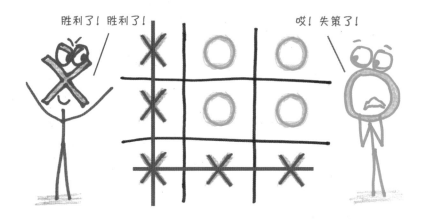

这个游戏从何而来？

　　这款游戏的发明者是软件工程师艾伦·戈夫（Allan Goff）。"有了这个想法后，"他在2002年与2位合作者共同撰写的一篇论文中写道，"我们制定规则只花了30分钟。这感觉更像一个发现过程，而不是发明过程。"

　　在这篇论文中，我最喜欢的一句话是："井字棋是一款经典的儿童游戏，它强化了我们对经典现实的偏见。"我听过不少对井字棋的指责，如太无聊、太简单、太容易出现平局……但这个说法是我未曾听过的，即"强化了我们对经典现实的偏见"。它很好地说明了量子游戏的目的：作为一个信手拈来的教学工具，教授量子物理的反直觉概念。

为什么这个游戏很重要？

　　因为这是宇宙的旨意。

　　嘿，我听到你们的反对声了。说实话，我也有些疑义。这个量子游戏扰乱了我们的空间概念，挑战了我们对时间的理解，还对"tic""tac"和"toe"的含义提出了质疑。[1]我陷入了人生的至暗时刻，怀疑眼前的这个东西根本不是游戏，而是一个以胜利作为交换条件的难题。我希望宇宙不是这样的。宇宙的意思一直都很明确，它希望我们遵守量子规则。

宇宙给我们的**感觉**可能没有那么"量子"，这是因为我们的身高不是0.000 000 01米。当大于这个高度时，对现实的经典描述——包括固态的物体、嘀嗒作响的时钟和台球一般大小的粒子——就足够有效了。然而，当小于这个高度时，经典物理学中的规则就会被打破，新的规则会占据上风。

例如，在量子物理中，粒子是没有特定位置的。电子的位置不在这里，也不在那里。电子**无处不在**，在空间中弥散，形成一种概率云。经典物体有确切的位置，而量子物体会出现**叠加**，似乎可以同时存在于多个位置。

和一个电子聚会的困难之处

为什么我们从来没有观测到过粒子的这种两面派行为？这是因为——尽管非常奇怪——量子行为在被观测到的瞬间发生了变化。当你准备观量时，粒子的反应就像那些不守纪律的学生看到校长来视察时一样——吵闹

---

[1]　井字棋的英文名称"tic-tac-toe"可以直译为"嘀嗒游戏"，此处实际指的是时钟的"嘀嗒"声。——译者注

声戛然而止，所有的可能性都消失了，每个粒子都被锁定在一个位置。

举个例子：薛定谔的猫。在这个思维实验中，我们想象一只猫被关在一个盒子里，盒子里设置了复杂的机关，它能检测某一特定的放射性原子是否发生衰变。如果发生了衰变，它就会释放出一种毒药，杀死猫；如果没有发生衰变，就不会释放出毒药，猫就能活下来。

在我们打开盒子之前，没人能观测到整个系统。因此，根据量子力学的概率逻辑，里面的放射性原子处于叠加状态：它既衰变了又没有衰变，两者同时发生。因此，猫是死的，也是活的，两者同时发生——直到我们打开盒子，2种可能性合二为一。

在量子井字棋中，当你完成一个坍缩循环时，便会出现"观测"这个动作。这时量子的奇妙之处就结束了，这些方格坍缩成常规的井字棋。未实现的可能性消失得无影无踪。但它们真的消失了吗？

这个问题困扰物理学家和哲学家整整一个世纪。其中一种观点是量子力学的"多世界解释"，认为所谓的"坍缩"从未真正发生过，粒子不是假设一个或另一个位置，而是在不同的平行宇宙中同时假设2个位置。在一个现实中，猫已经死了；在另一个现实中，它是活的。在一个宇宙中，你的×落在棋盘的角落里；在另一个宇宙中，它落在棋盘的中心。存在本身就是平行宇宙的爆炸，每纳秒分裂无数次。[1]

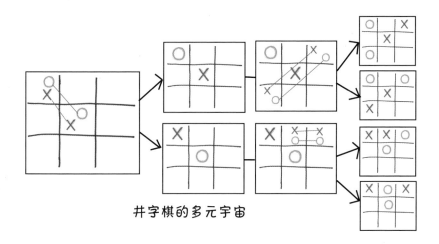

井字棋的多元宇宙

　　量子井字棋展示了量子领域的另一个神秘特征：非定域性。当2个方格纠缠在一起时，观察其中一个结果（"哦，这是个×"）会让你立即知道另一个（"嘿，肯定是个〇"）。不知何故，没有时间的流逝，也没有实际上的接触，原因和结果就这样同时出现了，就像遥远的恒星系统之间发送的即时信息。[2]

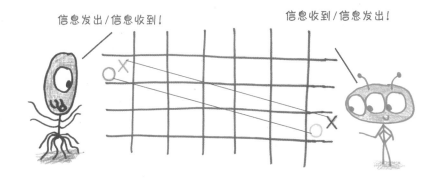

---

[1]　你甚至可以用这种方式玩量子井字棋，详见"变体及相关游戏"部分。
[2]　美国作家厄休拉·勒·奎恩（Ursula Le Guin）将这一想法细化为"安射波"（ansible），这是科幻作品中虚构的一种技术，可以实现行星之间的超光速通信。

在游戏的最后，量子的奇异性被耗尽。棋盘最终展示的是经典粒子，传统的 × 和 〇。这便是我们量子物理学的最后一课。

在足够大的尺度上，量子看起来不再像量子。

严格来说，你和你的狗都是由夸克和电子组成的。但是因为你们身上有不计其数的夸克和电子，所以你们不是真正的量子生物，无法同时占据多个位置。因此，当被观测到的时候，你们的物理性质不会发生变化，甚至不会参与超光速的因果循环。[①]

量子井字棋也是如此。在一个巨大的游戏中，如在 $1\,000 \times 1\,000$ 的棋盘上，当游戏进行到一半时，会发生无数次坍缩，从远处看，它是完美的经典游戏。只有把细节处放大，你才能发现其中奇怪的量子结构。

这就是物理现实的运作方式。远观是经典物理，近观是量子物理。

我们都知道井字棋是一个简单的小游戏，也许它太简单、太微小。然而，正因为如此，它的尺寸才恰好适合研究量子力学的奥秘、我们周围的奥秘、我们内心的奥秘，以及那些只有当我们开始关注最简单、最微小的事物时才会出现的奥秘。

变体及相关游戏

多个世界的量子井字棋： 这个变体游戏由本·布拉姆森（Ben Blumson）设计。"当一个循环完成时，"他解释道，"棋盘将像往常一样被简化，但不再由某个玩家决定玩哪个棋盘，而是 **2 名玩家继续在 2 个棋盘上玩。赢得分裂棋盘数量更多的玩家，将赢得整场游戏。**"

一旦赢得某个特定棋盘，玩家就可以停止在这个棋盘上游戏，并简单地把它算在自己的战绩里。因为前期的胜利将比后续的胜利更有价值，所以**将每个棋盘的分值设为** $(\frac{1}{2})^n$，其中 n 是它所经历的分裂数。

---

① 好吧，我不确定你的狗会不会，反正你不会。

　　在一个更简单的版本中，可以要求玩家**在所有棋盘上做出相同的动作**。这样可以确保所有的棋盘同时坍缩，并且**每次坍缩都将使棋盘的数量翻倍**（除非循环是全×或全○，在这种情况下，棋盘的数量将保持不变）。

　　量子井字棋锦标赛：在4×4棋盘上玩，直到棋盘满了才停止。**每占领连成一条线的3个方格得1分**。如果占领了连成一条线的4个方格，可得4分（因为由2组重叠的3个连线方格构成）。得分高者获胜。这个游戏在2012年的编程大赛中出现过（感谢游戏测试员乔·基森韦瑟的提醒），在掌握了量子井字棋之后，这个变体是个不错的选择。

　　量子国际象棋：如果把国际象棋变成完全量子的，它会像爆米花一样在我们的大脑中四处炸开，而这个变体游戏 [感谢弗兰考·巴塞吉奥（Franco Baseggio）的提醒] 只将量子逻辑应用于一枚棋子：国王。游戏照常进行，直到你第一次移动国王时，注意不要真正地移动它，**而是把一枚硬币放在国王现在可能占据的任意一个方格上**。它不再存在于某个确定的位置，而是存在于一片可能的位置中。

　　之后，如果你需要再次移动国王，**就把一枚硬币放在从国王之前的任意一个可能的位置可以走到的方格上**。如果你想用你的国王夺取对方的棋子，那么你必须把国王放在那个特定的位置，并从棋盘上移除你的所有硬币。

　　如果对手控制了一个国王位置，你可以采取以下2个策略：一如既往地防守这个位置，或者通过移走你的硬币来放弃这个位置。这样的放弃不算改变位置，只是说明国王一开始就不在那里。

　　当国王失去所有安全的位置后，你就彻底失败了。

空间游戏大拼盘

在浩瀚的空间游戏星系中，我们已经访问了5颗行星。根据我的计算，还剩下大约70亿颗。由于本书篇幅有限，我认为接下来有3种选择：①再深入探讨一款新游戏；②以简洁的语言呈现5款游戏；③或者用0.1大小的字号总结5 000款游戏。

这样吧，冒着被认为是缺乏想象力和软弱的中间派的风险，我们走一条安全的折中道路，好吗？

一串葡萄

饥饿的苍蝇游戏

大多数纸笔游戏结束时都会在纸上留下纵横交错的线条，但这里的领地争夺（这个游戏由沃尔特·尤里斯设计）很像涂色书中的页面，最终呈现的画面令人赏心悦目，不仅相当漂亮，还让人充满食欲。

首先，画一串葡萄，确保画清楚哪些葡萄共享一个边界。然后，玩家们轮流用彩色的点在葡萄上做标记——**每名玩家每次只能标记一个点，代表其"苍蝇"从哪里开始吃葡萄。**

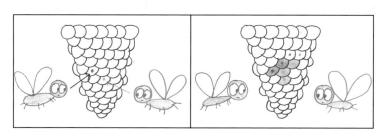

在每个回合中，**你的苍蝇会吃掉它所在的那颗葡萄**（通过在葡萄上涂色来表示），然后移动到相邻的葡萄上。在这一回合中，后移动的玩家在下一回合先移动。最后，**因为没有相邻的葡萄而无法移动的玩家就是输家**。

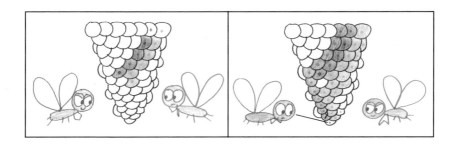

我本以为这款游戏会很乏味，而且容易预测，因为每一步都有明显的最佳移动位置。然而，事实恰恰相反，游戏中充满了惊喜、意外和绝处逢生。我把这归功于葡萄本身：大小不一，排列不规则，而且每一次的"地图"都不一样，它们欺骗了眼睛，导致你错误地估计了可用空间。一串葡萄是一个真正意义上的空间游戏，游戏的整个过程与你对空间的感知（或误解）息息相关，非常适合边吃葡萄边玩。

中子

来回移动的游戏

中子，顾名思义，就是一种中性粒子，它会在 2 个对立的队伍之间来回移动，就像一颗抽象的冰球。不同的是，在"中子游戏"这场比赛中，没有选手知道如何停下来，而且你要打进自己这边的"球门"才能得分。[1]

　　玩这个游戏前，需要准备一个5×5网格和11个不同的游戏棋［其中5个是一种式样，另外5个是一种式样，还有1个带有特殊的标记（这就是中子）］。游戏的目标是，**让中子进入你这边的第一排方格，也就是你的大本营。**

　　在每个回合中，**你先把中子朝任意方向移动一步**（就像移动国际象棋的国王一样），[2]**然后再向任意方向移动你的一枚棋子，让它走得尽可能远**（就像国际象棋的皇后，只是它的刹车坏了，只有遇到障碍才会停下来）。唯一例外的是游戏的开局：开局时，第一个玩家不移动中子，只移动自己的棋子。

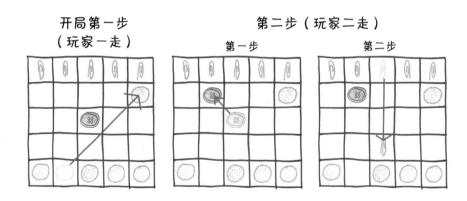

你可以通过以下2种方式获胜：①中子到达你的大本营，或者②你困住中子，这样你的对手就不能在轮到他走的时候移动它了。

---

① 这个游戏由罗伯特·A.克劳斯（Robert A.Kraus）于1978年开发。2020年，棋盘游戏竞技场网站（Board Game Arena）的一名用户以"Bobail"的名字上传了它，自此该游戏突然又流行起来。据我所知，Bobail只是在中子游戏的基础上稍微改变了规则——鉴于克劳斯设计了15个变体游戏，我怀疑这就是其中一个。
② 实际上，在克劳斯最初定下的规则中，中子和其他粒子一样运动。这是Bobail规则中的变化。

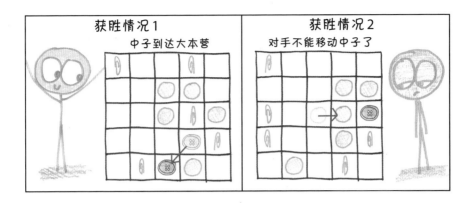

这个游戏的深度估计会超乎你的预期，就好像你本打算蹚过小溪，却意外地俯冲到了海底。在游戏中，当我能够迫使对手朝我的方向移动中子（或者更好的是，迫使他们将中子推到我的大本营，从而在他们的移动中赢得游戏）时，我会获得巨大的满足感。然而，除非你已经占据上风，否则很难困住中子；在防守时，你的安全选择较少，所以很难设陷阱。

秩序与混乱

关于元素斗争的游戏

史蒂芬·斯尼德曼（Stephen Sniderman）于1981年发表在《游戏》杂志上的这款双人游戏展现了一种古老的冲突，类似于创造者与破坏者、结构与解构、父母与孩子、伯特与厄尼①间的斗争。这是一场关于秩序和混乱的战斗。

游戏在6×6网格上展开。一名玩家（秩序博士）的目标是实现5个同

---

① 《伯特和厄尼的神奇冒险》是芝麻街开发的一款冒险、益智类系列节目，讲述了伯特和厄尼在旅途中关于好奇心、想象力、创造力和团结能力的冒险故事。——译者注

样的标志连成一条线，而另一名玩家（混乱教授）的目标是防止出现这样
的五星连珠。2名玩家轮流在方格上做标记，他们可以随意使用符号×或〇。

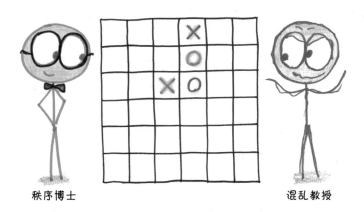

秩序博士   混乱教授

　　当5个同样的符号连成一条直线时，秩序博士获胜。这5个符号可以是
水平、垂直或沿着对角线排列的，可以全是×，也可以全是〇。

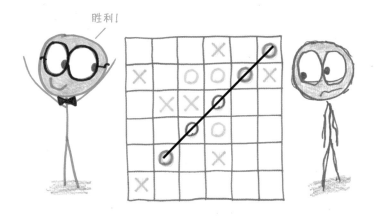

　　反之，如果棋盘上最后没有出现5个连成直线的符号，则混乱教授
获胜。

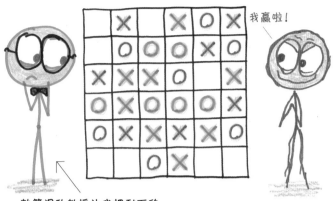

我赢啦!

就算混乱教授让我把剩下的棋盘全部填满，我也赢不了。

　　有趣的是，每名玩家做的标记都可能变成自己胜利的阻碍。秩序博士之前做的标记可能会阻碍自己之后的进展，而混乱教授之前做的标记可能会成为最终"五星连珠"的一部分。这个游戏的平衡性也很好：新手通常觉得混乱教授占有优势，而资深玩家则倾向于认为秩序博士的实力更胜一筹。

　　我建议你们多玩几轮，每次交换角色，边玩边计分。计分规则如下：如果你是作为秩序博士赢的，得5分，每剩余1个空白方格加1分；如果你是作为混乱教授获胜的（当棋盘变成死局，无论秩序博士怎么走都不可能获胜时），可以得5分，每个空白方格加1分。[1]

　　安迪·尤尔提出了另一个有趣的变体游戏：在每轮游戏中，秩序博士可以放置一个特殊的⊗符号（同时充当×和○），而混乱教授可以放置一个■符号（既不充当×也不充当○）。为了纪念他，我将这些符号称为"宝石"[2]。如果你发现游戏双方实力相差悬殊，可以通过只给较弱的一方"宝石"来平衡竞争环境。

————————

① 有一种方法可以判断这种情况，如果你把剩下的位置都填满了×，秩序博士会赢吗？如果你把剩下的位置都填上○呢？如果这2个问题的答案都是否定的，那么秩序就注定要崩溃。这一回合就可以终止了，我们将其称为"混乱的胜利"。

② 尤尔的英文"Juell"与宝石的英文"jewel"接近。——译者注

喷油漆

关于油漆飞溅的游戏

在这个双人游戏中，需要准备一个任意大小的矩形网格，填充2种相同数量的油漆斑点。如果想快速准备游戏，可以让一名玩家按照自己的意愿填充网格，然后另一名玩家选择一种颜色后走（或者后选颜色先走）。还有一个较慢的准备方法，可以事先指定颜色，玩家轮流在空网格上填充斑点。

现在，在每个回合中，你都要让自己的一个油漆斑点飞溅出去。斑点可以以2种方式飞溅：只飞溅到自己身上，或者飞溅到所有相邻的方格中。不管选择哪种方式，受影响的方格都将被淘汰出局。2名玩家轮流飞溅，不能选择跳过。当只剩下最后一个未飞溅的斑点时，它的颜色所对应的玩家为赢家。

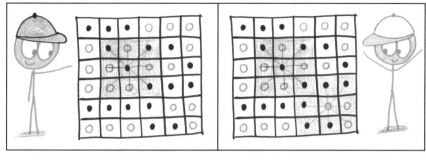

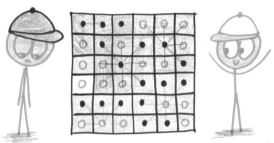

　　这个游戏以其独特的节奏展开。有时你会想加快节奏，飞溅尽可能多的方格。之后，你可能会想慢下来，只单独飞溅一个方格，竭力再挤出一个回合。

　　在更复杂的变体游戏中，还允许另外2种飞溅模式：**对角线飞溅**（向西北、东北、西南和东南飞溅）和**垂直飞溅**（向北、南、东和西飞溅）。这2种模式都只会飞溅到4个相邻的方格内，其他4个不受影响。

3D井字棋

关于长宽高的游戏

　　在这个游戏中描绘三维空间需要一点技巧，除非你是在VR技术非常先进的未来阅读这篇文章。但在这种情况下，你还会看纸质书吗？在这个游

戏里，不是画一个立方体，而是画**4个4×4正方形**，每个正方形代表游戏
的一层。

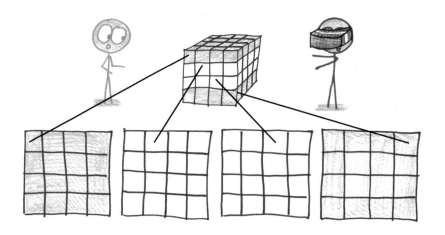

　　**2名玩家轮流在方格中放×和○。首先实现4个正方形连成一条线的玩
家获胜。**要特别注意那种穿过4层连续4个正方形的情况。这种情况很容易
被忽略，等到被发现时常常为时已晚。

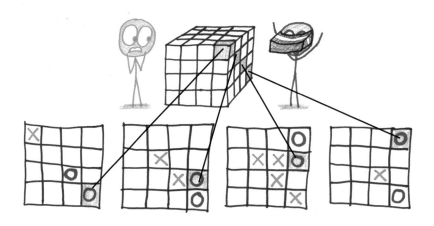

　　要提高自己的战略洞察力，可以通过计算穿过某个方格的可能胜利次
数来衡量方格的价值。以下是标准井字棋的统计结果：

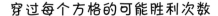

穿过每个方格的可能胜利次数

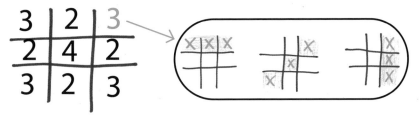

将同样的方法应用到 3D 游戏中，一个有趣的模式出现了。最有价值的方格位于顶层和底层的角落，以及中间两层的中心。

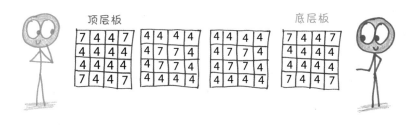

这是一种有趣的元博弈：想想还可以将哪些经典游戏扩展成 3D 的？有些游戏几乎不需要调整，如 3D 战舰。另一些游戏则很容易搭建结构，如 3D 点格棋（可以画出立方体的 12 条边），但很难将其可视化（期待你能在图层之间画出线）。还有些游戏完全不可能实现，如 3D 抽芽游戏（因为在三维结构中，线条无法创造出独立的区域，这会让游戏变得像抱子甘蓝游戏一样毫无意义）。

因此，我建议你可以先试着这样设计：通过在底部再增加一层，将 3D 井字棋变成 3D 四子棋，并且规定玩家在做标记时，要么画在底层，要么画在现有标记的上一层。

好了，快试试吧！

第2章

数字游戏

准备好了吗？接下来我将用一个无懈可击的哲学证明来论证每个数字都是有趣的。

每个数字，无一例外。

尽管我喜欢按顺序介绍数字——1是最孤独的，2是唯一的偶数质数，3呢，我认为《玩具总动员3》是整个系列中最好看的，但这样会让人精疲力竭。现在让我们来假设，沿着数字这条路一直走下去，在某个地方，我们碰到了一个无趣的数字。

有趣的数字

无趣的数字

从12（五格拼板①能够拼成的形状种数）到19（六角幻方②的唯一解

---

① 五格拼板是儿童拼板游戏中用的多边形拼合板。——译者注

② 六角幻方指由正六边形组成的幻方，理论上只有一种解法。——译者注

法），再到561（最小的绝对伪质数[①]），每个数字都像孩子一样独特、像圣代（冰激凌）一样无可取代，直到我们突然遇到一个乏味的数字。我们求出这个数字的立方，对它进行因数分解，并请"三犬之夜"乐队[②]在年鉴上给它一个最高的荣誉……但一切都无济于事。我们从没见过这么无聊的数字，这是第一次有一个数字让人觉得如此乏味。这难道不令人惊讶？或者说感到震惊？你甚至可以称之为……哦，我想想该用什么词……另外一种意义上的有趣？

如果存在一系列无趣的数字，那么一定会有某个数字位于无趣数字行列的第一个。这样一来，第一个无趣的数字应该非常有趣。逻辑上不允许存在这样的悖论。因此，所有数字都必须是有趣的。

好了，证明完毕。

有趣的数字

由于异常无趣而变得有趣的数字

维基百科称这种证明是"半幽默"的，按照该网站的标准，这是一种严厉的批评。尽管如此，我认为它还是抓住了数学的一些精髓。我被数字吸引的原因，与成千上万整日奔波、疲惫不堪，但每天早上仍要抽出15分钟玩数独游戏的人的原因是一样的：不是为了糊口，也不是为了赚钱，只

① 对于任何数字 n，n^{561} 的幂都恰好比561的倍数大 n。所有质数都符合这一规律，而561是第一个符合这一规律的合数。这个知识点不会出现在课堂小测中。
② "三犬之夜"乐队（Three Dog Night），来自美国的摇滚乐队，成立于1968年。——译者注

是为了满足我们对数字结构所编织的图案的好奇心。"神明就在那里,"现代主义建筑大师勒·柯布西耶（Le Corbusier）说,"在墙后面,正与数字玩耍。"

要加入他们的游戏,只需要小小地放飞一下想象力。

举个例子:这是我最近很感兴趣的一个游戏。它从所谓的完全数（又称完美数）开始,每个完全数都有一个有趣的性质:如果你把它的真因数（小于它的因数）相加,就会得到原来的数。

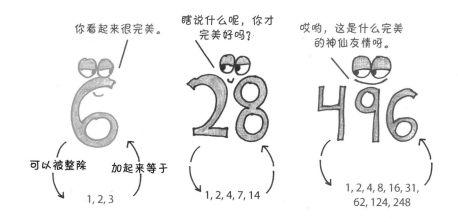

你看起来很完美。

瞎说什么呢,你才完美好吗?

哎哟,这是什么完美的神仙友情呀。

可以被整除　加起来等于

1, 2, 3

1, 2, 4, 7, 14

1, 2, 4, 8, 16, 31, 62, 124, 248

这有什么意义呢?哦,我向你保证,毫无意义。尽管名字很好听,但完全数在理论上毫无用处,在实践中也是一样。它们只是拥有可爱的定义和好的名声罢了。英国数学家约翰·利特伍德（John Littlewood）说:"完全数虽然没有做出任何贡献,但它们也没有带来任何伤害。"就像我的高中好友朱利安对纯粹数学的评价:"嘿,它至少让数学家不再流落街头。"

需要明确的一点是,很多常见的数字并不是完全数。如果一个数的真因数加起来小于它自己,它就是亏数;如果大于它自己,它就是盈数。

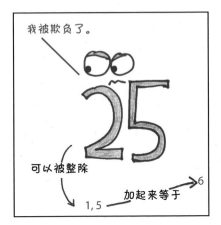

完全数就像一切完美的事物一样难以捉摸。古希腊人只知道4个完全数。后来到了12世纪，埃及人伊斯梅尔·伊本·福尔斯（Ismail ibn Fallūs）又发现了3个。到1910年，总数达到9个。即使在今天，计算机强大到我们可以制作出前总统的说唱音频，也只找到51个完全数，这是在长达2 500年的复活节彩蛋搜寻历程中取得的微弱胜利。

如果举办多年的足球赛只有51个进球，很难想象这项运动还能留住球迷。[①] 那么，完全数到底有什么乐趣呢？人们为什么要玩一个几乎赢不了的游戏？

啊呀，你们这些缺乏信仰的人，难道已经忘了每个数都很有趣吗？

我们不必苛求自己找到完全数。相反，取任何一个数，找出它的真因数，计算它们的和……然后，从这个新的数字开始，再重复一遍。如果你继续下去，就会得到一个被称为"整除数列"的结果。

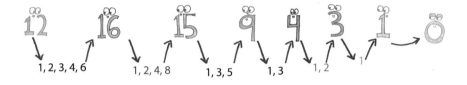

---

① 实际总数比这个数字的2倍还要多。

这个游戏揭示了一个秘密的联系系统。每个数字都指向一个新的数字，就像间谍网络中的特工一样。我们可以调整数轴，就好像自己是电影中的侦探一样，从一连串线人那里嗅出情报：20 让我们找到了 22，22 告诉我们去找 14，14 带我们找到 10，10 建议我们试试 8……

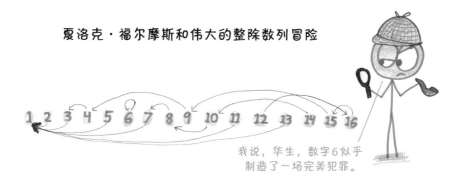

夏洛克·福尔摩斯和伟大的整除数列冒险

我说，华生，数字 6 似乎制造了一场完美犯罪。

这个游戏很自然地引出一个问题：一旦一个数列开始，它将在哪里结束？例如，质数都等于 1（因为它们没有其他因数）。完全数会导致自我闭环：28 把你送到 28，28 又把你送回 28。有些数字则会形成相互指向的配对：220 会把你送到 284，284 又把你送回 220。这样的二人组有一个可爱的名字："友好数"。

嘿，伙计，我喜欢你的因数之和！

1, 2, 4, 71, 142

亲爱的，我喜欢你的样子。

1, 2, 4, 5, 10, 11, 20, 22, 44, 55, 110

数学家花了几个世纪的时间来寻找这些幸福的伙伴。有趣的是，第二对（1 184 和 1 210）的发现费了很大一番功夫，笛卡尔、费马和欧拉等名人都忽略了它，它们是被一个16岁的学生发现的。今天，已知的友好数已超过10亿对。

　　这是否涵盖了这类数列结束的所有方式？还差得远呢。有些循环会一直重复某个数字，（例如，6→6→6…）有些会一直重复某2个数字。（例如，1 184→1 210→1 184→1 210…）当然还可以有更长的循环，呈链环状，被硬核玩家称为"交际数"。下面举2个例子：

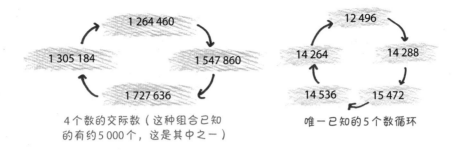

4个数的交际数（这种组合已知的有约5 000个，这是其中之一）

唯一已知的5个数循环

　　当我编写了一个计算机程序来寻找这些链环时，发现了一个惊人的"阴谋"：在某个单链环中竟然有28个交际数。我偶然发现了目前已知的最大链环，就像之前的无数数学家一样，我几乎不敢相信眼前的结果。还有什么能比发现20多个平平无奇、互不相关的平民组成了一个秘密的阴谋集团——整数世界的共济会——更能证明每个数字都很有趣呢？

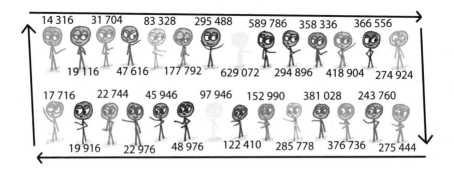

　　关于这个游戏，我可以写一本书。你知道吗？有些数字（如2和5）从来没有被其他数字指向过，这种悲惨的情况被称为"不可触及"。你有没有注意到，有些数列在数值下降之前会上升到极高的高度，如从138到达179 931 895 322的顶峰，然后像伊卡洛斯①一样降落在地面？你有没有想过，是否有数字能完全摆脱重力，永远升入天堂？或许真的有可能，只是我们还没发现。还有一些较小的数字，如276，命运是未知的：它们的数列上升趋势超出了我们的能力范围，就像飞机消失在天际，没有留下任何表明它们打算何时或是否返回的迹象。

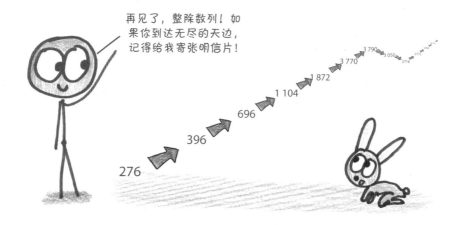

这个游戏有一天会产生实际的应用价值吗？目前看起来似乎不可能。不过多年前，数学家G. H.哈代（G. H. Hardy）对构成互联网安全基础的质数也给过同样的评价。虽然数论始于玩乐，但它往往以深奥终结。

---

① 希腊神话中代达罗斯的儿子，与代达罗斯使用蜡和羽毛造的翼逃离克里特岛时，因为飞得太高双翼上的蜡被太阳融化而跌落水中丧生。——译者注

也许有一天，我们漫无目的的整除数列游戏将发展成一门强大的、有用的学科，就像化学从炼金术发展而来一样，这种转变比炼金术本身更神奇。与此同时，本章介绍的5款游戏将邀请你在数字的世界中嬉戏，这个充满闭环、不可触及者和令人震惊的阴谋的游乐场，正等待着下一个16岁的少年去发现。

筷子游戏

关于循环数字的手指游戏

我在2020年年初偶然发现了这款游戏，当时就被它迷住了。我试图把它教给学生们，但他们的反应就好像我在试图解释击掌是一种庆祝方式一样。这个游戏不仅谈不上新，甚至可以说相当古老，而我还在学生们面前傻乎乎地说它是"新"游戏。我发现自己和学生们有了代沟。这个游戏对1995年以后出生的人来说完全是老古董，而对1990年以前出生的人来说鲜为人知。这一情况和这两代人对座机的看法类似。

筷子游戏是怎样如此迅速又彻底地横扫各大校园的呢？如果你问了这个问题——哈哈，这位落伍的朋友，快来大开眼界吧。

这个游戏怎么玩?

你需要准备什么？ 2名（或更多）玩家，每人2只手。就像这样开始游戏：

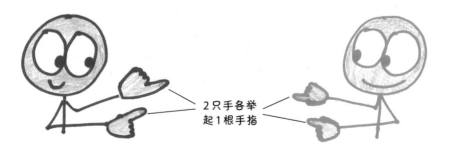

2只手各举起1根手指

玩家的目标是什么？ 消灭对手的所有手指。

游戏的规则是怎样的呢？

（1）玩家轮流用自己的手拍对手的一只手。保持你伸出的手指数不变，但是你伸出几根手指，对手的手指数就增加几。

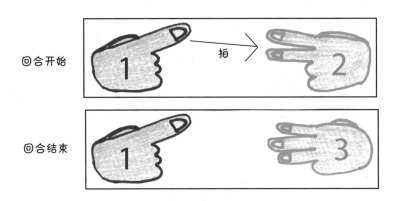

（2）如果你伸出的**手指数刚好为5**，那么你的这只手就"出局"了，并重置为0（握拳）。这只手也就不能拍对手或被拍了。

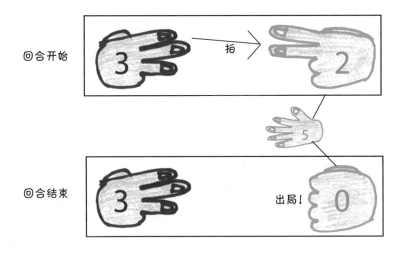

（3）如果一只手伸出的手指数超过5，它不会出局；**减去5后，继续玩。**

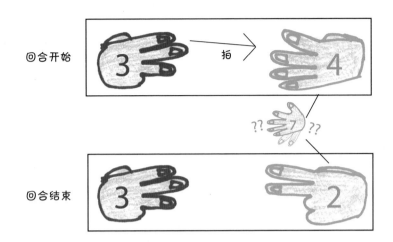

（4）轮到你的时候，你也可以选择**转移自己双手之间的手指**，而不是拍对手的手。这一操作被称为"分裂"，可能会导致**被淘汰的手复活**，或淘汰"活着"的手。

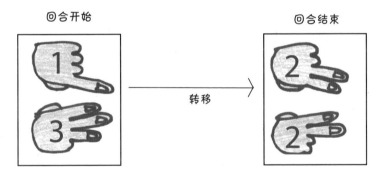

（5）如果2只手都出局了，你就会被淘汰出局。最后剩下的人就是赢家。

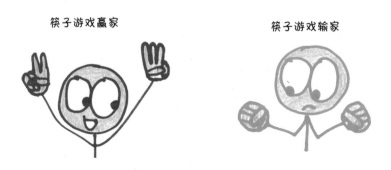

游戏体验笔记

在整个游戏中，你的手总是处于15种情况之一，对手的手也是如此，这意味着如果是双人游戏，总共有15 × 15 = 225种情况。[1]

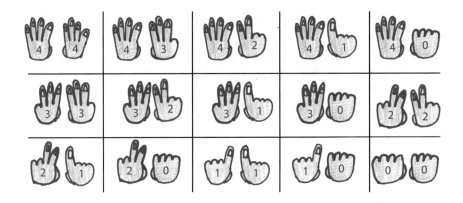

在这样的游戏中，数学分析将产生2种结果：①一个能够确保某一方胜利的策略，或者②没有这样的策略，这意味着资深玩家总是会陷入平局。

筷子游戏属于哪一种呢？巧了，是后者。但与井字棋不同的是，井字棋在下了9步之后，棋盘就满了，而完美的筷子游戏可以永远持续下去，不停循环手拍手，直到有人出现失误，或者太阳吞噬了地球，抑或其他类似的情况，如上课铃响了，课间休息结束。

这个游戏从何而来？

早在几十年前，日本就已经有人在玩这个游戏了。而在此之前，该游戏是否已经存在，就很难说了。

在一项针对几代玩家（多数来自美国）的在线调查中，只有一个人说

---

① 在实践中，有些情况已经被证明是不会出现的，比如2个玩家每只手都有4根手指。

他在2000年之前学会了筷子游戏。《一起来玩：世界各地的100款游戏》（*Play with Us：100 Games from Around the World*）的作者奥利奥尔·里波尔（Oriol Ripoll）告诉我，21世纪初，这个游戏在他的家乡加泰罗尼亚流行起来，这与当时它在世界各地广泛传播的时间一致。

筷子游戏在传播过程中有很多名字，如手指象棋、剑游戏、魔术手指和分裂游戏等（我在明尼苏达州圣保罗的学生称之为"棍子游戏"）。有些人认为这款游戏与真实的握筷子情况很像，因为假设你手握一根筷子，当蜷起5根手指时，筷子会掉落，你也就出局了。[1]

为什么这个游戏很重要？

因为创造筷子游戏的孩子们成功地重塑了数论中的一个基本工具。

在课堂上，你学到的是数字永无止境。不管你的数字有多大——10亿、1万亿、1 000兆，你总能找出比它更大的数字。但在筷子游戏的混乱世界里，有一个数字是至高无上的，这是一个巨大的数字，是"吉尼斯世界纪录"的最大数量保持者。

我说的这个数字就是4。

4加4等于多少？不要说等于8。在筷子游戏中可没有这样的概念。你可能会根据某首歌的歌词回答说4加4等于"一些昨天"或"明天的碎片"。都不对，从巴塞罗那到京都的任何一个孩子都会告诉你，真正的答案是，$4 + 4 = 3$。

不理解吗？别着急，下面有一个简单的加法表供你参考：

[1] 我用真正的筷子验证了这一理论，确实是这样的。

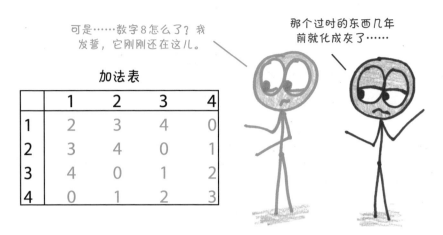

这不仅仅是一个加法表，它还涵盖了筷子游戏允许出现的所有可能的总和，没有什么其他需要计算的了。你们这些有抱负的学者去别处寻找自己想研究的课题吧。

如果改成乘法呢？很简单，把每个乘积看作重复的加法（例如，4×3 变成 $4 + 4 + 4$），我们就得到了一个全新的筷子乘法表[①]：

乘法表

	2	3	4
2	4	1	3
3	1	4	②
4	3	2	1

例如
$$4 \times 3 = 4 + 4 + 4$$
$$= 3 + 4$$
$$= 2$$

数学家给筷子游戏起了另一个名字：**模运算**。或者，更确切地说，是对5取余。这个想法很简单：将每个数字都替换成它到最后一个5的倍数的距离。

---

① 同样，我省略了乘0的（如你所想，它们总会得到0）和乘1的（如你所想，另一个数会保持不变）。

标准数字

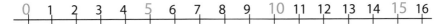

用与 5 的倍数的距离表示的数字

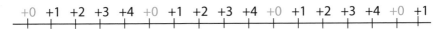

筷子游戏是一款循环游戏，因为模运算是一个循环世界，一个无限循环的宇宙，其中只有 5 个选项。"比 5 的倍数大 5"意味着比下一个倍数大 0；而"比 5 的倍数小 1"则意味着比前一个 5 的倍数多 4。

0，1，2，3，4：这就是你将用到的全部数字。

模运算随处可见。例如，当询问国际银行账户号码[1]时，我怎么知道你给我的是不是有效账号？也许你交换了其中 2 个数字的位置，或者打错了一个符号，抑或只是在键盘上乱敲一通，就能空手套白狼。要保存每一个国际银行账户号码的完整列表太麻烦了，电脑是如何判断你提供的账号是真的呢？

很简单：任何真实有效的国际银行账户号码除以 97，余数都为 1。拼写错误或乱敲一通将产生不正确的余数。这一妙招不仅适用于国际银行账户号码，类似的程序也适用于信用卡、身份证号码，甚至快餐收据上的支付代码。

不过，模运算最大胆的应用还是人们最熟悉的追踪时间。我们的时钟按算术模 12 运行。也就是说，9 点钟加 7 个小时不是像 20 个手指的外星人所推测的那样等于 16 点，而是 4 点。它也适用于日历。你有没有在聚会上见过这样的小把戏：某人可以心算出过去或未来几十年中的某个随机日期是

---

[1] 国际银行账户号码（The International Bank Account Number，简称 IBAN），是由欧洲银行标准委员会按照其标准制定的一个银行账户号码。欧洲银行标准委员会的会员国的银行账户号码都有一个对应的 IBAN 号码。——译者注

星期几？这一特技依赖的是除以7的运算（因为1周有7天）。

　　时间是一种拥有无数根手指的生物。但对于像我们这样的凡人来说，更容易想象一个循环的时间，一个有着有限模式的时间（尽管是无限重复的）。因此，人们重塑了这个基于无限循环的游戏，以适应我们孩童般的双手。

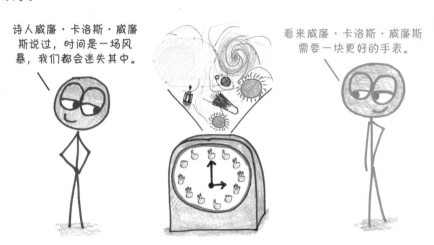

　　筷子游戏诞生于日本的校园，并从一个大陆传播到另一个大陆，每到一处，都受到了那些比起量化时间，更希望快乐地度过时间的孩子的欢迎。当世界各地的人都体会到这个游戏的乐趣后，大人们才如梦初醒，意识到孩子们在爱玩的天性中发现了一个关于数字循环的古老而基本的真理。

　　此外，筷子游戏的乘法表也比普通的乘法表好记多了。

变体及相关游戏

筷子游戏模 *n*：玩的时候想象你有不同数量的手指，如6、7或99。估计你会更想用笔和纸来玩！

筷子截断：不使用模运算，任何超过5根手指的手被立即宣布"出局"。

得零而胜：这是筷子游戏的反向游戏，只要你把10根手指都伸出来，你就赢了。

单指失败：如果你的一只手"出局"，且另一只手只剩下1根手指，你就输了。如果两只手都出局，也算输。

太阳：开局时，每只手需要伸出4根手指，而不是1根。有趣的是，这样游戏将永远不会回到开始的状态。

僵尸：如果你在多人游戏中被淘汰，你可以继续用伸出1根手指的手玩游戏。而当轮到你时，你可以拍对手，但没人可以拍你。

顺序游戏

相互竞争的藤蔓游戏

我在测试本书中的游戏时，顺序游戏获得了一些最激动人心的评价。也许是因为这个游戏中的数字表现是你从未见过的：它们不是整齐地站着，而是像有知觉的植物那饥渴的卷须一样在棋盘上蜿蜒爬行。虽然沃尔特·尤里斯设计了数百款游戏，但他认为顺序游戏是自己的代表作，对此我并不感到惊讶。

这个游戏怎么玩?

你需要准备什么? 2名玩家、2支不同颜色的笔和1个6×6网格。如果希望游戏时间更长一些，可以尝试8×8网格（或7×7网格，把中间的方格涂黑[①]）。玩家们从网格上的数字1，2，3开始。

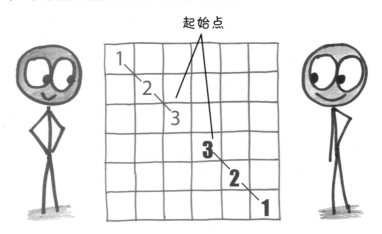

起始点

---

① 在格子数为奇数的棋盘上，占据中间的方格会让玩家1拥有很大的优势，所以我们把它涂黑以保证游戏的公平。

玩家的目标是什么? 写出棋盘上的最大值。

游戏的规则是怎样的呢?

（1）在每个回合中，①选择一个已有的数字，②在其上加1，③在相邻的格子中写入新数字（注：斜对角的格子也视为相邻格）。

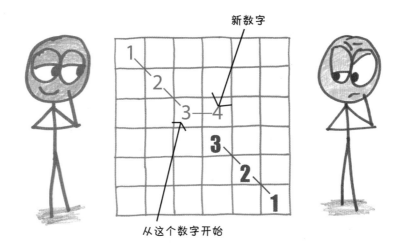

（2）只要还有位置，你就可以在任何现有数字的基础上进行扩展。沿着对角线与现有的路径交叉也是被允许的。

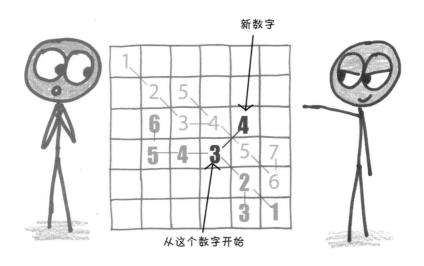

（3）一直玩到整个棋盘被填满，即使中途有一名玩家已经无路可走，另一名玩家也不必停下来。

寸步难移

兵不厌诈

（4）谁最后写出的**数字最大**，谁就是赢家。

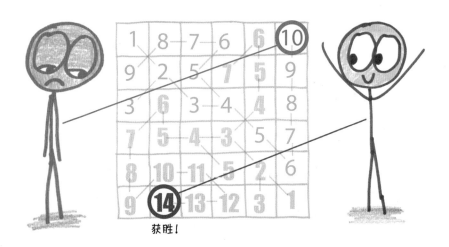

获胜！

资深玩家可能会对"游戏体验笔记"部分所介绍的规则变化更感兴趣。

游戏体验笔记

我真的非常喜欢这个游戏，让我来给你们剧透一下。

　　和许多纯策略游戏一样，顺序游戏更青睐第1个玩家，但这并不意味着它就不好玩了。毕竟，人们似乎很喜欢下棋，即使先行者有55%的胜算。然而，与国际象棋不同的是，顺序游戏为第2个玩家提供了一个反杀的机会：完全复制第1个玩家的走法就可以了。把棋盘旋转180°，并对称地玩，就能保证平局。

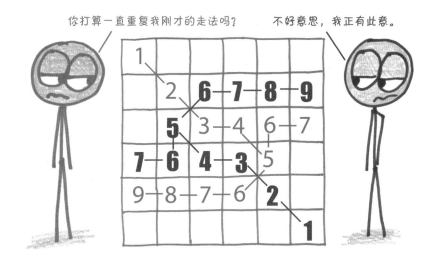

　　为了破坏这个策略，我建议做一个简单的调整。第1个玩家像往常一样开局，然后从第2个玩家的第1步开始，**每个玩家每回合移动2次**。

　　游戏设计师兼测试员乔·基森韦瑟说道："打破对称性之后，这个游戏就会变得非常特别。你是选择封锁自己的领地，还是专注于切断对手的防线？你是'坚持和他纠缠'，还是试图把他赶出你的地盘？"

　　"它的玩法很经典，"乔说，"它真的不是一款历史悠久的古老游戏吗？"

这个游戏从何而来？

　　尽管顺序游戏给人的感觉很古老，但实际上它诞生于21世纪，出自沃尔特·尤里斯之手（他总是有各种奇特而丰富的想法）。在《100个纸笔策略游戏》一书出版后的几年里，尤里斯还在不断地创作：设计新游戏（如拼图游戏、顺序游戏和折纸），策划怪异的艺术项目，还制作了一些令人不安的卡通动画。他的作品既新奇又迷人，我认为他是一种人类脉冲星，能发射出我只能称为"尤里斯辐射"的东西。

总之，当我问他在设计的所有游戏中最喜欢哪一个时，尤里斯毫不犹豫地选择了顺序游戏。虽然他没有发表这个游戏，但它是他"王冠上的明珠"。

为什么这个游戏很重要？

因为在设计一个公平的制度时，最大的挑战莫过于如何组织顺序。

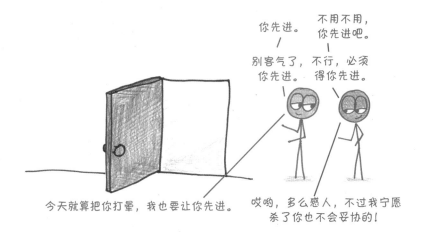

如果想了解话语轮换的标准做法，只需在课间休息的时候去学校的操场看看篮球队的2位队长是怎么挑选队员的。[1]先是你选一个，我选一个；你再选一个，我再选一个；然后你再选一个……就这样，即使是最瘦弱的同学也会被合理地安排到某支队伍里。

这个过程简单、容易，但非常不公平。有一方一开始就有明显的优势：你先选第一个，然后我选第二个。在下一个回合中，你将获得另一个优势：

---

① 当然，很多学校可能目前还没有让观众观看课间运动的想法。

你选第三个,而我只能选第四个。我还没来得及正式投诉,你就又抢先一步,拿到了第五个选择权,而我只能选最弱的第六个。这些微小的优势会逐步累积成巨大的优势,被称为"第一个玩家优势"。它就像笼罩在游戏世界上空的乌云,永远威胁着公平。

以国际象棋为例。对于像我这样笨拙的新手来说,国际象棋对双方已经足够公平了。但对顶级玩家来说,后发黑棋和先发白棋的区别就像……嗯,黑白颜色一样分明。"双方的任务……不同,"特级大师叶夫根尼·斯维什尼科夫(Evgeny Sveshnikov)写道,"白棋要争取赢,而黑棋要争取平局!"先发者可以自由进攻,后发者则从一开始就要防守。叶菲姆·玻戈留玻夫(Efim Bogoljubov)曾说:"当我执白棋时赢了,是因为我是执白棋的;当我执黑棋时赢了,是因为我是玻戈留玻夫。"我喜欢他的自信。

类似的例子还有不少。先发优势如同白蚁一般蚕食着各种游戏的地基,包括四子棋、大富翁、Risk 游戏棋、六贯棋、西洋棋、围棋(在这个游戏中,资深玩家将先发优势的价值量化为 6 ~ 7 分)和顺序游戏等。所以,为什么人类要不断地发明这些不公平的游戏,仿佛公平和正义远在我们的掌控之外?为什么不发明一些公正的数学游戏来代替呢?

资源分配问题本质上都是数字问题,包括那些无形的资源,如游戏玩法中的回合数。对公平的追求驱使我们投入数学那冷酷而公正的怀抱,这是意料之中的事。

R. 韦恩·施米特伯格在他的著作《经典游戏的新规则》中整理了一些能够消除先发优势的巧妙方法。首先是一个自由市场的解决方案:**让玩家竞标先走的权利**。例如,在顺序游戏中,我可能会说:"让我先走,我就给你的最终分数加 1。"然后,你可以加价(如"让我先走,我就给你的最终分数加 2"),或者接受我的出价。

方法1：投标

　　第2个方案是变换的解决方案：玩2轮游戏，每人先走1次，然后把2次的分数加在一起。听起来很公平，但讽刺的是，这种方法可能会给第2个玩家（第2局中先走的玩家）带来优势。他们带着明确的目标进入后一轮游戏，并相应地调整策略。①

方法2：交换角色

——————————
① 对此，施米特伯格又提出了一个明智的解决方案：同时玩这2轮游戏。

第 3 个是经典的数学解法，被称为"饼法则"或**"我来切，你来选"**。这个想法来自甜点桌。一个人负责把甜点切成两半，另一个人先选择自己喜欢的那一半。负责切甜点的人知道他们将得到较小的那块，所以切蛋糕时会努力做到公平。将这一过程应用到顺序游戏中就是，我先为双方走第一步，然后玩家们再来决定自己想做哪一方。

方法 3：我来切，你来选

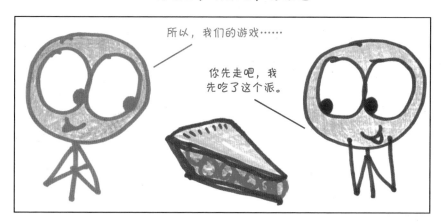

以上这些都是聪明的想法。但为了平衡整个顺序游戏，我更倾向于第 4 个方法：改变"轮流"的含义。

这听起来似乎有点极端。但真的是这样吗？这里并没有石碑或燃烧的荆棘强制要求玩家们一直来回交替呀。例如，体育联赛经常采用蛇形编排法：A 先选，B 后选，C 再选；接着 C 先选，B 后选，A 再选；然后 A 先选，B 后选，C 再选……以此类推。随着回合的结束，"第一玩家"的角色会发生变化。开始时在前的会变成在后的，开始时在后的会变成在前的。

在顺序游戏中，这种方法非常有效。每走 2 步，你就可以回应对手的上一次出击，然后发动自己的攻击。

蛇形编排法

第1个选 → 第2个选 → 第3个选
　　　　　　　　　　　　　↓
第6个选 ← 第5个选 ← 第4个选
↓
第7个选 → 第8个选 → 第9个选
　　　　　　　　　　　　　↓

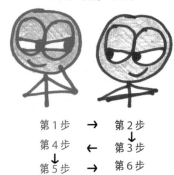

蛇形顺序游戏

第1步 → 第2步
　　　　　　↓
第4步 ← 第3步
↓
第5步 → 第6步
　　　　　　↓

不过平心而论，即使是这个方案也有缺陷。我们基本上是轮流拥有"第一玩家优势"。你会首先拥有它，然后轮到我，接着又到你，然后又到我。但这样就让你首先拥有了先发优势，无论这是我们第1次、第7次，还是第93次拥有这种优势，你总是比我早。所以，即使到了新的抽象层次，老问题还是会再次出现。

那么，这会破坏现实世界中游戏的平衡性吗？也许不会，但它可能会让你友好的数学家邻居感到不安。幸运的是，还有一个更强大的解决方案，能够确保每个抽象层次都完美平衡。

开始时，你走一步（标记为"0"），然后我走一步（标记为"1"）。

轮到你 —— **01** —— 轮到我

在那之后，我们思考一下目前为止的回合顺序，复制它，交换"你"和"我"的角色，然后执行这些回合。

前2个回合 —— **01**

10 —— 后2个回合

然后我们重复这个过程，复制到目前为止的顺序，交换"你"和"我"

的角色，并执行这些回合。

前4个回合 —— 01 10
10 01 —— 后4个回合

然后继续重复。

前8个回合 —— 01 10 10 01
10 01 01 10 —— 后8个回合

再重复。

前16个
回合 —— 0110100110010110
1001011001101001 —— 后16个
回合

一次又一次地重复，直到游戏结束。

01 10 10 01 10 01 01 10 10 01 01 10 01 10 10 01
10 01 01 10 01 10 10 01 01 10 10 01 10 01 01 10

这个没落的数学模式如今被称为"图厄 - 摩尔斯序列"（Thue-Morse sequence），最初由一位数论家提出，后来被一位国际象棋大师重新发现。它提供了可以想象到的最公平的回合交替，不仅确保了第一玩家的优势（因为 0 先于 1 的频率与 1 先于 0 的频率相同），还确保了第一玩家优势的发挥（因为 01 先于 10 的频率与 10 先于 01 的频率相同），以及发挥这一优势的优势（因为 01 10 先于 10 01 的频率与 10 01 先于 01 10 的频率相同），以此类推。一本关于公平除法数学的书将其称为"轮流轮流轮流轮流……"

如今，只要在涉及轮流的场所，如点球大战、网球决胜局、在埃塞俄比亚餐厅分享食物等，你会发现当数学家在把图厄 - 摩尔斯序列强加给毫无戒备的平民时，他们笑得有点过于明显了。

举个例子：你有没有注意到咖啡壶底部的液体比顶部的更能提神？要制作2杯同样浓度的咖啡，按图厄－摩尔斯的风格是这样的：先给左边的杯子里倒一点，然后给右边的杯子里倒一点；接着给右边的杯子里倒一点，再给左边的杯子里倒一点，如此循环下去，直到你的咖啡凉透，要再煮一壶新的。

虽然图厄－摩尔斯有一些实际的应用，但在我看来，它主要是作为一个有趣的抽象概念，一个说明性的理想，表明即使是像顺序游戏这样简单的游戏也有助于揭示完全公平的理论结构。这再次证明了通向更高洞察力的道路是由玩乐铺就的。

顺便说一下，如果你想玩图厄－摩尔斯顺序游戏，我建议你用笔和纸记录下后续的各个回合。

还有个建议，在这个游戏中迷失方向在所难免，不必感到绝望。

变体及相关游戏

三人游戏：涉及三角形棋盘和"蛇形"回合的顺序游戏。任何共享一个角的三角形都视作相邻。[1] 下图所示的棋盘可以用来热身，但如果想要游戏更丰富些，我建议再添加几行三角形。

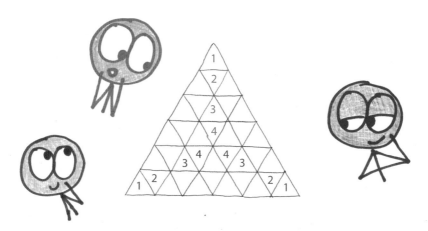

四人游戏：在更大的网格（8×8 或 10×10 网格）上玩，玩家们从不同的角落开始，回合顺序采用"蛇形"。

自由开局：从空白的网格开始，允许玩家将他们的 3 个初始数字放置在任何他们喜欢的位置。[感谢米哈伊·玛鲁西亚可（Mihai Maruseac）的建议。]

新鲜种子：在任何时候，你都可以在任何空白的方格中放置 1，即使它与你自己的数字无关，这算作你在那个回合的 2 个动作。（感谢安迪·尤尔提出的好建议。）

---

[1] 六角形棋盘就不适用了，因为这个游戏的大多数惊喜都来自只有一个角连接的方格间的"对角线"移动，而六角形棋盘中则不存在这种连接。

静态对角线: 这个有趣的规则调整由凯西·麦克德莫特（Katie McDermott）提出，可以用来削弱对角线移动的影响力。当在水平或垂直方向移动时，你的数字会像往常一样增加。但当沿着对角线移动时，数字保持不变。如果使用这一规则，你可能在游戏开始时只想在对角处设置1，而不是通常的"1–2–3"阵形。

从33到99

加、减、乘、除……容易失去耐心的游戏

　　一对父子正惬意地躺在客厅的地板上，观看油管（YouTube）上有关火车的视频，享受着父子间的亲密时光。儿子的目光在不经意间扫过墙上的时钟，突然想起自己的数学作业，然后一下跳起来将其找了出来。这次的作业看似是一个简单的问题。

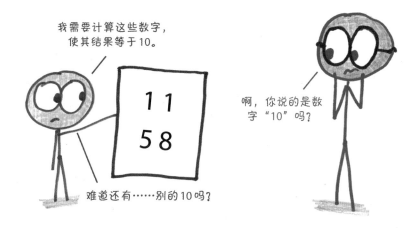

　　父亲看完问题后，挠了挠头，皱起眉，然后找个借口把儿子支开了。完成清场工作后，他拿出 Nexus 7 平板电脑[①]，开始在谷歌上搜索答案。

　　好吧，这其实是一则平板电脑广告，在油管上有300万点击量。这则广告在日本引起了轰动，因为虽然这道题表面上看是小学生的家庭作业，但实际计算起来相当复杂。"8 + 5 − 1 − 1"或者"$\frac{8}{1+1}$ + 5"这类答案都不对，因为得到的结果都不是10。当然，"1 + 1 + 8"或者"5 × (1 + 1)"也

---

① 谷歌于2012年研发的一款旗舰平板产品。——译者注

不对，因为你必须用到所有给出的数字。

　　试试看吧。为了给好奇的人留个悬念，我会把答案藏在脚注里。[①]

　　与此同时，本节将把类似的谜题扩展到一个游戏中，这可能会挑战你对"简单数学"的看法，以及谁更擅长解这类题。

这个游戏怎么玩？

　　你需要准备什么？ 2～5名玩家（当然再多一些也可以），每人准备1支笔和一些纸。还有5个标准骰子（结果很容易模拟，在网上搜索"掷骰子"即可）和计时器。我推荐将每局游戏的时间控制在1～2分钟，不过由于玩家的偏好不同，游戏也可以在没有任何时间限制的情况下进行。

　　玩家的目标是什么？ 尽量接近目标数字，但不要超过。

　　游戏的规则是怎样的呢？

　　（1）由其中1名玩家扮演本局游戏的领导者，他要说出一个介于33～99的**目标数字**，然后**掷出5个骰子**，并开始计时（再强调一下，如果限时游戏

---

① 不是这个脚注哦，请往后看。

不是你们的强项，可以根据喜好去掉时间限制）。

（2）每个玩家都试图通过加、减、乘、除这4种运算将5个骰子组合在一起，以达到目标数字。每个骰子上的数字必须且只能使用1次，但允许自由选择（并重复）运算形式。括号也可以用。你的最终答案必须等于或小于目标数字，而且是一个整数，不过分数可以作为中间步骤的答案。

（3）当计时器关闭时，比较各个玩家的结果。**你的得分就是运算结果距离目标数字的距离**（因此，分数越低越好）。为了维持良好的秩序，单局的得分上限是10分。

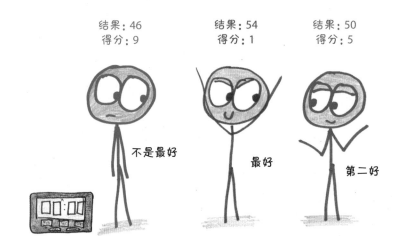

（4）一直玩到所有玩家选择目标数字的局数相同，游戏结束，**得分最少的人为赢家**。

游戏体验笔记

你应该看过电影中的人在思考数学题时，脑海中飞速闪现各种数字和运算公式的场景吧？

你在现实生活中渴望过这样的经历吗？

我不是说从33到99游戏会把你变成电影里的数学天才。当然，如果真的可以，也算它带来的第二个好处。而第一个好处是玩这个游戏时的体验：拿起笔和纸，看着数字跳舞和旋转，形成不成功的组合，然后分开再试一次。即使在苦苦思索的时候，我也感觉自己正在空中翱翔。

这个游戏从何而来？

这个游戏的核心理念可以追溯到几个世纪前。18世纪，教科书中出现了诸如"我可以让4个1组合起来正好是12，你能做到吗"这样的谜题。[①]1881年，著名的"4个4"谜题首次提出，并向读者发起了"用4个4完成从1到100的所有目标数字"的挑战（它需要一些创造性的用法，如44、$\sqrt{4}$、4！和.4）。20世纪60年代，24点游戏（游戏的目标数字始终是24）在中国的上海和其他城市蔓延开来。1972年，该游戏的一个版本出现在法国的一档电视节目中，几年后又出现在英国的电视节目《倒计时》（*Countdown*）中。我在游戏设计师倪睿南（Reiner Knizia）的著作《正确解释骰子游戏》（*Dice Games Properly Explained*）中发现了这个特殊的规则集——他在书中将其称为"99"。

为什么这个游戏很重要？

因为当数学的大门开得更大一点时，你永远不知道谁会进入并发展壮大。

你可能体验过这样的数学课堂：日复一日，最快做完试卷的同学永远是同一批，最晚交卷的是同一批，而在试卷上画鳄鱼的学生也永远是那几个。看着老师发下批改后的试卷，你会感受到一种竞赛的气氛：胜者vs.败者，得A的人vs.得F的人，"会数学的人"vs."不会数学的人"。

我想告诉你的是，数学课堂本不应该是这样的。

明尼苏达州的老师简·科斯蒂克（Jane Kostik）曾经向一个高中补习班的学生介绍过24点游戏（从33到99游戏的一个变体）。她的目标很简单，只是为了巩固学生们不够扎实的算术能力，但他们很快被这个游戏吸引。在小组赛中，学生们为了那些只有一个解法的问题而热血沸腾，这种情况在以前从未出现过。他们的欢呼声和掌声如此响亮，甚至吸引了走廊对面微积分班的同学站在门口围观。简告诉我："后来，微积分班向我们班发起一项挑战。"

这所学校根据学生们的数学成绩给他们分班。此时，成绩最好的班级

---

① 书中给出的答案是 11 + 1 ÷ 1，不过还有其他的解法。

走进成绩最差的班级，并向他们宣战，这就好像校曲棍球队决定与一群参加了选拔但没能晋级的"乌合之众"较量一样。剧情延续了热血体育电影的优良传统，结果是简所在的班级获胜。

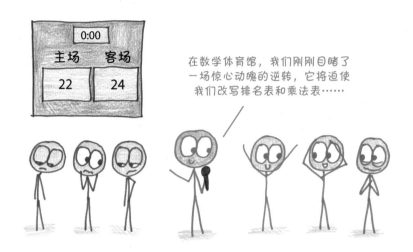

大部分数学问题会遵循一个熟悉的模式："这是计算过程，请问结果是什么？"而从33到99游戏把剧本内容颠倒了："这是结果，请问计算过程是什么？"因为5个数字可以通过四则运算以数千种方式组合，所以你永远无法逐一尝试所有的可能性，这就为直觉、创造力和灵光乍现的天才打开了大门。

数学的大门打开后，涌进来的还有大量你根本想不到的数学爱好者。以英国电视节目《倒计时》为例，其中一半时间都在玩从33到99游戏的变体。这个看似小众的娱乐节目已经播出7 000多集。《吉尼斯世界纪录大全》的主编称赞它是"英国流行文化的基石"，并将其与机智问答、黏糊糊的甜点，以及"your"不发r的音相提并论。

下面是2010年的一个经典谜题，2名参赛者努力将6个数字组合在一起，以获得一个远大的目标数字：[1]

---

[1] 这里有2个关键的规则调整：其一，你不需要用完所有的数字；其二，最终的结果可以超过目标数字，不管是比目标数字大还是小，越接近目标数字越好。

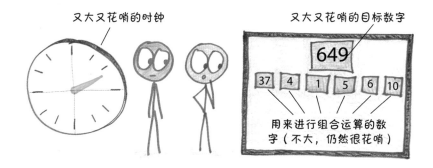

30秒后，一名选手耸了耸肩，他失败了，而另一名选手宣布他快成功了：

"太好了，"主持人说，"还有办法比这更接近吗，瑞秋？"

这时，一直在记录选手运算过程的主持人瑞秋·莱利（Rachel Riley）漫不经心地说："是的，这是可能的。"

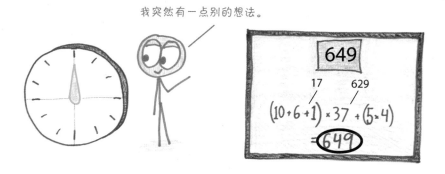

　　和《倒计时》节目组的前辈卡罗尔·沃德曼（Carol Vorderman）一样，瑞秋·莱利也是个传奇人物，一个被八卦小报追逐的名人，她的职业生涯始于快速心算。她的工作职责包括漂亮、迷人、在国家电视台以令人眼花缭乱的速度解决复杂的算术问题。我在很早之前就满足了第一条和第二条的要求，但我还要练习很多年才能达到瑞秋在第三条上的熟练程度。

　　现在，如果你是一个保守且受教育程度很高的人，你可能会说以上这些都不是"真正的"数学。数学家常开玩笑说他们不擅长处理数字，这种自我评价常常让外行人摸不着头脑，就像听到外科医生抱怨自己笨手笨脚、诗人谦虚地说自己是文盲，或者瑞克·艾斯里[①]（Rick Astley）宣称他要"放弃你，让你失望"一样。但问题的关键是数学家不是专业的算术工作者，就像音乐家不是专业的乐器调音师。数学是一门用于解决问题的抽象学科，而不是计算技巧。

　　从这个意义上说，相比标准的数学练习题，从33到99这类游戏更接近数学的本质。任何一个会用计算器的傻瓜都能计算出（$10 + 6 + 1$）$\times 37 +$（5×4）的结果。但如果要在1，4，5，6和10的不同组合中找到某个组合，使之在与37相乘之后与目标数字649的差恰好等于其余数字的组合，那该怎么办呢？

　　这需要策略，需要技能，还需要非一般的灵感。如果都没有，至少需要一台Nexus 7平板电脑。[②]

变体及相关游戏

　　24秒游戏：从33到99游戏的一个高压的、与时间赛跑的版本。

---

① 瑞克·艾斯里，英国男歌手，代表作有《永远不会让你失望》（*Never Gonna Give You Up*）。——译者注

② 我差点儿忘了告诉你们答案！这则广告给出的解法非常棒：$\frac{8}{\left(1-\frac{1}{5}\right)}$。你可以自己验算一下：分母是$\frac{4}{5}$，也就是0.8，8除以0.8正好是10。

（1）把计时器设为24秒，不过先别开始。

（2）掷4个骰子（理想情况下是10面骰子，6面的也行）。每个玩家都试图把骰子上的数字组合起来，以达到目标数字24。4个骰子都要用到，运算形式不限。

（3）最先找到解法的人喊"24！"，然后开始计时。其他人则有24秒的时间继续思考。

（4）在24秒钟内找到解法的人（包括最初找到它的人）得1分。如果没找到解法，但误喊了"24！"就会减去1分。先得到5分的人获胜。

银行家：这是从33到99游戏的另一个变体，同样来自倪睿南的《正确解释骰子游戏》一书。这个游戏只需要一个骰子，但骰子的作用更大了。它还添加了一个约束条件，即每种运算只能使用1次。

以下是每个回合的玩法：

（1）掷骰子并记下它的点数。

（2）再投掷1次。将上一步的点数与这一次的点数进行加、减、乘或除运算，得到一个新数值（当有除法运算时，忽略余数）。

（3）继续重复上一步，直到4种运算都分别使用1次（不能重复）。最后的数值就是玩家这一回合的得分。

总回合数由大家共同商议决定，最后总分最高者获胜。

投掷次数：1
得分：4

投掷次数：2
除法运算
得分：2

投掷次数：3
加法运算
得分：8

投掷次数：4
乘法运算
得分：24

投掷次数：5
减法运算
最终得分：23

数字格：这个游戏由教育家玛丽莲·伯恩斯（Marilyn Burns）推广开来，规则与从33到99游戏的规则完全相反。在这个游戏中，你不能控制运算过程，但可以控制数字组合的顺序。

开始时，每个玩家都要抽一张运算过程相同但数字留白的算式，旁边还有两个"垃圾桶"格子。也许是这样的：

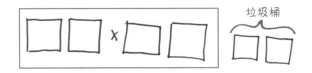

接下来，其中一个玩家掷骰子（理想情况下是用10面骰子，6面的也行），然后玩家们在空白处写下得到的数字。你可以去掉其中2个数字——把它们放入你的"垃圾桶"里。所有格子都填满后，进行计算。谁的结果最接近预定的目标（如2 500），谁就是赢家。

数学教育家詹娜·莱柏（Jenna Laib）称这款游戏为"终极变色龙"，因为只要选择合适的运算，它可以适用于任何数学水平的玩家。

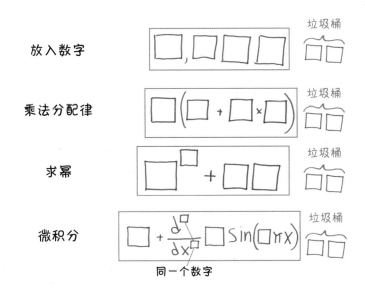

一分钱智慧

找零游戏

"嘿！1美分小硬币！"我没有嘲笑你的意思，但你就是字面意义上的"一文不值"。实际上，情况比这更糟：美国财政部铸造你的成本甚至超过了你自身的价值，你其实是一枚由锌材料制成的、面值为负数的硬币。我觉得是时候强迫你退休，把硬币的最小面额提高到5美分了。

不过你还是有用处的，那体现在一分钱智慧游戏中。在这里，你暗淡的铜外套将有机会发光。你提供的不仅是游戏名称，还有其中的核心策略："节约你的每一分钱。"该游戏的创造者詹姆斯·欧内斯特（James Ernest）建议道。所以，1美分，我们会救你的，到时候，请你也来救我们。[①]

这个游戏怎么玩？

你需要准备什么？ 2～6名玩家，一罐硬币。

玩家的目标是什么？ 成为最后一个手里还有硬币剩下的人。

游戏的规则是怎样的呢？

（1）游戏开始前，先平均分配每名玩家4枚1美分硬币、3枚5美分硬币、2枚10美分硬币和1枚25美分硬币。

---

① 此处为双关语，英文中的"save"兼有"节约"和"拯救"的意思。——译者注

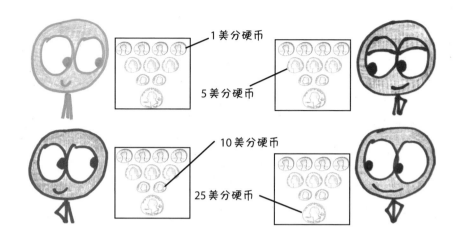

1 美分硬币

5 美分硬币

10 美分硬币

25 美分硬币

（2）在每个回合，玩家们轮流拿出 1 枚硬币放在桌子中央，然后可以拿回任何硬币的组合，但它们的总面值要小于玩家拿出的那枚硬币的面值。例如，如果你拿出 10 美分硬币，你最多可以拿回 9 美分零钱。在某些情况下（包括游戏的第一步），你无法拿回任何零钱。

放进 10 美分

拿回 7 美分

桌面

（3）最后，手里还有剩余硬币的玩家就是赢家。

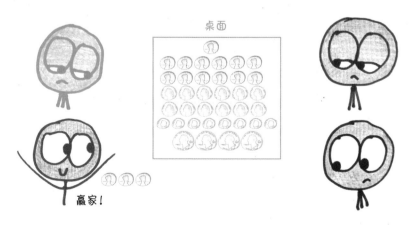

桌面

赢家！

游戏体验笔记

这个游戏的关键问题显而易见：尽可能多地拿回零钱。因为你的起点是64美分，每一回合至少损失1美分，理论上你可以支撑64个回合。但如果每次你拿回的钱低于最高限额，如放入10美分，拿回6美分，或者放入25美分，拿回15美分，那么你的机会就会减少。最坏的情况是，如果每次都拿不回零钱，那么玩10个回合就会破产。

1枚1美分硬币能让你应付1个回合：你可以把它放到桌面上，但不能拿回任何零钱。与此同时，1枚5美分硬币可以让你应付5个回合，但这只有在你第一次能拿回4枚1美分硬币的罕见情况下发生。如果没有1美分硬币，那么5美分只能帮你应付1个回合。10美分硬币和25美分硬币也是如此。事实上，一枚硬币的价值越高，你就越不可能利用它应付理论上的最大回合数。

这样似乎有一个可行的策略：先把你的1美分硬币花出去，把10美分硬币和25美分硬币存起来，等你有合适的零钱时再用。所以，这个游戏是不是可以更名为"25分钱智慧"？

事实并非如此。如果采用了这个策略，你的对手就会像华尔街"秃鹫"一样攫取你的1美分硬币和5美分硬币，无论如何，你都拿不回足够的零钱。因此，这个游戏需要谨慎地权衡，既要尽量减少每回合的损失，又不能过早地交出小面值硬币。

谁能想到，连换个零钱都要如此煞费苦心！

这个游戏从何而来？

这个游戏由"零钱游戏"的创始人兼所有者詹姆斯·欧内斯特设计。"一分钱智慧是最古老的游戏之一，"他写道，"也是最简单的游戏之一。"有一次，他甚至把这句话印在了公司名片的背面。

　　这个游戏还让我想起了一系列关于使用尽可能少的硬币兑换零钱的谜题。例如，如果使用常见的美国硬币系统，至少需要9枚硬币才能凑成99美分：3枚25美分、2枚10美分和4枚1美分（1美元游戏更容易：你可以只用4枚25美分）。问题：在低于99美分的金额中，哪一个需要最多的硬币才能凑成，以及各需要多少？ [①]

　　还有些硬币谜题与货币制度本身相关。在美国，如果想凑齐从1美分到99美分的每一个金额，总共需要470枚硬币：1美分1枚，2美分2枚，以此类推，直到99美分9枚。我们能通过改变面值来减少总数吗？也就是说，放弃1美分-5美分-10美分-25美分的系统，转而采用其他4种面值的组合？

　　事实证明，完全可以。只要把5美分的硬币换成3美分的硬币，总数就能减少50枚。一些不同寻常的组合，如价值1美分、4美分、11美分和39美分的硬币，表现得更好。尽管如此，我还是很感激美国财政部没有采用它们，避免了每次购买棒棒糖都会让世界经济陷入停滞的风险。

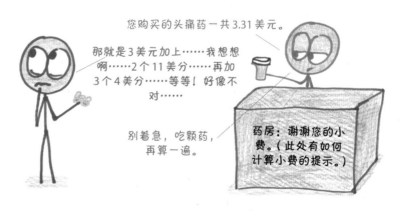

　　一个有趣的挑战送给资深的计算机程序员：哪4种面额能让你以最少的硬币凑齐1美分到99美分的每一个金额？

---

① 剧透警告：要凑齐94美分也需要9枚硬币（3枚25美分、1枚10美分、1枚5美分和4枚1美分）。

为什么这个游戏很重要？

因为它是文明的基石。

我并不想过分赞扬这个游戏。如果人类抛弃了一分钱智慧游戏的理念，运气好的话，也许还能维持社会的运转。但我想说的是，这个游戏赋予了数学概念活力，让我们的经济生活成为可能。

首先，从**简单的代币**说起。世界各地的古代社会使用简单的黏土代币来记录他们的财产——绵羊、山羊、超级碗冠军戒指，每一个代币都代表一份财产。1 枚代币，1 只羊；2 枚代币，2 只羊；3 枚代币，3 只羊；4 枚代币……啊哦，你怎么睡着了。这就是记录羊数量的风险。这种一一对应的系统也许就是人类社会最初理解数字的方式。

阶段 1：绵羊 1 分

你值多少钱？

很明显吧，一个羊单位。

接下来，是**复杂的代币**。当一些古代社会使用简单的代币时，苏美尔人想到了一个主意：用 1 枚代币代表多只羊。这就是畜牧经济的 5 美分、10 美分和 25 美分时代。

最后，把**代币抽象化**。在此之前，还没有灵活的独立标志可以代表 6 本身。数字的使用仅与特定的物品数量相关，每个数量都由一个符号表示，

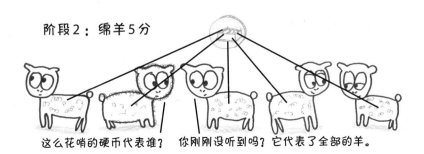

阶段 2：绵羊 5 分

这么花哨的硬币代表谁？　你刚刚没听到吗？它代表了全部的羊。

如"7只绵羊""7只山羊"或"史上最有价值的7枚超级碗冠军戒指"。数字7与它所列举的物品的关系密不可分。

但是随着时间的推移,"3只绵羊"变成了用2个符号来表示,"3只山羊"也是如此,二者有一个共同的符号代表"3"。至此,数学的决定性特征出现:"数"这个抽象概念。不是3只绵羊,也不是3只山羊,不是3个任何物品,就是数字"3"本身。

阶段N:真正的5分

所以我值1只羊,你值5只?

兄弟,你想得倒挺美。你就值0.0001只,我值0.0005只。

哇,闪闪发光的……

关于数字起源的故事还有最后一个转折。很快,苏美尔人开始把他们的代币保存在密封的黏土信封里,为了说明信封里的内容,他们把不同的符号压印在湿泥板上作为标记。考古学家丹尼丝·施曼特-贝瑟拉(Denise Schmandt-Besserat)认为,这种做法不仅产生了苏美尔人的数学,还产生了同样深刻的东西——苏美尔人的文字。人类识字的历史,在很大程度上要归功于对绵羊的记账。[①]

当然,我把这些故事简化了,这并不是人类发展过程中通向文字的唯一路径。此外,复杂的代币也不同于我们所熟知的那些货币,因为它们不用于交换。它们更像是账簿或银行账户:不是钱币,而是关于所有权的记录。

尽管如此,我依然认为,如今每个流通着货币的社会都应该向这些代币致敬。

---

① 你可以称它为"绵羊账本"或"记账绵羊",随你的便。

变体及相关游戏

其他初始硬币：除了用上文提到的硬币，还可以试试这些替代品（均由游戏创造者詹姆斯·欧内斯特提出）。

游戏名称	初始硬币	硬币数	总额
经典	1，1，1，1，5，5，5，10，10，25	10	64美分
互质	1，1，1，1，4，4，4，7，7，13	10	43美分
达琳	1，1，1，3，3，3，10，10，20	9	52美分
没有10美分	1，1，1，1，5，5，5，25	8	44美分
糖	1，1，2，2，5，5，10	7	26美分
泰勒	1，1，1，5，5，10	6	23美分

或者你可以使用下面这些面额，灵感来自真正的货币。

国家	初始硬币	硬币	总额	评论
吉布提	1，1，1，2，2，2，5，5，10	9	29	美国货币错过了这里的乐趣；2单位面值的硬币在世界范围内很常见
智利	1，1，1，1，5，5，5，10，10，50	10	89	大多数货币体系都有20面值或25面值的硬币。只有少数国家两者都没有
不丹	1，1，1，1，5，5，5，10，20，25	10	74	大多数货币体系都有20面值或25面值的硬币。两者都有的国家也很少
阿塞拜疆	1，1，1，1，3，3，3，5，5，10	10	33	和古巴、吉尔吉斯斯坦一样，阿塞拜疆是少数几个使用3单位面值硬币的国家
马达加斯加	1，1，1，2，2，2，4，4，4，5，5，10	12	41	我找到了一个使用4单位面值硬币的国家。它就是独树一帜的马达加斯加

当然，你们也可以尝试自己组合。无论如何选择，确保所有玩家在开始时拥有的货币种类和数量都一样。

新的找零规则：以下这2个有趣的变化来自乔·基森韦瑟。

（1）**完美的找零：**你可以拿回任何硬币组合，只要它们的总金额**小于或等于**你拿出的硬币的金额。例如，如果你拿出1枚10美分，就可以拿回2枚5美分，但不能拿回2枚10美分。

（2）**更完美的找零：你可以拿走所有比你投进去的硬币面值小的硬币，即使它们的总金额超过了你拿出硬币的金额。**例如，你可以放入1枚10美分，然后可以拿出3枚5美分和5枚1美分。

乔提出了一个问题：这2种变化是否会导致游戏无穷无尽地进行下去？如果不是，游戏能够持续的最大回合数是多少？

翻转游戏：这个双人骰子游戏由詹姆斯·欧内斯特设计。每一局游戏开始时，玩家双方**先掷5个标准骰子**，总点数低的玩家先走。之后在每个回合中，你可以：

（1）**拿走对手的一个骰子，**这样对手便失去了它。你要把它放在桌子的中央，作为回报，对手可以从桌子中央取走任意组合的骰子，只要它们的总点数小于刚刚放进去的那个骰子的点数。例如，如果你失去了一个5，你就可以选择任何总点数小于或等于4的骰子组合（但有时没有这样的骰子组合可用）。

（2）**翻转自己的一个骰子。**位于骰子相对面的2个数字之和一定是7；因此，就可以把1变成6，2变成5，3变成4，反之亦然。[①]

---

① 注意：翻转某个骰子后，就不能再翻转它了，直到你拿走对手的一个骰子。这条规则对于避免僵局是必要的。

选项1：拿走对手的某个骰子　　选项2：　翻转自己的某个骰子

最终，手里还有骰子剩下的玩家就是本轮游戏的赢家。剩余骰子的总数就是该玩家本轮的得分，最先达到50分的玩家赢得整场游戏。

预言游戏

关于自我成就（或自我挫败）的预言游戏

预言不仅仅是一个预测，还是一个行动，它甚至可以以一种令人头痛的方式改变它旨在预测的未来。

例如，你不能对怀孕的女子和她丈夫说"你们的孩子会弑父娶母"，因为这会导致他们的养育方式发生相当大的变化。同样，你也不能对数百万盲目跟风的观众说"我预计这只股票会暴涨"，因为这会引起人们购买大量股票，从而推高价格。所以，在你告诉邪恶的伏地魔，那个叫哈利·波特的狮子座巫师宝宝可能会让他一败涂地之前，建议考虑一下这个预言的因果关系。

以上这些都发生在预言游戏的背景下，该游戏可以视作一个关于自我成就（或自我挫败）预言的简要案例研究。

这个游戏怎么玩？

你需要准备什么？ 2名玩家、2支不同颜色的笔，以及4~8行、4~8列的矩形网格（若有正方形网格更好，但非必需）。

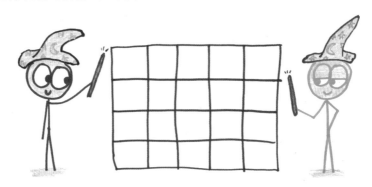

玩家的目标是什么？准确地预测在指定的行或列中将出现多少个数字，并将这个数字写在该行或列的某一格内。

游戏的规则是怎样的呢？

（1）玩家轮流用**数字**或×标记空格。

（2）每个数字代表一个预言：**预测该行或列最终会有多少个数字**。因此，最小的可用数字是1，最大的可用数字是该行或列的长度（取决于哪个数值更大）。而×只是填补了一个空位，确保没有数字出现在那里。

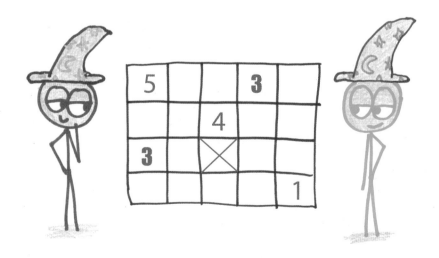

（3）为了避免重复预言，任何数字都不能在指定的行或列中出现2次。

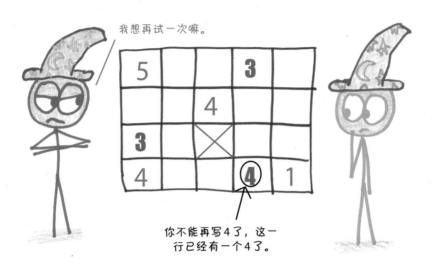

你不能再写4了，这一行已经有一个4了。

（4）**如果某个单元格无法再填数字**——因为不管填哪个数都会和同行或同列的数字重复，**就用 × 标记它**。这只是一种友好的记录行为，不算作玩家所走的步数。

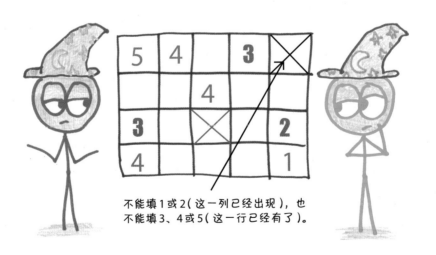

不能填1或2（这一列已经出现），也不能填3、4或5（这一行已经有了）。

（5）直到网格全部被填满，然后数每一行出现的数字。**每一行谁的预言正确，谁就能得到和预言数字一样的分数。**纵列也是同样的计分方式。

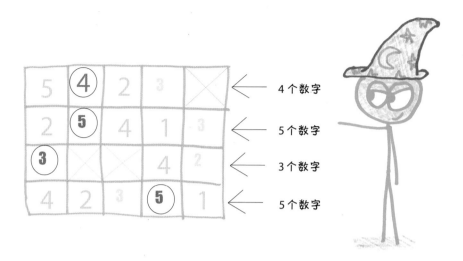

4 个数字

5 个数字

3 个数字

5 个数字

注意，同一个预言有可能计2次分：一次按行算，一次按列算。与此同时，有些行或列可能没有一个正确预言。

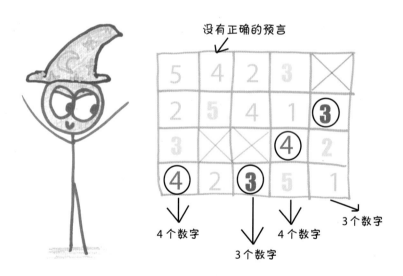

没有正确的预言

4 个数字

3 个数字

4 个数字

3 个数字

（6）得分高的人为赢家。

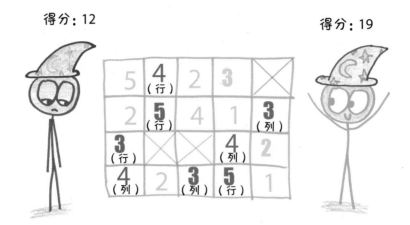

游戏体验笔记

在这个游戏中，最有趣和最痛苦的时刻是预言对自身产生威胁的时候。以下面这行数字为例：

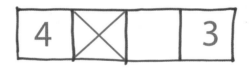

游戏的最后肯定会有2或3个数字。因此，在这一行已经有3的情况下，绿色笔玩家只能填2（但引入这个数字毫无意义，因为它否定了自己，验证了对手的3）。在预言游戏中，这是一个经典的难题：在描述世界的内容时，你不可避免地会改变它们。如此一来，又将使你的描述变成错误的。

这让我想起了某些自我列举的句子，它们通常是语言学上的描述，不是针对任何外界事物，而是关于自身的描述。请看第一个例子：

"只有傻瓜才会费力去证明他的句子由10个a、3个b、4个c、4个d、46个e、16个f、4个g、13个h、15个i、2个k、9个l、4个m、25个n、24个o、5个p、16个r、41个s、37个t、10个u、8个v、8个w、4个x、11个y、27个逗号、23个撇号、7个连字符，以及（最后，但同样重要的）1个单字符组成！"①

——李·萨洛斯

这段古怪的话准确地描述了它自身。我只是试图想象李是如何写下这段话的，就让自己的大脑陷入了无限循环，因为对句子的每一个小调整都必须预见到它将带来的结果。

为了让你能理解我的意思，请试着填一下这张简单的自我描述表：

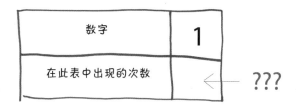

数字	1
在此表中出现的次数	← ???

目前表中只有一个数字1。但是当我们试着在第2行填1时，就会被自己的鞋带缠住，因为另一个1出现了。也许我们应该把它换成2？但当我们这样做时，第二个1消失了，于是我们的2变成了错的。

任何预言在这里都是自毁前程。这个表永远填不满。

---

① 这段话的原文为 "Only the fool would take trouble to verify that his sentence was composed of ten a's,three b's,four c's,four d's,forty-six e's,sixteen f's,four g's,thirteen h's,fifteen i's,two k's,nine l's,four m's,twenty-five n's,twenty-four o's,five p's,sixteen r's,forty-ones's,thirty-seven t's,ten u's,eight v's,eight w's,four x's,eleven y's,twenty-seven commas,twenty-three apostrophes,seven hyphens and,last but not least,a single !"——译者注

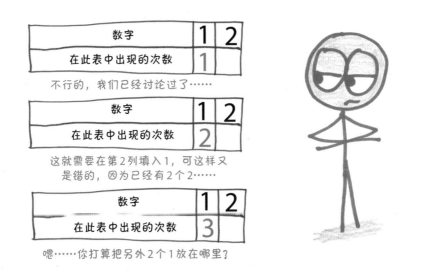

数字	1
在此表中出现的次数	1

但现在有2个1了！

数字	1
在此表中出现的次数	2

也不对，现在只有1个1！

数字	1
在此表中出现的次数	11

在二进制中合理，
但在这里不得分。

数字	1
在此表中出现的次数	0

喂，你想干吗？对我洗脑吗？

给数字2也单独添加一列，能改变这个局面吗？没用的。任何想要填满第2列的尝试都将失败，就像预言所传达的："没有人能说出这个预言。"

数字	1	2
在此表中出现的次数	1	

不行的，我们已经讨论过了……

数字	1	2
在此表中出现的次数	2	

这就需要在第2列填入1，可这样又
是错的，因为已经有2个2……

数字	1	2
在此表中出现的次数	3	

嗯……你打算把另外2个1放在哪里？

这样的表格可能正确吗？可能，但你至少需要4列。这是一个解决方案，另一个就由你自己去发现吧。[1]

---

[1] 更长的图表也可以，解法在本书的参考书目中。

数字	1	2	3	4
在此表中出现的次数	2	3	2	1

你能找出另一种解法吗?

　　每当玩预言游戏时,我的思绪就会陷入类似的循环。我的下一步行动会不会导致自己失败? 有时这些数字让人感觉可靠而真实,但在下一秒,它们又像梦境一样瞬间蒸发了。这就是一个令人费解的深度策略游戏。

这个游戏从何而来?

　　这个游戏来自叫安迪·尤尔的可爱家伙。

　　2010 年,游戏设计师丹尼尔·索利斯(Daniel Solis)发起了一个"千年游戏设计挑战赛"。任务是创造一款简单、深刻且可以持续千年的游戏。安迪·尤尔提交了预言游戏[这是他从自己的桌游《实际尺寸可能有所不同》(*Actual Size May Vary*)中提炼出来的]。

　　时间快进到 2020 年。预言游戏不仅成为我的测试员最喜爱的游戏之一,机智谦逊、乐于助人的安迪本人也通过电子邮件成为本书的一名远程"通讯记者",分享着他对策略游戏令人惊叹的见解。①

　　至于预言游戏能否持续千年——嘿,为什么不能呢? 玩这个游戏的时候,你甚至不需要笔、纸和数字,在泥地上就能把计数标记出来。"假如我们的后代无法理解计数概念呢,"安迪说,"我由衷地认为,这个游戏将是他们所面对的无数问题中最简单的。"

---

① 安迪甚至同意让我将他的游戏重新命名为"预言游戏",尽管他已经准备好许多更有智慧且更具文学意义的游戏名称,如"就像罐头上写的那样""记得把我算进去"和"自我实现的价值"等。

为什么这个游戏很重要？

因为把自相矛盾的数字自我描述当作游戏来玩，有助于计算机时代的到来。

这个故事始于19世纪末，当时数学家启动了一项浩大的项目：追溯整个数学学科的逻辑基础。他们希望把庞大的数学思想重新构建成一座不可撼动的高塔，每一层都牢固地建立在下一层的基础之上，一直到无可辩驳的基石，也就是说，所有数学定理都是从一组简单的假设推导出来的。

当然，最关键的一步是选择正确的假设。

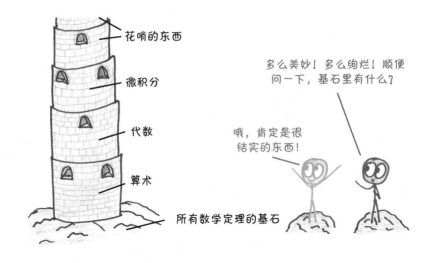

典型的尝试可能从空集（这是一种概念袋，里面什么都没有）开始。用这个空集代表数字0，然后从此处开始构建。包含空集的集合可以称为"1"，包含1和空集的集合可以称为"2"，包含2、1和空集的集合可以称为"3"，以此类推。

按照这种方式，就能将"集合的集合的集合"构建成越来越复杂的逻辑结构，直到你掌握了所有能想到的数字、形状和方程。由此可见，所有的数学定理都来自集合的一些简单假设。

我们定义的数字	定义为一组数字的集合	定义为一组集合的集合
0		{} （里面什么也没有）
1	{0}	{{}}
2	{0 1}	{{} {{}}}
3	{0 1 2}	{{} {{}} {{} {{}}}}

可惜的是，几十年来，这些努力全都付诸东流。层出不穷的悖论迫使数学家不断调整他们的基本假设，但新的假设只会引出新的悖论，或者让根基过于脆弱，无法支撑"数学之塔"。终于在1930年，逻辑学家库尔特·哥德尔（Kurt Gödel）解释了为什么人们会遇到这么多难题，因为整个项目就是一个不可能实现的梦想。

他的论证过程是这样的。首先，根据你的喜好选择一组假设（只要它们涵盖基本的算术），作为你的"数学之塔"的基石。然后，库尔特将展示这些假设如何创建一种语言，在这种语言中，命题（如"0 = 0"）可以被编码为数字（如243 000 000）。最后，库尔特会提出一些与之前数字相关的命题，或多或少地说明了"带有这个数字的命题不能被证明为真"。

简言之，失败了。

"这个命题不能被证明为真"确实不能被证明为真，因为如果证明了它是真的，就会使它变成假的。反过来，如果证明了它是假的，就表明它不是真的，但这又证明了它是真的!

这样的命题永远不能被证明——既不能被证明为真，也不能被证明为假，属于库尔特所谓的"不可判定的"（undecidable）幽灵般命题的第三类。

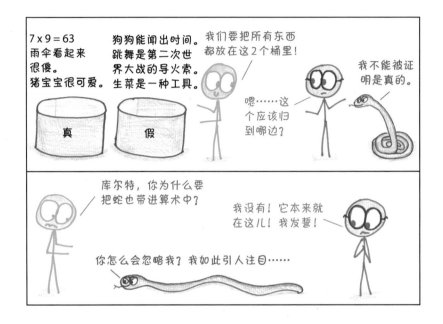

　　学者们渴望找到数学的基石，但库尔特摧毁了他们的希望。无论你做什么样的假设，总会出现无法证明的命题，总有你的"数学之塔"无法达到的高度。

　　这个世纪最雄心勃勃的数学项目，注定要毁灭在自我描述的数字手中。

　　在库尔特的重磅炸弹之后，其他数学家试图从残骸中抢救一些东西。一个叫艾伦·图灵①的人设想了一种机器——自动的真理判定器（或者按照今天的叫法，称它为"电脑"），它可以帮助人类判断哪些命题是真的、哪些命题是假的，以及哪些命题是不可判定的。

① 艾伦·图灵（Alan Turing, 1912—1954），英国数学家、逻辑学家，被称为计算机科学之父，人工智能之父。他对人工智能的发展做出了诸多贡献，提出了一种用于判定机器是否具有智能的实验方法。——译者注

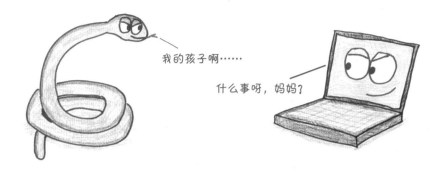

　　每次玩预言游戏时，我都会想起这一系列关联：自我描述的数字、自我矛盾的数字、逻辑链上的死结、自我指涉的循环……这个游戏不仅是用来找乐子的，还是计算机时代诞生的摇篮。

　　库尔特将其提出的自我指涉的数字比作骗子悖论。骗子悖论最简单的形式是 **"这个命题是假的"**。它不可能是真的，否则我们就只能接受它的内容，并宣布它是假的；但它也不可能是假的，否则我们就不得不否定它的内容，并宣布它是真的。因此，这种说法飘浮在灰色的迷雾中：非真，非假，非生，非死，不征税，不免税。这是一种关于未竟事业的语义幽灵。

　　这样的情况一直持续到库尔特出现。在困扰了可怜的逻辑学家数千年之后，这个古老的悖论"爬进"一个装有晶体管的方盒，然后意识到它的真正使命：困扰所有的人类。

变体及相关游戏

异形棋盘：与矩形网格不同的是，你可以在任何重叠区域的集合上玩游戏。下面是一个例子，图中有5个不同颜色的区域，每个区域由16个部分组成：

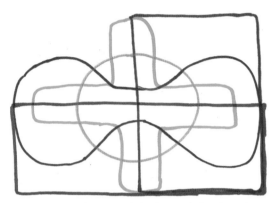

5个区域，每个区域都由16个部分组成。

多人模式：这个游戏也适用于3～4名玩家。只需改成更大的棋盘（如7×7网格）。

×预言：将每个数字都视为对其所在行或列中"×"这个数的预测（不是数字的数量）。

数独板：这可能是最酷的游戏方式。使用未解决的数独游戏作为你的棋盘。每个数字预言不仅适用于它所在的行和列，也适用于它所属的3×3正方形。数独中已有的数字对玩家们来说都不重要。

贝里悖论：好吧，这不是一个游戏。我只是想最后再给你们看一个来自自我指涉数字潘多拉魔盒的恶魔。

这个悖论始于一个简单的观察，即较大的数字通常需要用更多的字母来描述。例如，我用3个字母就能描述10（ten），但要描述1 000，至少需要8个字母（ten cubed[①]，这比用11个字母描述"one thousand"要短）。图书管理员G. G.贝里（G. G. Berry）拓展了这个想法，并将其定义为"不能在60个字母以内定义的最小正整数"[②]。

这听起来完全合理，给人一种这个数字（不管它是什么）一定存在的感觉……直到你意识到这里只用了57个字母就定义了它。这个定义被自己反噬了。

---

① 10的3次方。——译者注

② 原文为："the smallest positive integer not definable in under sixty letters."本句共包含57个字母。——译者注

数字游戏大拼盘

我开始写这本书的时候，初衷是每章只重点介绍5款游戏——不多不少，正好5款。为什么我后来放弃这个打算了呢？这要归咎于那些五花八门的数字小游戏。既然我建造了一栋大房子，总不能把它们丢在外面淋雨吧？所以，我将在这一节快速地连续介绍7款小游戏。

平庸之才

关于中位数的游戏

平庸之才是一款3人游戏，最初由一对兄妹和他们的一个朋友在餐厅的餐巾纸上玩。[①]

各玩家在0～30[②]中秘密地选择一个整数，然后揭晓所选的数字，选到中位数（最中间的那个数）的人将获得和这个数一样的分数。如果有2个人选择了相同的数字，那么选了不同数字的玩家则可以打破平局，并将分数按自己的喜好分配给其他玩家。

[①] 这个游戏的另一个名字是"赫鲁斯卡"，以美国参议员罗曼·赫鲁斯卡（Roman Hruska）的名字命名。他曾为一位四面楚歌、被提名为最高法院大法官的候选人辩护："尽管他很普通，但世界上有许多普通的律师和法官，他们有权在最高法院获得一些代表权，不是吗？"

[②] 这个数字范围可以灵活调整。有些人喜欢玩没有限制的游戏，这意味着可以选择任意数字。

赢家！赢了10分。

等等，这个游戏还有一个转折。在你们玩了约定的回合数后，比方说5轮，**最后的胜者不是得分最多的人，而是得分为中位数的人。**正如这个游戏的共同发明者道格拉斯·霍夫施塔特（Douglas Hofstadter）所说："这是实现'整体精神'的唯一途径……也就是说，要与各部分的精神一致。"

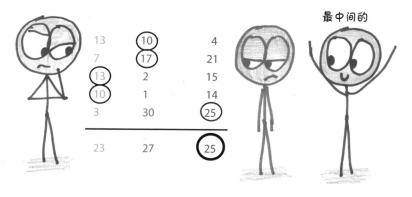

最中间的

最后几点建议：①把全部得分都放在视线范围内，因为它们会影响游戏的策略；②该游戏通常适用于玩家数是奇数的情况，[①]如果玩家数是偶数，只需加入1名隐形玩家，并让他每次都选择15；③为了获得真正烧脑的体验，你们可以进行5个回合，谁赢得的回合数是中位数，谁就赢得整场游戏。

_____

① 没错，这是平庸的中位数游戏所带来的一个好处。很多适合3个人玩的游戏都是失衡的，因为它们会鼓励排名在第2和第3的玩家联合攻击排名第1的玩家。而在平庸的中位数游戏中，这样的"联合"是既不可能也不可取的。

黑洞

关于瞬间坍缩的游戏

在沃尔特·尤里斯设计的这款双人双色游戏中，每走一步，紧张感都在剧增，最后以爆炸告终。我无法保证它在宇宙哲学上的准确性，但我喜欢它谜一般的感觉，胜利和失败取决于剩下的一个空间。

首先，**画一个由21个圆圈排列成6行的金字塔**，如下图所示。然后玩家轮流在各自所选择的圆圈里用代表自己颜色的笔写下数字1。之后，**再轮流写下2，3，4，以此类推**（注：按从小到大的顺序写这些数字）。

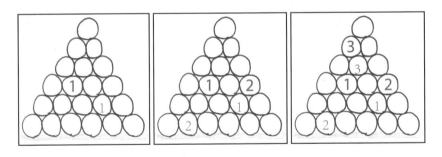

当双方都写到10时，金字塔中会剩下一个空的圆圈，**也就是黑洞，它会立刻摧毁所有邻近的圆**。谁剩下的数字总和更大，也就是说，**谁被黑洞摧毁的数字总和更小，谁就是赢家**。

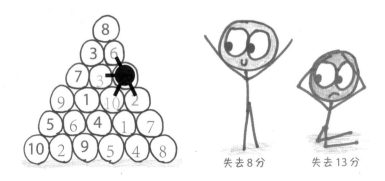

失去8分　　　　失去13分

虽然这个游戏很简单，但我发现游戏中很难培养战略直觉。例如，你不能为大的数字"预留"位置，否则对手会直接填补这些位置。不管怎样，你一定会留下一些对手不想填补的位置（也许是因为对手填上后会保护你的数字），但不要留太多这样的空位，否则其中一个会变成黑洞，最终导致你失败。

塞车游戏

15秒游戏

这个游戏非常简单，一句话就能把规则解释清楚：**玩家轮流从1到9认领数字，每个数字只能认领1次，最先取得3个加起来等于15的数字的玩家获胜。**

塞车游戏可能会让你想起井字棋。这并非巧合，它其实就是井字棋（或者如1967年的一篇心理学论文中称其为"井字棋的异构体"）。通过将数字1到9排列在一个神奇的正方形中（这样每一行、每一列和每条对角线上数字的和都等于15），2个游戏的对应关系就变得清晰起来了。

这2个游戏在结构上是相似的，就像经过伪装的同卵双胞胎。

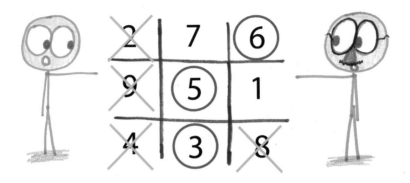

　　人类天生就不是抽象的思考者，而是具象的生物：我们有食欲、做白日梦，会出现眩晕——当看美食节目的时候，这些可能会同时出现。我们还考虑细节，这就是为什么同构很重要：它能够把我们的注意力从一组细节转移到另一组，是连接经验岛屿之间的抽象桥梁。

　　说到这里，还有一款与井字棋同构的游戏，我称它为"老板的谷仓"。首先，写下"In fact, Sir Boss's barn was built on rot."这个句子。然后，2名玩家轮流圈单词，并认领它们。如果1名玩家认领的单词中有3个单词含有相同的字母，如"in""sir"和"built"，那么这名玩家就是赢家。

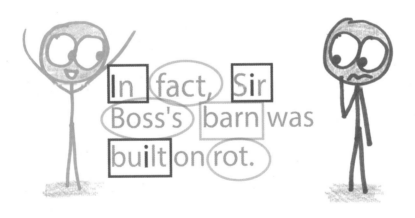

你不必使用这个特别的句子，也可以换成其他句子。[①]这个游戏中一半的乐趣是创造一个属于你的与井字棋同构的句子。

rot	fact	built
on	barn	In
Boss	was	Sir

fat	as	pan
if	spit	in
fop	so	not

tug	us	pun
at	gasp	an
tip	his	gin

我鼓励你去找找其他句子，如果你找到了好的，可以联系我。

星系棋

关于漂亮图案的游戏

星系棋对本书来说不太典型，因为这款游戏属于一个人的消遣，没有规则，没有输赢。尽管如此，我还是认为数学艺术家韦·哈特（Vi Hart）将其归为"游戏"是非常正确的（他在油管视频中推广了这一理念）。为什么呢？因为游戏的核心是结构化的玩法，这正是星系棋所提供的。

先画一圈圆点，想画多少就画多少，然后根据你选择的规则，将它们连起来。例如，你可以选择每次跳过 2 个点。随后，美丽的图案会像魔法一样出现。

---

① 我之所以喜欢这句话，是因为它可能的获胜字母有 A、B、I、N、O、R、S 和 T，这可以被拼写成游戏的目的：NAB TRIOS（意思是"抢夺 3 个人"）。我很喜欢"老板的谷仓"这个名字，3 个合理的单词组合在一起是一个无意义的游戏名——Sir Boss's Barn；而"井字棋"正好相反，3 个无意义的单词组合在一起是一个合理的游戏名——"tic-tac-toe"。

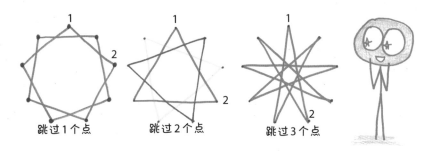

虽然这个游戏看起来是几何的，但它的真正结构是数字的。这些"恒星"遵循的引力定律是质因数分解定理。例如，当画12个点时，你可以创造出不同的重叠形状。但当画13个点时，这种情况就不会发生了。

为什么不会发生呢？因为13是质数，12不是。

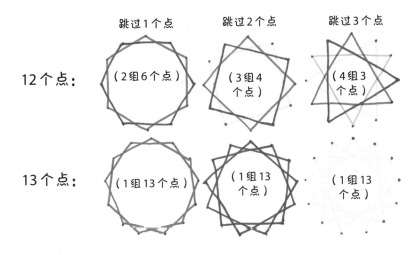

就像数学本身一样，星系棋是一个无穷无尽的游乐场，一个没有起点也没有终点的游戏。你可以尝试使用多种不同的颜色、不同间距的点，或者更复杂的连接规则（如跳过1个点，再跳过2个点，然后跳过1个点，再跳过2个点）。

数学家利奥波德·克罗内克（Leopold Kronecker）警告说："数论学家就像食莲人，在尝过这种令人忘记忧愁的食物后，他们就再也戒不掉了。"

锁定网格

关于填充数组的游戏

这款暗含竞争性的游戏改编自斯坦福大学教育中心优立方[1]（YouCubed）的一款合作游戏。玩它需要 2 个标准骰子（结果很容易模拟，在网上搜索"掷骰子"就可以），然后每名玩家都有 1 个 10×10 网格棋盘。

玩家的目标：在游戏结束前，尽可能多地填充自己的网格。

每个回合都需要掷 2 个骰子。假设得到的是 4 和 5，你就要在自己网格的任意位置画一个 4×5 矩形。如果你的棋盘里没有空间画这样的矩形，你就会失去这个回合的机会。当 2 名玩家相继失去当前回合的机会时，游戏结束。届时谁棋盘中填充的方格多，谁就是赢家。

还有一个特别的规则：只要你愿意，你可以选择在对手的棋盘而不是自己的棋盘上画矩形。

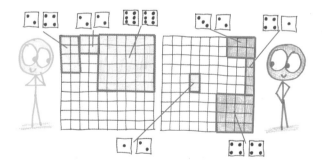

为什么要画在对手的棋盘上？正如上图所示，在对手的棋盘中间画一个小矩形，可以破坏他整个俄罗斯方块般的战术。

---

[1] 数学教育网站，由斯坦福大学教授乔·博勒（Jo Boaler）创办。——译者注

收税员

仔细扣除的游戏

这款游戏作为编程的入门练习已经流传了半个世纪。15年前，罗伯特·莫尼奥（Robert Moniot）形容它像一首"经典老歌"。这是一款单人游戏，也是一个谜题集合，游戏中和你对战的是个无情的机械对手——收税员。

首先设定一个上限，如12，然后写出所有不超过它的整数。

在每个回合中，你需要认领一个数字，并把它加到你的分数上。收税员则会收到所有能够被你选的数字整除的数，并将其作为他的得分。

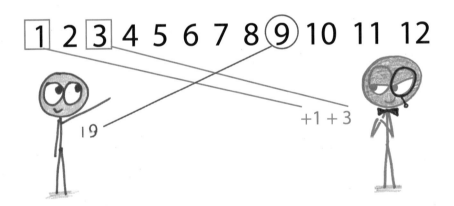

这个游戏的挑战在于**收税员在每一回合都可以收到一些数字**。例如，在上图中，你不能在下一个回合选择5，因为它的唯一除数"1"已经没有了。

重复这个过程，直到剩下的数都失去除数，这时收税员就会将其全部收入囊中。

当然，游戏的目标就是打败收税员。

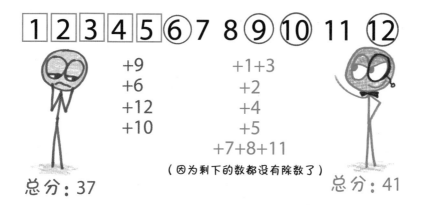

总分：37

（因为剩下的数都没有除数了）

+9
+6
+12
+10

+1+3
+2
+4
+5
+7+8+11

总分：41

"贪婪算法"是一个有用的技巧：在每个回合中，选择能让你领先最多的数字。例如，在上限为15的游戏中，最好的第一顺位是13（这将使你领先收税员12分）。

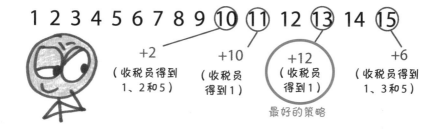

但贪婪算法有时会让你忽略其他更好的策略。例如，在选择13后，剩下的最贪婪的选择是15（净得7分），但这样你下一步就不能选9，并把它作为礼物送给了收税员。所以最好先选9，再选15。

对于较小的数字，你可以使用纸牌来记录自己的选择。例如，上限是12，就可以用点数2到10的纸牌来表示，即加上A（= 1）、J（= 11）、Q（= 12）。没有什么游戏比这款游戏更适合边听披头士乐队的《收税员》边玩了。

爱情与婚姻

关于不稳定伙伴关系的游戏

应一位中学教师的请求——这位老师正在寻找一款"以爱情和婚姻为主题的优秀互动课堂游戏",詹姆斯·欧内斯特设计了这款配对游戏。它需要至少15名玩家,适合书呆子的聚会或教室内的派对。

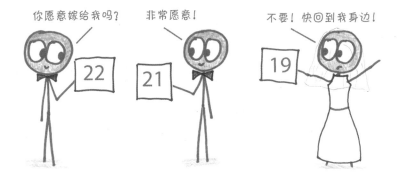

假设有 n 名玩家(如27名),首先制作一套编号从1到 $n+10$ 的卡片(在这个例子中为1~37)。另外创建一个计分表,其中行编号分别为100,95,90,85,80…10,5。每行都留出一个可以放2张卡片的空间。[1]

开始新一轮游戏前,先打乱卡片顺序,然后给每名玩家发1张卡片。宣布"开始"后,每人有3分钟的时间寻找搭档、完成配对,并把配对的卡片放在计分表中数值最高的空位上。

---

[1] 如果玩家数小于或等于20人,计分表就只需要10行,行编号为100,90,80…

你的分数根据以下标准计算。

（1）**越早结婚越好**。你会想尽快结婚，因为你的基础分就是你所在行的编号。早结婚的人可以先选85、90这类高分值行列，而晚结婚的人就只能选5、10这些低分值行列了。

（2）**与编号相近的人结婚**。你会希望自己的编号与搭档的尽可能接近，因为你的基础分要除以你们两人的分数之差。例如，如果25号和28号结婚，他们的基础分要除以3。

（3）**与编号更大的人结婚**。在每段婚姻中，编号较小的人可以额外得到5分的加分，而编号较大的玩家没有加分。

100　| 20 | 16 |　$\dfrac{100}{4}$ = 每人加25分（16号加5分）

95　| 31 | 36 |　$\dfrac{95}{5}$ = 每人加19分（31号加5分）

90　| 7 | 10 |　$\dfrac{90}{3}$ = 每人加30分（7号加5分）

虽然我不赞同这种带有对抗性的婚姻观，但我喜欢这种紧张感。游戏开始的一瞬间，你就要找到与自己"条件"接近，但又稍好一点的结婚对象，然后与其结婚。这些推动力相互牵制，并引发了一些棘手的问题。例如，1号是一张好牌吗？一方面，你肯定能找到编号比你大的结婚对象；但另一方面，那些编号和你接近的人（如2，3，4号）可能会拒绝你，因为他们想和编号更大的人结婚。就像在现实生活中一样，没有哪个策略是绝对的"好"或"坏"，我们必须结合其他人的选择来判断。

第3章

组合游戏

游戏设计师、畅销书作者拉夫·科斯特（Raph Koster）［我总是把他的名字记成"拉尔夫"（Ralph）］认为，所有游戏都体现了以下4个核心挑战中的某一个。

游戏的4个核心挑战

1. 控制你的身体反应。

例如，在足球比赛中头球得分，在《超级马里奥兄弟》游戏中找准时机跳跃。

2. 洞察别人的心理。

例如，在打扑克时虚张声势，发现"黑手党"的阴谋。

3. 克服我们对概率的错误直觉。

例如，决定是否在21点上下注，是否在快艇游戏中重新掷骰子。

4. 用启发式方法解决NP完全问题。

例如……等等！你说的是什么东西？

刚听到拉夫的4个核心挑战时，你可能会觉得有点奇怪。他给出了3条简单的真理，外加1条晦涩难懂的行话。这就好像他把最常见的宠物命名为"狗、猫、鱼和道德准则的灵活性"一样。然而，拉夫是完全正确的。在组合的复杂性和我们本能的乐趣之间，存在一种令人毛骨悚然的联系。伴随着诡异而无意识的一致性，我们寻找一个特殊的中间地带：那些很难找到解法，但一旦找到就令人愉悦的谜题。

解释这一模式需要用到计算机科学的一个分支——**复杂性理论**。该理论提出了一个简单的问题：当你把一个问题放大时，它的难度会增加多少？以著名的"旅行推销员问题"为例。在下面的地图上，穿过这4个城市，然后再回到出发地的最短路程是多少？

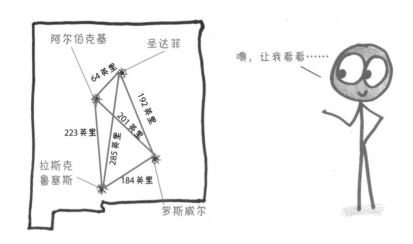

从阿尔伯克基出发，你可能会依次去圣达菲、罗斯威尔、拉斯克鲁塞斯，然后回家（路程为663英里[①]）；或者依次去圣达菲、拉斯克鲁塞斯、罗斯威尔，然后回家（路程为734英里）；抑或依次去罗斯威尔、圣达菲、拉斯克鲁塞斯，然后回家（路程为901英里）。信不信由你，这是全部可行的选择。虽然你还可以写出21条另外的路线，但每条路线的路程都与这3条路线中的1条相同，只是起点不同，或者中转城市顺序前后颠倒。而最短的路线是先从阿尔伯克基到圣达菲，再经罗斯威尔到拉斯克鲁塞斯，最后回阿尔伯克基。看，问题解决了。

如果我再增加3个城市呢？在这个新问题中，需要考虑360条路线。用手算极不方便，但电脑能很快搞定。

---

① 1英里约等于1 609米。——译者注

如果我们更进一步呢？比如新墨西哥州的 37 个城市？

现在有数亿条路线，具体来说是 2×10^{41} 条。你不可能穷举所有的路线；即使是美国洛斯阿拉莫斯国家实验室里的超级计算机，在 10^{41} 根稻草的重压下也会像骆驼的背一样垮掉。这是数学中一个残酷而基本的模式：**组合爆炸**。在组合中增加一些新成员，就能得到无数的新组合。

通过穷举所有可能的组合来解决问题被称为"蛮力算法"，由于组合爆炸的存在，这一过程比蜂蜜浴中的树懒还要缓慢。1 台能在 1 秒钟内解决 10 个城市问题的计算机，却无法在 100 年内解决 20 个城市的问题。复杂性理论家会说，蛮力算法是在"指数时间"（exponential time）内运行的，这意味着它"极其缓慢"。如果你的计算机科学家朋友吃午饭时迟到了，你可以用这个术语玩笑来调侃他。

幸运的是，我们有比蛮力算法更好的选择，而且有时效果好很多。而诸如数字相乘或按大小排序等能够快速被解决的问题，它们的运行则属于"P"类，即"多项式时间"（polynomial time）。

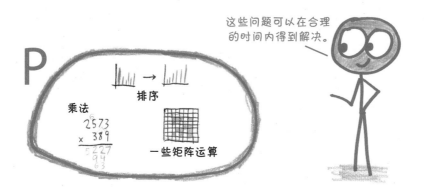

这些问题可以在合理的时间内得到解决。

还有一个更大的类别是NP（全称nondeterministic polynomial time，意为"非确定性多项式时间"）。对于这类问题，我们可以快速地验证它们的解是否正确，但不一定能在第一时间找到解。我们喜欢的许多游戏和谜题都属于这一类。数独游戏就是一个很好的例子，它的解法难以捉摸，需要巧妙的推理技巧，但答案很容易验证，只需检查每一行、每一列和每个3×3矩形框中是否有数字1到9。

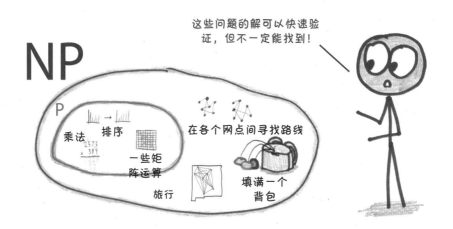

这些问题的解可以快速验证，但不一定能找到！

在这里，我认为自己有义务提一下数学研究中一个至今仍未解决的难题——P/NP 问题，而能解决这个难题的人可以获得 100 万美元。P 和 NP 在本质上到底相不相同？大多数专家认为它们是不同的。棘手的 NP 问题比简单的 P 问题难得多，不过没有人能证明这一点。也许我们还有一线微弱的希望，希望某个未被发现的神奇算法可以一举解决所有的 NP 问题。

与此同时，复杂性和趣味性之间仍然存在一种神秘的对应关系。不知何故，就像我们的大脑总会被糖、八卦和发光的屏幕吸引，大脑也会被 NP 级别的难题吸引。

以十五拼图游戏为例。它于 1880 年首次亮相，随后在世界各地掀起一股热潮。《纽约时报》报道说："成千上万曾经勤奋工作的人，如今屈服于它致命的魅力，忽视了自身的事业和家庭，把所有的时间都花在让人萎靡不振的小格子上。"

在之后的一个世纪里，它一直是最受欢迎的益智游戏，直到 1980 年，另一个组合玩具出现：魔方。不久后，在《纽约时报》畅销书排行榜上，以魔方为主题的书籍占据了第 1、第 2 和第 5 的位置。魔方很快成为人类历史上最畅销的玩具之一，并在之后一直保持着这个头衔，全球销量接近 4 亿个。当时美国广播公司甚至在周六上午播出了一部名为《魔方，神奇的方块》(*Rubik, the Amazing Cube*) 的卡通片。[1]

---

① 这部卡通片的主角是一个形状似魔方且有知觉的外星人。当魔方处于特定的状态时，它可以飞行、说话，并发出神奇的空间光束，而当魔方被打乱时，它只能喃喃自语，偶尔还会发出"救命"的呼喊声。希望下次你解魔方的时候，不会想起那样的场景。

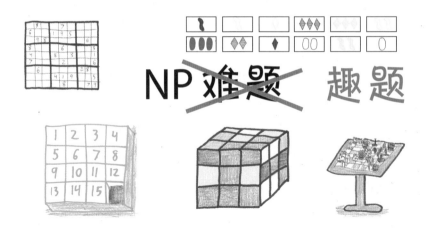

作为一名代数老师，我知道大众有多"热爱"抽象数学。这应该是人们第三"喜欢"的消遣方式，仅次于侧方位停车和标本制作。那么，是什么吸引着原本理智的人主动去挑战这些令人烦恼的难题呢？

我认为是来自NP难题的蛊惑：很难找到，但容易验证，这样复杂的解决方案能够勾起人们的好奇心。在某种无意识的层面上，我们的游戏本能是一种数学本能，一种寻找组合问题的嗅觉。

所有游戏在某种程度上都是一种组合游戏。

游戏名称	组合的对象	____越好
扑克牌	纸牌	越多A
拼字游戏	字母	拼出来的单词越合理
叠叠乐	积木	越稳固
扭扭乐	四肢	内脏移位越少
多米诺骨牌	多米诺骨牌	多米诺骨牌越多
反人类的卡片	攻击性的比喻	越少玩这个游戏

在接下来的章节中，我将邀请你尽享组合的乐趣。如果你的对手用一个你从未考虑过的招数击败了你，但事后发现这个招数的巧妙之处是如此显而易见，那么请振作起来：你刚刚经历了NP级别的难度。

SIM 游戏

如何用 6 个点让全世界的人都头疼

SIM 游戏的名字源于第一个分析它的阿尔伯克基数学家古斯塔夫斯·西蒙斯（Gustavus Simmons）和英文单词"simple"（这个单词和该游戏的相关性很快就会变得一目了然）。不过，要说这个游戏更深层次的起源，仍然是拉姆齐理论中疯狂扩张的数学领土。

拉姆齐理论以弗兰克·拉姆齐（Frank Ramsey）的名字命名。在拉姆齐短暂而硕果累累的一生中，他推动了经济理论、概率论和逻辑悖论等领域的发展，甚至和哲学家路德维希·维特根斯坦（Ludwig Wittgenstein）——历史学家形容其"令人难以忍受"——成为朋友。然而，尽管拉姆齐取得了很多成就，但以其名字命名的这个理论处理的却是一个看似琐碎的问题：连接点的多色游戏。拉姆齐理论问：如果我想确保得到某个形状，到底需要多少个点？

听起来很傻吗？罪名成立。听起来简单吗？小心点，千万别被它的名字给骗了。

这个游戏怎么玩？

你需要准备什么？ 2 名玩家、2 支不同颜色的笔，以及在纸上画 6 个点，如下图所示：

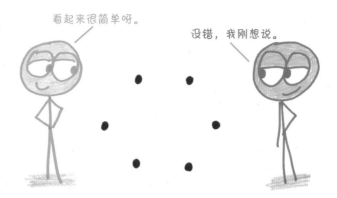

玩家的目标是什么？ 在你被迫用自己的所属色创建一个三角形之前，先迫使对手用他的所属色创建一个三角形。

游戏的规则是怎样的呢？

（1）玩家轮流用笔连接任意2个点。

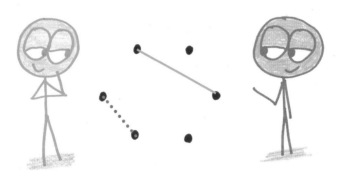

有几条线可能会交叉，没关系。请注意，每个点最多被允许连接5次，即1个点最多可以连接其他5个点。

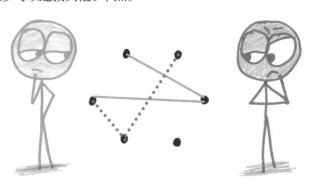

（2）如果对手用他的所属色**创建出**一个三角形，你就点击那3个点并说
"S-I-M"。恭喜，**这样你就赢了！**

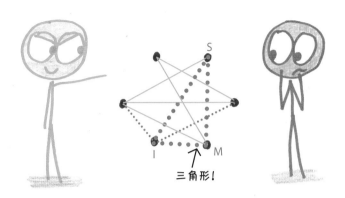

三角形！

（3）如果你用自己的所属色创建出一个三角形，先不要绝望。如果对
手没有注意到它，而是在继续走下一步，**你可以通过指出这个三角形来
"窃取"胜利果实。**

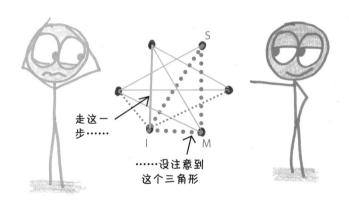

走这一
步……

……没注意到
这个三角形

（4）不过，如果你在说"S-I-M"时并不存在这样的单色三角形，**你就
输了。**

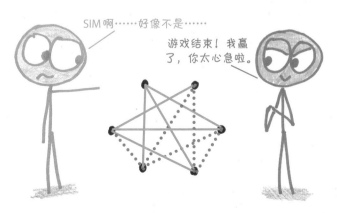

SIM啊……好像不是……

游戏结束！我赢
了，你太心急啦。

游戏体验笔记

　　刚开始玩SIM游戏时，那感觉就像吃蜂蜜一样快乐，有很多地方可以走。

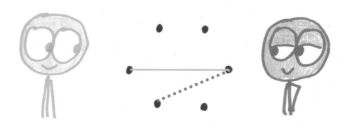

　　不过，它很快就会呈现出陈年葡萄酒的沉郁和复杂，尤其是你的棋盘可能会被"干扰"或"诱饵"三角形弄得乱七八糟。它们看起来像三角形——我猜是因为它们确实是，但对SIM游戏来说不是，因为在这个游戏中，三角形的顶点必须位于6个原始点的其中3个上。

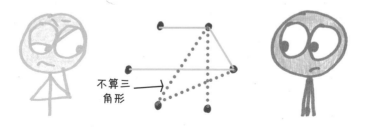

不算三角形

　　这6个点可以连接出20个可能的三角形，要避开的陷阱太多了。你将会气鼓鼓地盯着棋盘，就像在检查世界上最小的犯罪现场，直到……啊哈！

看吧，我早就说过，6 个点的游戏是很棘手的。

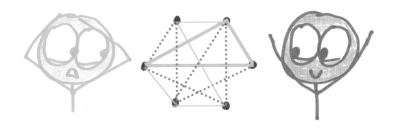

这个游戏从何而来？

这个游戏来自拉姆齐理论。该理论的主旨是简单的设置可能产生令人生畏的复杂性。例如，以下是第一个公开发表的关于 SIM 游戏解法的摘要：

规则 2：对于除第二步以外的任何移动，当至少有一条中立边时，只考虑这些中立边，并按顺序应用以下规则。
（1）破坏最小数量的有效安全移动。
（2）创造最小数量的失败（包括有效的和假设的）。
（3）破坏最小数量的假设安全的移动。
（4）完成最大数量的混合三角形。
（5）创建最大数量的部分混合三角形。
（6）创造最小数量的有效失败。
然后给满足上述规则的任意一条边上色。

呃……说的都是些什么东西？

《数学杂志》（*Mathematics Magazine*）上的这篇文章阐明了一个保证获胜的策略（事实证明，这是对第 2 个玩家说的）。然而，尽管这样可以让游戏玩起来既快速又可控，但它的策略太复杂了，很难记住。

不过没关系，拉姆齐理论不是关于如何取胜的，而是关于如何设计一款不可能出现平局的游戏，也就是保证有一方获胜。

尤其是在 SIM 游戏中，我们希望最终有一方可以创建出一个单色三角形。这需要多少个点呢？6 个点足够（原因我稍后会讲），但 5 个点就不够了。五边形上的 SIM 游戏可能会以平局告终。

SIM游戏并不是拉姆齐叔叔游戏商店里唯一的游戏。我们可以通过改变游戏中玩家的目标，轻轻松松设计出一款新游戏。例如，如果定义失败的形状不是3个同色点相连，而是4个同色点相连——组成红色或蓝色的正方形（允许出现交叉线）呢？要设置多少个点才能保证这个形状一定会出现？

如果你想知道这个神奇的数字，那我告诉你，是18个点。如果你并不想知道，抱歉啦，我还是要告诉你，答案是18个点。

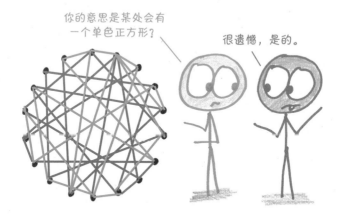

如果说SIM游戏已经够让人头疼了，那么这个正方形变体游戏就是一把砍向颅骨的斧头。游戏包含153步、3 060种可能的4点组合，以及如此多的交叉线，因此从所有的实际角度来看，它都没法玩。

但是，拉姆齐还可以更进一步。如果定义失败的形状不是4个同色点相连，而是5个点呢？换句话说，如果是一个五边形呢？游戏中设置多少个点才可以保证终有一方获胜？

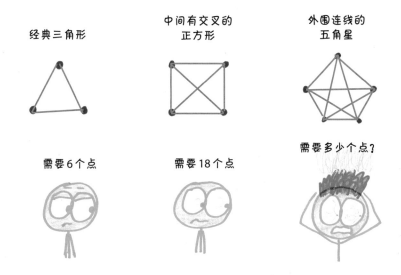

这个问题的难度已经无法用"棘手"来形容了。经过半个世纪的研究，还是没有人知道答案。人们知道42个点是不够的，也知道48个点是充足的。但除此之外，我们一无所知。

问起来容易，但很难回答，还是个让人无法逃避的问题。

"我认为，在大多数发展了太空文明的行星上都存在拉姆齐理论，"数学家吉姆·普罗普（Jim Propp）若有所思地说，"事实上，当一个生物仰望夜空，观察星星的几何图案，并想知道'一旦天空中有足够多的星星，有多少这种看似有意义的图案是不可避免的？'的时候，就能感受到拉姆齐理论之下的一种强烈冲动。"

数学家保罗·埃尔德什（Paul Erdős）曾设想，假如以上这批想知道答案的外星人到访地球，并给地球人1年的时间解决外围连线的五角星问题，还威胁说如果失败了，就要消灭人类。"那我们将集结世界上最优秀的人才和最快的计算机，"埃尔德什说，"1年之内，我们很可能就能计算出结果。"

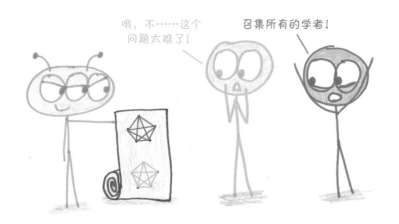

如果我们把问题再推进一步呢？比如在拉姆齐游戏中，你需要避开6个由自己的所属色连接的点。如果外星人要我们算出保证终有一方获胜所需点的数量，我们能做到吗？埃尔德什对此并不乐观。"我们别无选择，"他说，"只能主动发起攻击了。"

以上就是拉姆齐理论。在这片土地上，无聊的游戏可以变成深不可测的虫洞，仅仅用6个点就能让整个宇宙头痛欲裂。

为什么这个游戏很重要？

因为我们就是这些点。

20世纪50年代，匈牙利社会学家桑德尔·绍洛伊（Sándor Szalai）对一群孩子进行观察。[1]他注意到一个奇怪的模式：在一个20人左右的班级里，他总能找到一个4人小组，而且他们之间要么相互都是朋友，要么都不是朋友。

如何解释这样的群体呢？为什么会出现这种神秘的友谊和生疏的四重奏？难道这取决于孩子们的年龄、独特的校园文化，抑或正方形操场的存在？

接下来的分析让绍洛伊很震惊：也许这根本不是社会学事实，而是一个数学问题。

尽管绍洛伊本人并未察觉，但他已经玩起了正方形版的SIM游戏。不过所用的不是点，而是孩子。蓝色线代表"朋友"，橙色线代表"不是朋友"。

"社交网络"是一个字面上的术语。你认识的每个人都是点，也叫节点或顶点。我们因为各种各样的关系被连接在一起：蓝色代表熟人，橙色代表陌生人；蓝色表示曾经握过手，橙色表示没有；蓝色表示说同一种语言，橙色表示需要用手势才能交流。

在这种情况下，SIM游戏变成了一项6人小组研究。研究的前提是，6人小组将包含：①3个相互之间是朋友的研究对象，或②3个相互之间不是朋友的研究对象。

为了进一步探索原因，我们从6个人中选出一个人，并叫他"多萝西"

---

[1] 这种研究方法比它反过来的方法要合理，如果反过来的话，就是孩子们观察一群社会学家。

（简称"多蒂"）。然后用笔标出多蒂与其他人的关系：蓝色线代表朋友，橙色线代表不是朋友。

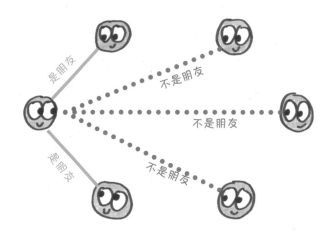

如果一共有5条连接线，那么至少有3条线的颜色是相同的（这里以橙色为例，事实上，哪种颜色都可以）。如果这3个人中有任意2人共享1条橙色连接线，那么加上多蒂就可以组成一个小组，并且他们相互之间都不是朋友。

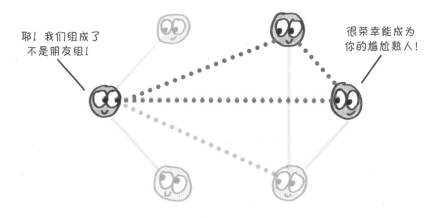

同时，如果这3人都不共享橙色连接线，那么他们之间必然是蓝色连接线。也就是说，他们组成了另一个小组：3人之间互为朋友。

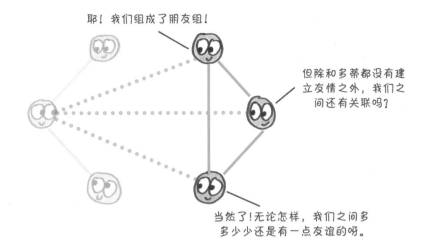

人类学家罗宾·邓巴（Robin Dunbar）认为，人类大脑在进化过程中只能处理有限数量的人际关系：150个左右，大概相当于一个狩猎－采集部落的规模。这个数字对现代城市居民来说可能少得可怜，我光是领英上的联系人数量就已经是它的2倍（真受不了领英啊）。那么，我们的祖先是如何在幽闭的世界里生存下来的呢？他们的生活是不是充斥着空虚和孤独，而且因为认识的人太少，很多人都无法避免与朋友的前任约会？

等等，请从这个角度考虑一下：在一个150人的部落中，有超过11 000个人际关系，超过50万个可能的3人组，以及超过2 000万个可能的4人组。实际数字只会比我们想象中的多，其中潜在的派系、分裂和联盟的多样性令人目瞪口呆。

150人的社交世界并不简单，它的复杂性甚至不能简单地用"复杂"来形容，而是"不可估量"。

顺便说一下，你知道埃尔德什所说的那个我们永远无法求出的数字是多少吗？也就是保证出现用全橙色线或全蓝色线连接的6个点的点数。据了解，这个数字在102～165之间，基本上就是那些狩猎－采集部落的规模。

人类进化到生活在由百来个人组成的社交网络中：这样的小部落实际上是如此庞大，大到数学永远无法完全掌握它们。

变体及相关游戏

突发奇想的SIM游戏（3人游戏）：如果想加入第3个玩家，你可以引入第3种颜色，但游戏中需要设置17个点才能保证最终会出现单色三角形，这将使棋盘变得非常混乱。还有一个更简单的选择：坚持用2种颜色，当轮到第3个玩家时，他可以根据自己的喜好选择其中1种。

吉姆SIM游戏（2人游戏）：从数学层面来看，如何排列这些点并不重要。这是一款关系游戏，改变座位安排不会改变谁和谁是朋友的事实。

不过，这些排布的视觉效果截然不同，有些六点阵尤其令人眼花缭乱。

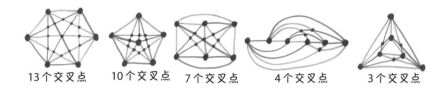

13个交叉点　　10个交叉点　　7个交叉点　　4个交叉点　　3个交叉点

对我来说，最让人头疼的是"伪三角形"：那些由交叉线而不是原来的6个点连接而成的三角形。从这个意义上说，在设置点时按标准的六边形排布是最令人讨厌的，因为会导致出现13个交点和90个伪三角形。

这就是为什么我父亲吉姆·奥尔林（Jim Orlin）建议采用另一种新形式：大三角形套小三角形（见上图最右）。它最小化了交叉点的数量（只有3个），从而最小化伪三角形的数量（只有12个）。为了表达对他的感谢，我把这个变体命名为"吉姆SIM游戏"。

我不是说"吉姆SIM游戏"不再让人头疼，只是相较其他更容易处理了些。

林SIM[1]（一群人的游戏）：在一封电子邮件中，格伦·林（Glen Lim）告诉我，数学夏令营多年来一直在玩SIM游戏的一个变体。玩家分成3或4队，然后在白板或图表纸上画一堆点（可能是15 ~ 20个）。每队轮流走到白板前，用指定的颜色连接一对点。设置限定时间（如每回合15秒）可以使游戏悬念大增，特别是当游戏推进时，队员们会疯狂地大喊要连接哪些点。获胜的标准可以在游戏开始前商量，如三角形个数最多或三角形个数最少，都可以。

---

[1] 不要将它（Lim Sim）和数学家考特尼·吉本斯（Courtney Gibbons）关于"纸用完了怎么办"的建议——在你的手臂上画一个游戏棋盘，创造一个"模拟肢"（Sim limb）——弄混。

Teeko 游戏

用旧零件组成的新游戏

"关于国际象棋和西洋跳棋的相对优势，"已故魔术师约翰·斯卡恩（John Scarne）写道，"几个世纪以来，这些游戏的数百万追随者一直在讨论。"这听起来有点像在争论爱莉安娜·格兰德①和破嘴乐队②的主唱在声乐方面孰优孰劣，但这句话令人惊讶的程度还不及接下来那句话的一半。"随着Teeko的到来，"斯卡恩宣称，"这场争论变成了三方的争论。"

所以，Teeko到底是什么？

---

① 爱莉安娜·格兰德（Ariana Grande），美国流行乐女歌手、影视演员，1993年出生于美国佛罗里达州博卡拉顿市。2016年，被美国《时代》杂志评选为"年度全球最具影响力的100人"。——译者注
② 破嘴乐队（Smash mouth），成军于美国加利福尼亚州的摇滚乐队。——译者注

Teeko是一款简单的桌游，融合了几款经典游戏，猜猜是谁发明的？
镜头转向——斯卡恩。他对这款游戏十分痴迷，甚至给自己的儿子也取名
"Teeko"。"如果跳棋游戏是我父亲发明的，"他解释说，"我会为自己被叫
作'跳棋'而感到骄傲。"希望有一天我的女儿"欢乐数学·奥尔林"也能
有同样的感受。

斯卡恩总结道："Teeko无疑将成为有史以来最伟大的游戏之一。"
嗯……这个问题就让你和"欢乐数学·奥尔林"来判断吧。

这个游戏怎么玩？

你需要准备什么？ 2名玩家和一个5×5网格（你可以使用棋盘的一部
分，也可以直接在纸上画网格）。然后，某种代币4枚，另一种代币4枚：
可以是黑棋vs.红棋、黑棋vs.白棋、1美分硬币vs.5美分硬币、1美分硬币
vs.通心粉，以及红宝石vs.祖母绿宝石。[①]

玩家的目标是什么？ 将自己的4枚代币排成一列，或者排成一个正方形。

---

① 我的一个游戏测试员之前使用的是订书钉，她不建议大家效仿。

游戏规则是怎样的呢？

（1）玩家轮流在空格上放代币，每次1枚，直到所有的代币都放置完毕。除非新手犯错，否则这个阶段不会产生赢家。

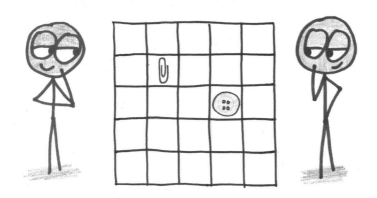

（2）现在8枚代币都在游戏网格中，**玩家轮流将自己的任意1枚代币向任意方向移动1步**。注意：只能移动到空格里，不能吃别人的棋子，也不能拐弯。

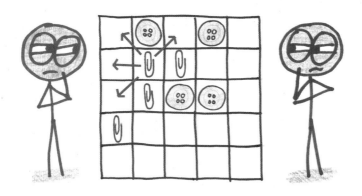

（3）谁能满足以下条件之一，谁就是赢家：①让自己的4枚代币排成一条线。

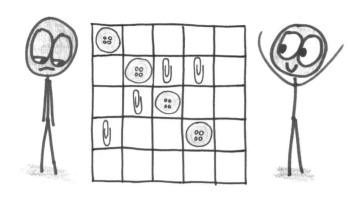

　　或者②让自己的4枚代币组成一个正方形。正方形的大小不限（从2×2到5×5都可以），只要它的每条边都是竖直或水平的。"倾斜"的正方形不算。

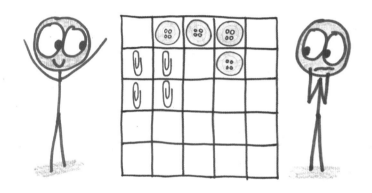

游戏体验笔记

　　在Teeko游戏中，胜利往往来得猝不及防。游戏中感受不到胜利的号角即将吹响，也没有逐步吃掉对方棋子的成就感。它更像是一个玩偶盒：转动手柄，什么也没发生；转动手柄，什么也没发生；转动手柄——砰！赢了！

　　游戏中，你可能想要启用一个"提示"规则。也就是说，如果你在下一步中取得一个威胁胜利的位置，就必须说出"将军"来警告对手（就像在国际象棋中一样）。这样可以防止游戏因为一个愚蠢的疏忽而突然结束。

不管怎样，Teeko游戏都是香甜可口的，并夹带着若有若无的辣。就像一碗蜂蜜烤坚果，每30个里面就有1个裹着层看不见的芥末。

这个游戏从何而来？

约翰·斯卡恩在1937年首次公布了Teeko游戏，直到20世纪60年代，仍在不断修改它。这是一个养成系项目，是他一生的梦想，也是斯卡恩为之奋斗的、最渴望的东西：合法性。

斯卡恩从地下赌场崭露头角，后来成为美国最著名的扑克牌魔术师，并和知名魔术师哈里·胡迪尼（Harry Houdini）成了朋友，还是电视综艺节目的常客。但他那见不得光的过往依然如影随形（至少他本人这么觉得）。因此，斯卡恩发明了Teeko这个温馨、可爱、有益健康且适合全家人一起玩的有趣游戏。在Teeko游戏中，没有蒙骗，也没有黑手党。

20世纪50年代，Teeko游戏吸引了亨弗莱·鲍嘉（Humphrey Bogart）、玛丽莲·梦露（Marilyn Monroe）等名人的注意，它似乎准备好了要大展宏图，实现斯卡恩的雄心壮志。而如今，它的全盛期已经过去，成为一款鲜为人知的游戏，只有少数专业玩家知道（现在你也知道了），它最终也没能成为斯卡恩所希望的"国际象棋杀手"。

为什么这个游戏很重要？

因为没有上下文的组合是没有意义的。

老话是这么说的：让一只猴子在打字机上随机地按键，当按键时间达到无穷时，几乎必然能够打出任何给定的文字，如莎士比亚的全套著作。这一的理念是指，每一段文字，无论是《罗密欧与朱丽叶》这样的经典著作，还是《雅典的丁满》这样的平庸之作，归根结底都是字母的组合。

但是这个理论存在一个问题：猴子不会说英语。对它们来说，"生存还是毁灭"是胡言乱语，"uuyfneuzqs""lxqjy ubl"与"投票给第三党竞选总统"毫无区别。字母的组合要获得美和力量，就需要上下文，也就是一组与其他字母组合的关系。缺乏这一点，就像英国文学之于猴子，或者猴子文学之于英国人，一片混沌中的混沌。所以，让我们回到Teeko游戏。

根据斯卡恩的描述，Teeko是一款由早期经典作品拼凑而成的弗兰肯式游戏。他写道："我偶尔会把Teeko游戏描述为4款游戏（井字棋、西洋跳棋、国际象棋和宾果游戏）的结合体。游戏的开局会让人想起井字棋，对角线的移动让人想起西洋跳棋，前进、后退和左右移动让人想起国际象棋，而获胜的位置关系则让人联想到宾果游戏。"

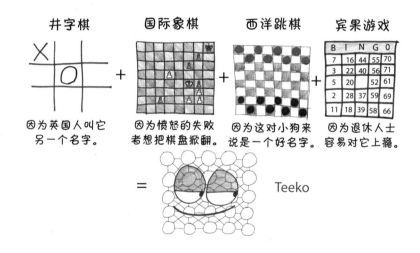

这让我想起乔纳森·库尔顿[①]的一首歌，是一个疯狂的科学家在求爱时唱的：

---

① 乔纳森·库尔顿（Jonathan Coulton，生于1970年），美国创作歌手，代表作有《我是你的卫星》。——译者注

我做了这个半马半猴的怪物来取悦你，

但我感觉你不怎么喜欢它，

为什么你会尖叫呢？

你喜欢猴子，

你喜欢小马，

但是你好像不太喜欢怪物……

也许是因为我用的猴子太多了……

为了给你做礼物，我毁了一匹小马，这样还不够吗？

　　在通过组合创作之前，有必要先了解一下你所组合的那些元素，而我认为斯卡恩并不了解。当奥马尔·海亚姆（Omar Khayyam）写下"我们实际上只是人生棋盘上的棋子"时，他是在想"是因为我们会前进、后退和左右移动"吗？或者想想斯卡恩为了煽动跳棋与国际象棋之争所做的努力。据他说，他支持国际象棋的一个关键点是"国际象棋有更多棋子"。他的论点就是这么简单：棋子越多，游戏越好。一只猴子可以用打印机在2个小时的期限内写出一个更有力的论据，即使它的背上粘着一匹小马。

斯卡恩经常吹嘘Teeko游戏"有1 081 575种可玩的不同位置组合"。不

可思议的是，这个数字其实算少了，实际数字是它的70倍，[①]这让斯卡恩感到内疚，这可能是他擅长夸大其词的一生中唯一一次轻描淡写的陈述。不过，即使使用了正确的数字，Teeko 游戏的复杂性也比不上它的竞争对手。

游戏	位置组合数/个	如果每个位置组合都是一个原子，那么空间的大小将相当于……
Teeko	7.5×10^7	一个细菌
西洋跳棋	5×10^{20}	一只苍蝇
国际象棋	1×10^{43}	五大湖之一
宾果游戏	5×10^{170}	想象一下宇宙中充满了沙子，然后……算了，我放弃了，它太大了

比组合的数量更重要的是它们之间的关系。它们为彼此创造了什么环境？在国际象棋或跳棋中，它们创造了一条叙事弧线。从标准的起始位置开始，每个游戏都会逐步发展到复杂性的顶点。在那之后，棋盘被逐步清空，在一个紧张刺激而富有悬念的终局中达到高潮。只需一眼，你就能确切地知道，故事已经进行了多长时间。

但 Teeko 游戏不是这样的。看看正在进行的游戏，你无法判断这是第 5 步、第 50 步还是第 5 万步。帮我测试该游戏的蒂莫西·约翰逊（Timothy Johnson）写道："国际象棋和西洋跳棋在不同阶段都有进展感，但这款游戏没有。"

———————

① 斯卡恩计算的是在 1 个 5×5 棋盘上排列 8 枚相同的代币的位置组合数量，而不是一种代币（4枚）加上另一种代币（4枚）。

它是2名玩家在一起研究相同位置组合的无尽变化，直到其中一人取得突破。在Teeko游戏中，这些位置组合缺乏历史，没有上下文。

该表扬时还是要表扬的：斯卡恩注视着所有可能的游戏的巨大而令人生畏的领域，并从中挑选一个巧妙的规则组合。这是创造性的工作。但随后他宣布自己的游戏是继比萨和周末之后最伟大的发明，这让他陷入了可怜的境地。就像打字机前的猴子一样，对他来说，《哈姆雷特》不过是另一种字母组合，是一片混沌中的混沌，是一部猴子文学作品。

变体及相关游戏

Achi：这款来自加纳的传统游戏介于Teeko游戏和井字棋之间。在一个3×3网格上玩，玩家轮流放置4颗棋子。当所有的棋子都放好后，玩家轮流移动棋子，就像在Teeko游戏中那样。谁能将3颗棋子连成一条线，谁就是赢家。

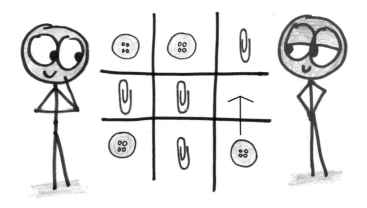

全后象棋：这款游戏由艾略特·路戴尔（Elliot Rudell）设计，由快乐游戏公司（Happy Puzzle Company）发行。它与Teeko游戏类似，但有一些地方不同：①每名玩家有6颗棋子，而不是4颗。②它们像国际象棋中的后

一样移动，也就是说，在任何方向上，你想走多远就走多远。③如果你的4
颗棋子连成了一条线，你就赢了；连成正方形不算赢。④棋子的初始位置
排布如下。

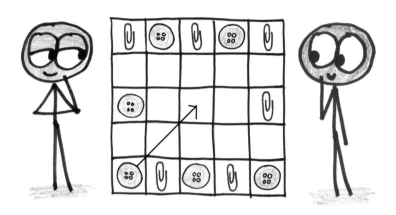

原版Teeko：在这一节中，我介绍的这个变体被斯卡恩称为"Teeko进
阶版"。原版的规则有一点不同：只有排列成2×2正方形才能获胜，大一点
的正方形是不允许的。这2个版本的实际差异很小（因为很难通过大正方形
获胜），但理论上的差异巨大。1998年，盖·斯蒂尔（Guy Steele）通过电脑
分析得出，如果双方的行动都无懈可击，Teeko进阶版是先发选手获胜，而
原版Teeko 则会出现平局。

邻居游戏

一个数字自制圣代吧

我在课堂上玩过游戏，也在派对上玩过游戏，不过大家都知道，课堂游戏很少能在派对上发挥作用。

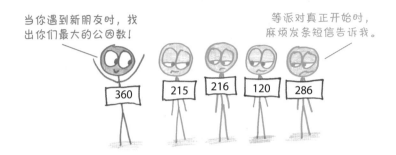

幸运的是，我知道一个奇妙的特例。它具备了拼字游戏的活力、春假前那个周五的期待，以及想要什么就能得到什么的快乐，可以和同学、朋友甚至邻居一起玩。

这个游戏怎么玩？

你需要准备什么？多少个玩家都可以。我最多试过30名玩家，但估计更多的人也可以玩（在另一种极端情况下，你也可以一个人玩，目标是打破之前得到的高分）。每名玩家需要一个5×5网格和一支笔。还需要一个10面骰子，这很容易在线模拟（在网上搜索"掷骰子"），或者使用一副牌（参见本章"变体及相关游戏"部分）。

玩家的目标是什么？在相邻的单元格中放置相同的数字。

游戏的规则是怎样的呢？

（1）掷骰子，然后公布结果。**所有玩家都把这个结果写在自己的网格中的某个空格处。**

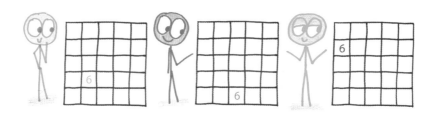

（2）**重复上一步25次，直到网格被填满。**你必须把每个数字都写下来，不能跳过数字，也不能留空格。

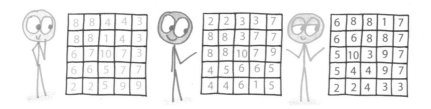

（3）现在开始计分。当同一个数字在一行或一列中作为邻居出现时，如4-4或7-7-7，你就可以得分。如果得分了，就把它们的总和加到你的分数中。

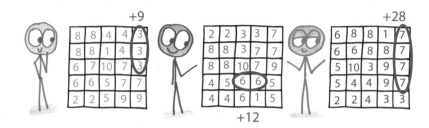

最简单的方法是先**逐行得分**，再**逐列得分**。

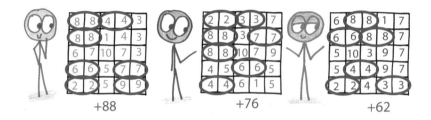

一个数字可能会得2次分：一次在行中，一次在列中。

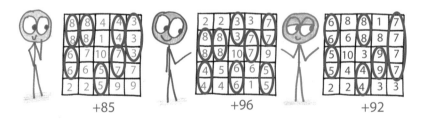

（4）分数最高的人就是赢家。

游戏体验笔记

邻居游戏需要几个预备动作才能进入状态，但一旦开始，它就会保持良好的节奏。就好像这些数字在竞相扩大它们的地盘，而你的工作就是裁决它们的主张。你会保留哪些可能性，又会驳回哪些可能性呢？

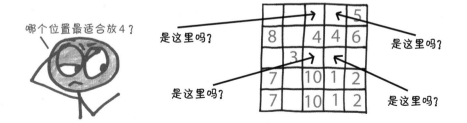

每个数字可以得分2次（一次在行中，一次在列中）制造了游戏策略上的压力。某些排列方式所得的分数会远高于其他排列方式。例如，4个3构成的正方形也要比4个3排列成一行更有价值。

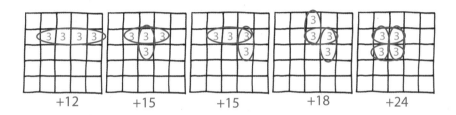

游戏结果的多样性总是让我感到惊讶。在几十场比赛中，我从未经历过平局。就像自制圣代一样吧，每个人使用的食材都是一样的，但产出的是私人定制的冰激凌。

这个游戏从何而来？

多年来，邻居游戏在明尼苏达州一直备受欢迎，数学老师之间通过电话将其口口相传。2019年，我从马特·唐纳德（Matt Donald）那里得知了这个游戏（当时游戏的名字叫"5×5"），而他是2015年从莎拉·范德沃尔夫（Sara VanDerWerf）那里听说了它，范德沃尔夫是1991年从简·科斯吉克（Jane Kostik）那里知道的，科斯吉克是1987年从……一次研讨会上获知的，大概是吧？我也不太清楚。总之，明尼苏达州保守着自己的秘密。

不管怎样，邻居游戏显然是受到了一款经典文字游戏的启发，这款游戏被称为"想一个字母""填字游戏""华兹华斯"等。

（1）开始时，每名玩家都有一个空白的5×5网格。**玩家们轮流说出他们选择的字母。**

（2）玩家可以在网格上的任意空格处写下自己选择的字母，目标是在某一行或列上形成单词。

（3）由3个字母和4个字母组成的单词按字母数打分，由5个字母组成的单词得分为字母数的2倍（得10分）。**每行和每列最多只有1个单词计分。**

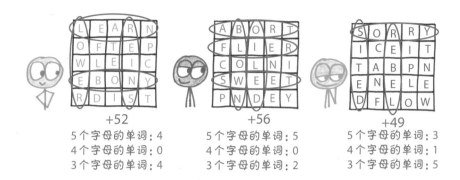

不难想象华兹华斯游戏是如何衍生出邻居游戏的。20世纪70年代或80年代的某个时刻，明尼苏达州的一名数学老师在玩完一轮有趣的文字游戏后，抚摩着这些文字，想象着用数字代替字母。

坦白说，我很惊讶这个游戏竟然能表现得这么好，这让我想到另一款游戏……

为什么这个游戏很重要？

因为用简单的组合创造了惊人的多样性。

石头游戏便是一个典型的例子。米沙·格洛伯曼（Misha Glouberman）在他与希拉·海蒂（Sheila Heti）合著的《人们走向椅子》（*The Chairs Are Where the People Go*）一书中解释了石头游戏的规则："每个玩家都有一些石头，玩家们轮流在棋盘上放一块石头，或者移动一块已经在那里的石头……除了这些石头的移动和放置之外，尽量不要交流。别说话，别做面部表情，也不要指指点点。"

就是这样。没有胜利，没有失败，听起来就像希腊诸神用来折磨一个自负的凡人无意义的苦差事。

米沙写道："美感会在一瞬间产生。所以当有人放下石头时，你可能会想，'啊哈！用一块石头这样做真是太棒了'，或者'唉，一切都被搞砸了'，抑或'真是无聊啊'。"

我不是幻想家，所以永远也发明不出石头游戏，而且就算我弹 1 000 次华兹华斯的曲子也想不出邻居游戏。事实上，我甚至可能会嘲笑这个建议。华兹华斯使用了 26 个符号，根据字典来看，这些符号可以组成超过 20 000 种不同的得分组合。你想不想放弃这一切，转而选择 10 个简单的、能够重复得分的符号？听起来是不是很无聊？

嗯，其实不是的。在一轮典型的邻居游戏中，可能会出现千万亿次的排列。玩家们如果想用数字填出完全相同的棋盘，估计得玩到天荒地老。就像在游戏中经常发生的那样，严格的限制并不会破坏策略。相反，他们需要策略。

举个例子，如果你在下图中这个快完成的棋盘上放一个 1，哪个位置更好？

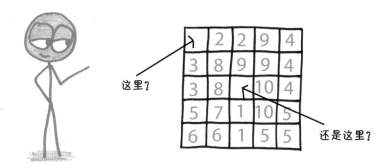

放在中心将加1分，放在角落里不得分。问题解决了，对吧？

没那么快。如果最后一个数字是8，9或10，放在中心方格可以为你赢得16，18甚至20分；要是放在角落，就没那么可观了。如果你玩100万次这个游戏，就会发现中心方格的平均得分是5.5分，而角落方格的平均得分只有0.5分。因此，最好把1放在角落里，把中心方格空出来。不要在意丢了那1分，真正的损失是"把中心方格这样的优质房产卖给出价如此低的买家"。

乍一看，结构化的概率游戏（如邻居游戏）和艺术性的即兴游戏（如石头游戏）之间几乎没有什么共同之处，但它们有一个共同的核心，一个组合引擎，可以用简单的元素编织出美丽的图案。组合数学可以用最不起眼的食材创造出一场饕餮盛宴，一个思维层面的圣代。

变体及相关游戏

老版邻居游戏： 我的好友马特·唐纳德教我玩邻居游戏时，用的是10面骰子。但最初的规则用的是一种不同的随机方法：一副牌，去掉纸牌中的J、Q和K，然后把A视作1。牌用过后要抽出来，堆在一边。

这个游戏的体验感和流程与邻居游戏差不多，但潜在的可能性有所不同。每次掷骰子时，每个数字都有10%的机会出现，无论它已经出现了多少次。而对抽纸牌来说，每次一个数字的出现都会减少其重复出现的可能性。

开放式棋盘：通常情况下，玩家在游戏结束前不会公开自己的棋盘。但如果玩家人数较少，公开展示棋盘（并记录分数）可以提高游戏的戏剧性。

华兹华斯游戏：这个文字游戏是邻居游戏的始祖。在"这个游戏从何而来？"小节中已有描述。

直角游戏

寻找眼前的隐藏图案

开始游戏之前，先来解决一个热身谜题。在下面这个包含49个点的区域内，你能找到多少个大小不同的正方形？

完成了吗？我怀疑你会漏掉很多。不要太难过，把它们一个不落地找出来需要一种专家级的技能。这就是为什么我们的下一款游戏如此难掌握。游戏测试员斯科特·米特曼（Scott Mittman）对此总结得很好："很多研究都是针对人类发现复杂图案（如星座、云、墨迹和经济数据）的能力的，但玩这个游戏让我发现了一种看似矛盾的倾向：人类很难注意到简单的图案。"

这个游戏怎么玩？

你需要准备什么？ 2名玩家、2支不同颜色的笔和1个正方形网格，我喜欢7×7网格，其他尺寸的也可以，如8×8网格。

玩家的目标是什么？ 创建正方形，每个角得1分。

游戏的规则是怎样的呢？

（1）**轮流用自己的所属色标记并占领空格**（注意：标记不能是实心圆）。[1]这些标记不得分——至少现在还不能。

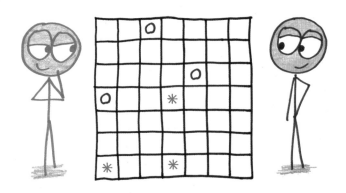

（2）**如果你成功地用自己的所属色标注4个标记，而这些标记又刚好是一个正方形的4个角，那么恭喜你！** 在下一回合中，你可以"占领"这个方格。

---

[1] 我的色盲测试读者认为，这款游戏很难理解。为了便于说明，我将使用无阴影和带阴影的星号来标记玩家1（绿色，左侧），而不是空白和填充的点。

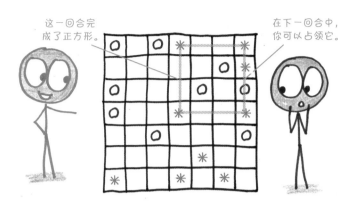

（3）占领一个正方形需要一个回合，在这一回合中，你需要完成2步：①把4个角的点都填充上颜色，现在每个填充点可得1分；②在正方形中未被占用的空格内标注新的标记。

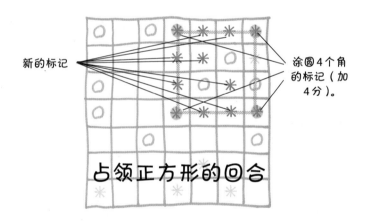

（4）注意，**正方形可以沿着45°对角线出现**，此时它们看起来是不是很像钻石。当占领正方形时，即便它的某个（或某几个）角此前已经被你填充上颜色，或者该正方形中已经没有未被占用的空格，你仍可以占领它。

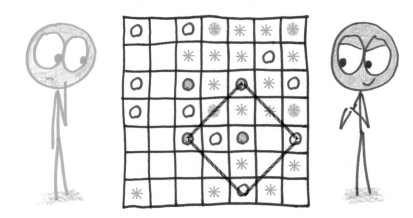

（5）当棋盘被填满时，每名玩家都有一次机会占领一个正方形。在那之后，无人占领的正方形不再属于任何一方。**拥有更多填充点的玩家获胜。**

10个点。

21个点。

游戏体验笔记

从某个层面来说，直角游戏是关于广阔空间和开阔场地的游戏，是关于大正方形的游戏。在游戏初期，占领一个大的正方形可以让你在内部获得额外的点数，从而轻松获胜，就像在 2 分钟内就可以抓到金色飞贼[①]。

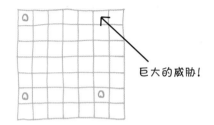

然而，直角游戏也是关于紧凑的空间和快速移动的游戏，是关于**小正方形**的游戏。这是因为与它们大块头的兄弟姐妹不同，你可以利用小正方形同时威胁多个小正方形，这使它们在战略上极具吸引力。

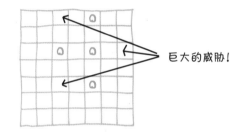

简言之，直角游戏就像葡萄酒，呈现出不同风味的平衡。和品鉴葡萄酒一样，这是一种后天习得的鉴赏力。起初，威胁和机会可能隐藏在显而易见的地方。当扫视这些点所在的区域时，你会发现它们就像一种古老的魔眼图案，让人产生幻觉，并拒绝分解成广告中的形象。游戏早期的画外音也都是"哦，不，我没看到！""等等，我怎么没察觉到威胁？"之类的。

别急，给它时间。很快，正方形图案就会自动浮现出来。学习直角游

---

① 小说《哈利·波特》中的一个金属球。它是魁地奇比赛当中最重要的球，也是比赛中最受人们关注的球。它与胡桃差不多大，有银制的翅膀，飞行速度极快，很难抓到，找球手的任务就是抓住它。只有当金色飞贼被抓住，一场魁地奇比赛才能结束。——译者注

戏就是学习一种全新的观察方式。从这个意义上说，直角游戏和所有的游戏都一样，是我们感知力的训练场。

这个游戏从何而来？

直角游戏最直接的前身是沃尔特·尤里斯设计的游戏"Territoria"。我喜欢这款游戏的机制（完成一个正方形后，你就可以填满并占领它的内部），但我发现，这样一来，要么大获全胜，要么打成平局，所以我引入了"空心点vs.填充点"的区别，再加上"占领"一个正方形的步骤。

尤里斯的游戏呼应了众多数学先例，它们有一个共同的主题，即要求你在一堆点中找出潜在的角，从一堆干扰物中提取一个简单的图案。

首先是益智大师稻叶直树创造的视觉谜题"寻形"（原名"Zukei"大致可翻译为"寻找形状"）。在这个游戏中，你的任务是在一堆点中找到特定的形状，有点像在满天繁星中寻找某个星座。

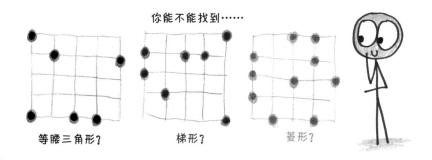

乔伊·凯利（Joey Kelly）和于茜茜（CiCi Yu）老师在玩数学（Play with Your Math）网站上发布了一个类似的谜题，与上述问题正好相反：在不创建任何矩形的情况下，你可以在网格中放多少个 × ？

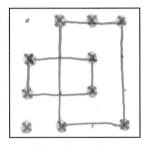

网格中有 2 个矩形。

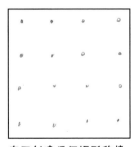

在不创建任何矩形的情况下，你可以在网格中放多少个 × ？

还有下图中的这个美丽图案，它激发了乔伊和茜茜的灵感，数学家们花了 2 年时间研究它。这是一个 17 × 17 正方形，共有 4 种颜色，它有一个非常特殊的性质——同色点的四边形永远不会构成矩形的四角。借用乔伊和茜茜的话说："这是终结所有矩形的'反矩形'。"

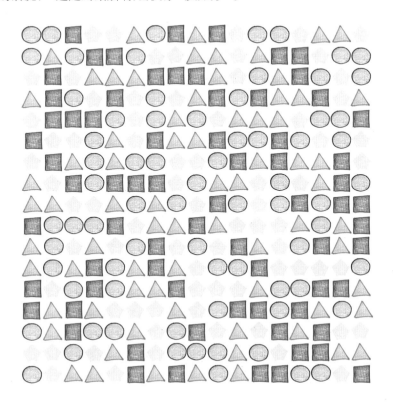

为什么这个游戏很重要?

因为这个游戏重塑了我们的认知。

当第一次遇到数独难题时,你会觉得很困难。你每次只关注一个格子,想着:"这有可能是1吗?是2吗?还是3?也许是4?"在一项研究中,新手们平均要用15分钟才能推出2个数字。对有经验的玩家来说,这个时间足以解决整个谜题。新手们的推理是合理的,但他们的解题速度太折磨人了。

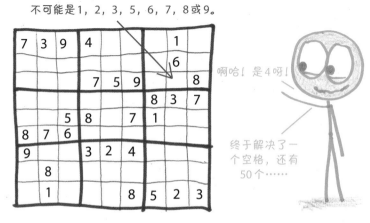

通过解决一些难题,你慢慢掌握了新的、更快的技巧。以本人有限的技能水平,我会把数字7想象成正在"清除"一整行和一整列,这样有助于我找到按下来7必须去的位置。

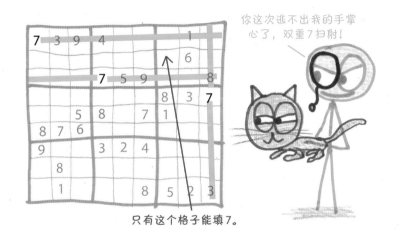

全能的游戏专家似乎获得了专门用来玩数独游戏的"第三只眼睛"。在我最喜欢的油管视频中，数独大师西蒙·安东尼（Simon Anthony）遇到一道只给2个数字的魔鬼级别难题。

"他一定是在开玩笑。"西蒙叹了口气。

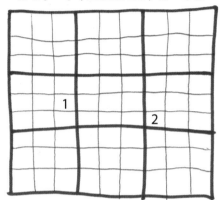

米切尔·李（Mitchell Lee）的"奇迹"

他显然在戏弄我。

补充规则：①根据国际象棋规则，马或王所走的格子里的数字不能和其出发的格子里的数字相同；②连续数字（如4和5）不能出现在共享边界的格子中。

但在接下来的20分钟里，西蒙给人们上了一场感知大师课。在他的逻辑中，没有一个步骤是特别奇怪或难以遵循的。神奇的是，一次又一次，他的注意力将他引向了正确的地方。西蒙谈到格子能够"看到"彼此，这一点我很喜欢：就像他的眼睛能感知数字一样，在西蒙的眼中，数字似乎也能感知到彼此。

当你玩直角游戏的水平有所提升时，同样的事情也会发生。一个无意义的格子变成了一个由图案和得分点构成的网络。专家级玩家与其说是思维大师，不如说是感知大师，是熟悉最有希望的可能性和组合方面的大师。

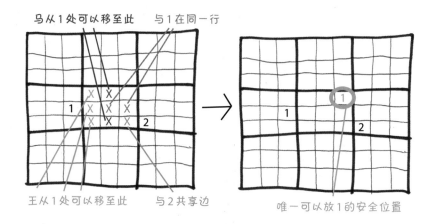

马从1处可以移至此   与1在同一行

王从1处可以移至此   与2共享边

唯一可以放1的安全位置

一项经典的心理学研究解决了类似的问题：国际象棋大师是如何看待棋盘的？研究人员向大师们展示了2个场景：第一种是真实的游戏场景，是从真实的比赛中选取的；第二种是混乱的棋盘，棋子被随机地分布在方格中，从而创造出违反游戏逻辑和规则的位置。

记住每种棋盘需要多长时间？

记住了，接下来是什么？

嗯……那么另一个棋子是……等等……

游戏场景   随机配置的棋盘

事实证明，大师们可以在几秒钟内记住游戏场景。但在随机配置的棋盘中，他们的表现并不比新手好太多。

国际象棋大师没有"过目不忘"的记忆力，否则他们会像记真正的棋盘一样轻松地记住混乱的棋盘。相反，他们的记忆速度是一种更深层力量——结构——的表象结果，他们的大脑是国际象棋位置的多层存储系统。

多年的经验使大师们能够轻松地整理新的游戏场景，但这并没有让他们对混乱的局面有特别的洞察力。他们的知觉训练是深刻的，但非常具体。

我想，是时候回到本节开头的谜题了：在49点网格上创建大小不同的正方形。你最先发现的可能是那些与网格对齐的正方形，像下面这样：

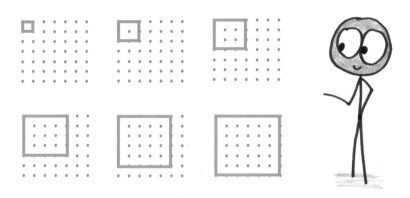

继续看，你可能会注意到那些倾斜45°角的正方形，也就是所谓的"菱形"：

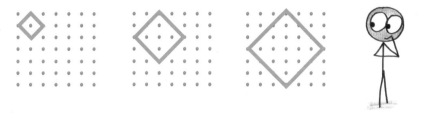

然后，旋转本书，你可能会发现倾斜不同角度的正方形：

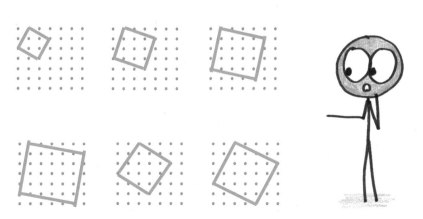

我在直角游戏中把这些倾斜的正方形排除了，这款游戏感觉已经够复杂，不必再增加难度了。但谁知道呢？也许我的洞察力还有待进一步提高。

变体及相关游戏

多人模式直角游戏：适用于3～4名玩家，使用更大的棋盘，如9×9网格。同时建议采用"蛇形"回合顺序：A，B，C，C，B，A，A，B，C，以此类推。

外围直角游戏：如果你发现游戏频繁出现"迅速胜利"的情况，你可以削弱占领一个正方形的优势。把规则改为只能将正方形放在外围，而不是整个内部都能放。

四边形和类星体：这个游戏由大学生G.基思·斯蒂尔（G.Keith Still）于1979年发明。1996年，英国数学家伊安·斯图尔特（Ian Stewart）将其发表在《科学美国人》（*Scientific American*）杂志上。该游戏与直角游戏很像——占领第一个正方形就获胜。

在一个11×11网格上玩，去掉网格的4个角。开局时，每个玩家有20枚被称为"四边形"的棋子（执红棋的为一方，执黑棋的为另一方，也可以用1美分硬币和5美分硬币代替）和7枚被称作"类星体"的棋子（玩家双方的"类星体"都是白色的，也可以用10美分硬币代替）。

玩家轮流在棋盘上放"四边形"，目标是创建一个正方形的4个角，可以是任何方向：与网格对齐、与网格线呈45°角或任何斜角。

"类星体"是用来阻挡"四边形"形成正方形的。在一个回合中（在放置"四边形"之前），你可以随心所欲地使用"类星体"，但在整个游戏中，每一方只有7枚"类星体"，所以要谨慎使用。

如果游戏结束时还没有正方形出现，那么谁剩下的"类星体"最多，谁就是赢家。

亚马逊棋

关于领地消失的游戏

就像蝴蝶的蜕变、宝可梦的进化或莱昂纳德·科恩①的歌曲《哈利路亚》一样，亚马逊棋游戏用了很长时间才形成最终的版本。这个概念经历了曲折的发展，从数学文本（20世纪40年代）到《科学美国人》专栏（20世纪70年代），再到德国桌游发行商（20世纪80年代），最后是阿根廷益智游戏杂志（20世纪90年代）。

漫长的等待是值得的。亚马逊棋的粉丝认为它是一部杰作。狂热玩家马特·罗达（Matt Rodda）称赞其位于 Teeko（对新手来说友好，但缺乏深度）和国际象棋或围棋这类游戏（有深度，但需要记住特定的战术）之间的完美中间点。在这两个世界中，亚马逊棋都是最佳选择，既有深度又容易上手，是一款出类拔萃的组合游戏。

这个游戏怎么玩？

你需要准备什么？ 2名玩家、1个棋盘、3颗黑棋和3颗白棋。这些棋子被称为"亚马逊棋"，它们的移动方式与国际象棋中的皇后很像（而且可以随意使用棋子）。

你还要收集一些硬币或筹码来标记"被摧毁"的方格。如果你在纸上画了一个8×8网格，就可以用笔来标记"被摧毁"的方格。

---

① 莱昂纳德·科恩（Leonard Cohen），加拿大著名游吟诗人、民谣歌手，《哈利路亚》（*Hallelujah*）是他1985年创作的歌曲，其歌词充满诗意，内涵丰富，曲调缓慢忧伤。——译者注

不管怎样，这6颗棋子是这样开始的：

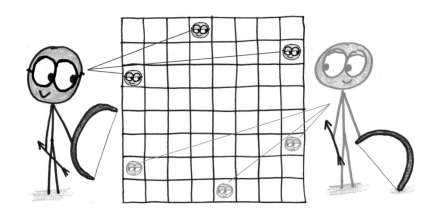

玩家的目标是什么？ 当棋盘上的摧毁任务完成时，留下最后一颗亚马逊棋屹立不倒。

游戏的规则是怎样的呢？

（1）在每个回合中，玩家各选一颗亚马逊棋，并像国际象棋中的皇后那样移动它：**可以向任意方向移动**，包括对角线方向。

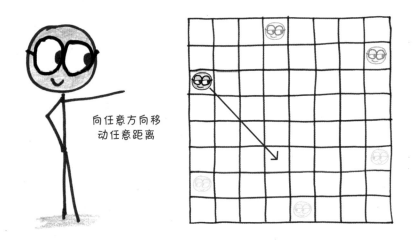

向任意方向移动任意距离

移动后，你的亚马逊棋会从新位置向某个方向发射"燃烧的箭"。这支箭也像皇后一样移动，**它会摧毁最终降落的方格，**但不影响经过的那些方格。

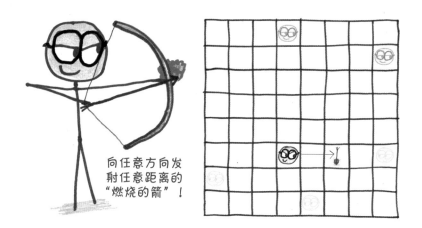

（2）继续以这种方式进行。**被破坏的方格和所有棋子都是不可逾越的障碍。**因此，亚马逊棋无法越过它们……

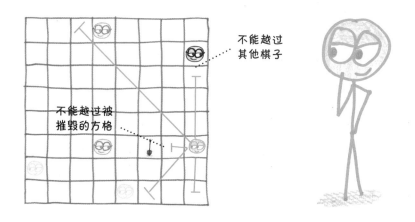

　　……射出的箭也不能越过它们。①

---

① 当然，在现实生活中，箭可以越过物体，但在这里不行。如果还是觉得这个规则不好理解，可以想象一下，每支箭在击中地面时，都会产生约1 609米高的火柱。

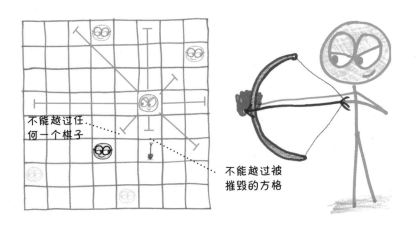

不能越过任
何一个棋子

不能越过被
摧毁的方格

（3）最终，整个棋盘上的方格会被摧毁或无法到达，留下所有被困的
亚马逊棋。**谁拥有最后一个能移动的亚马逊棋，谁就是赢家。**

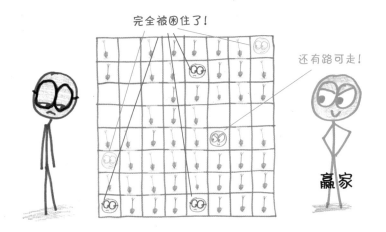

完全被困住了！

还有路可走！

赢家

游戏体验笔记

　　游戏每经历一个回合，就会有一个方格燃烧起来。游戏区域就这
样从安全、开放的大陆变成了由不断缩小的岛屿组成的脆弱群岛，直
到最后，所有的一切都被末日之火吞噬。还有什么听起来比这更有趣
的呢！

到最后，棋盘被分裂得就像王宫里的房间一样：每个封闭区域只包含一个（或多个）同色棋子。从这一点来看，策略很简单：巡视你的王宫，每次查看一个方格，离开时向这个方格发射一支箭，在你的避难所被摧毁前尽可能多地移动步数。

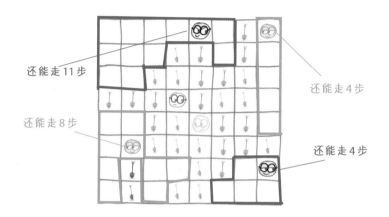

为了获胜，你需要为自己的棋子开辟宽敞的王宫房间，同时把对手困在狭小的房间里。说起来容易做起来难，因为游戏过程中会频繁出现猝不及防的命运逆转。前一刻，你似乎马上就能把敌人困在一个令人窒息的房间里，但下一秒，他们不知怎么就逃脱了，而你被困住了。

一个玩家曾表示："亚马逊棋不是一款增量游戏。在某个时刻，意想不到的突然动作可能会改变整个游戏的局面。"

这个游戏从何而来？

20世纪40年代，大卫·L.西尔弗曼（David L. Silverman）设计了亚马逊棋的祖先——Quadraphage，这个名字由"quad"（意思是"正方形"）和"phage"（意思是"捕食者"）构成。

在Quadraphage游戏中，棋子（如国王或马）试图逃离棋盘边缘，而吃掉方格的敌人则试图通过放置筹码来诱捕棋子。这个游戏适合用来锻炼脑力。与其说它是一种游戏，不如说是一组谜题，每个谜题在被解决后都失去了其乐趣。

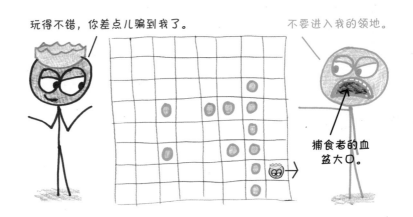

玩得不错，你差点儿骗到我了。

不要进入我的领地。

捕食者的血盆大口。

1981年，一款真正的游戏诞生了，它就是亚历克斯·伦道夫的"Pferdeäppel"（这个词在德语中是"马粪"的意思，我从没想过它会出现在书本中）。游戏中2匹马从棋盘上相对的2个角落开始；在每个回合中，你将按照国际象棋里马的移动方式移动你的马（每次走一个"日"字的对角线），并在你刚刚清空的方格上放置一个筹码（象征着新鲜的马粪）。马可以跳过马粪，但不能降落在马粪上。如果你抓住对手（通过落在对手所在的方格），或者通过放置马粪让其陷入困境，你就赢了。不过这个游戏不适合在吃饭时间玩。

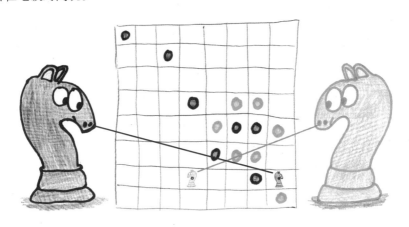

最后，1992年，阿根廷游戏设计师沃尔特·赞考斯卡斯（Walter Zamkauskas）在一本解谜杂志上发表了他在4年前发明的游戏——亚马逊棋。在我看来，他的神来之笔就是"摧毁方块"。Quadraphage游戏给了你自由的选择，Pferdeäppel游戏不给你任何选择，而亚马逊棋则给了你一个巧妙而有限的选择。

为什么这个游戏很重要？

因为亚马逊棋展示了游戏的本质：有意义的决策。

游戏中的每一步都包含2个动作：移动棋子，然后发射箭。听起来很简单，但不要被愚弄了：这种简单的组合产生了惊人的复杂性，正如一个被称为"分支因子"的概念所描述的那样。

游戏的分支因子回答了这样一个问题：**在每个回合中，你平均有多少种选择？**例如，井字棋的分支因子约为5。因此，在一个典型的回合中，你需要在大约5个选项中做出选择。把所有的可能性相乘，你会发现井字棋有超过25万种展开方式。对于如此简单的游戏来说，这已经很不错了。

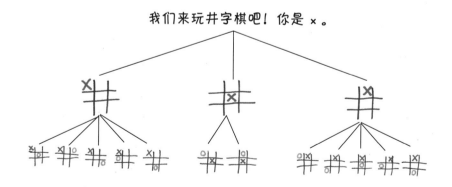

我们来玩井字棋吧！你是 ×。

据估计，国际象棋的分支因子为30或35，这意味着一个常规的移动就能提供数十种选择。这个数量已经相当多了。前4步（每个玩家走2步）可以以超过100万种方式展开，整棵游戏树大约包含10^{120}种可能的游戏。这远远超过了可见宇宙中亚原子粒子的数量。

然而，即使是国际象棋也无法与早期亚马逊棋游戏的分支因子相提并论。开局的第1步就提供了超过50种移动位置的选择，而每种选择之后又至少有15种发射箭位置的选择，这样一来就有近1 000种令人瞠目结舌的可能。这还只是第1步。尽管分支因子的数量会随着棋盘被填充而不断减少，但在接下来的许多步中，它的数量仍然保持在数百个，明显超过国际象棋甚至围棋。

游戏设计师尼克·本特利（Nick Bentley）写道："亚马逊棋充满'惊喜'的原因是分支因子的数量非常庞大……在那棵茂密的游戏树上，真的很容易忽略潜伏的威胁。"

这么多分支！

亚马逊棋游戏树

游戏圈流传着一个说法，即将游戏定义为"一系列有趣的决策"。但是大量的分支因子并不能保证产生有趣的决策。一款缺少选择的游戏会让你感到厌烦，而一款选择过多的游戏也会让你变得麻木。相反，我认为，要想做出有趣的决策需要具备2个条件：**一是判断哪些决定将推动你朝着目标前进的能力**；并且同样重要的是**玩家在这方面的差距或不足**。

想想经典的尼姆游戏。在桌上摆几堆棋子，每堆棋子的数量一定（通常是1，3，5和7）。然后，在每个回合中，玩家们轮流选择其中一堆，并根据自己的喜好拿走棋子（少到1颗，多到整堆，随意）。接着，继续轮流选择。拿走最后一颗棋子的玩家为赢家。

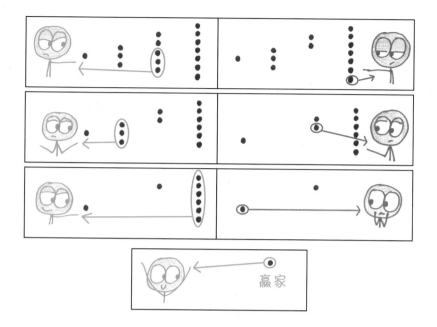

在尼姆游戏最初的几个回合中，玩家几乎无法分辨策略的好与坏。在这个阶段，尼姆游戏未能满足上述的第一个条件。之后，在只剩下几项选择的情况下，你可以检查每一种可能性，并确定最佳选择。但这违背了第二个条件。当最好的选择是显而易见的时候，根本没有什么选择可言。就像荷兰特级大师海因·唐纳（Hein Donner）谈到国际象棋时所说："给我一个高难度的位置，我知道该怎么开始，但如果给我一个稳赢的位置，我是受不了的。"

换句话说，尼姆游戏直接从随机移动跳到了能够预先确定的移动，从100%的全然无知跳到100%的确定。它从不经过那个存在直觉、启发和知识差异的中间地带，也就是有意义的选择所在的模糊领域。

简言之，尼姆游戏是一个很棒的数学作品，却是一款糟糕的游戏。

你对这一步有多少信心？

亚马逊棋正端坐在神圣的中间地带。虽然你永远无法确定最好的走法，但你将迅速形成对巧妙走法的直觉。我的棋子能否可以不受阻碍地移动，并到达棋盘的任何区域？对手的棋子是否会受阻碍并聚集在一起，挣扎着逃离快速缩小的区域？

你不可能总是对的。时不时地，你会发现茂密的游戏树伸出看不见的树枝拍打你的脸。

还有什么比这更有趣的呢？

变体及相关游戏

6×6亚马逊棋：要想玩得更快，可以在6×6棋盘上玩（每个玩家各有2颗棋子），起始位置如下：

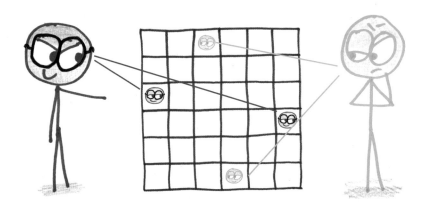

10×10亚马逊棋：这是沃尔特·赞考斯卡斯最初发明的亚马逊棋游戏，比8×8版本耗时更长，也更复杂。每名玩家有4颗亚马逊棋，初始位置如下：

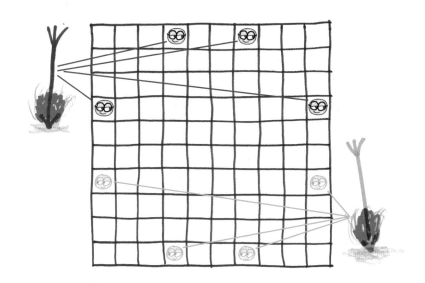

收藏家游戏： 这是沃尔特·尤里斯设计的一款类似亚马逊棋的游戏。在6×6棋盘上玩，在每个回合中，①标记你喜欢的方格，②消除所有空的邻近方格（包括对角线上的）。玩到双方都无路可走。**谁创建的连接标记组规模最大，谁就是赢家。**对角线的连接标记也算。

Quadraphage： 这是亚马逊棋的曾祖母，建议用国王、马、车或皇后棋来玩。

（1）第一个玩家从棋盘上任意位置的棋子（假设是国王）开始。在每个回合，**玩家像下国际象棋一样移动棋子。**

（2）第二个玩家从一把硬币开始。在每个回合，**玩家在自己所选的方**

格上放置1枚硬币，以标记第一个玩家禁止进入。

（3）如果第一个玩家从棋盘边缘逃脱，其得分为棋盘上的硬币数（每枚硬币计作1分）。如果最终被困且无法逃脱，其得分为0。

（4）一轮结束后，**角色互换继续游戏**。最终谁得分多，谁就是赢家。

逃出来啦！我得了11分。　　　　　　轮到我当国王了！

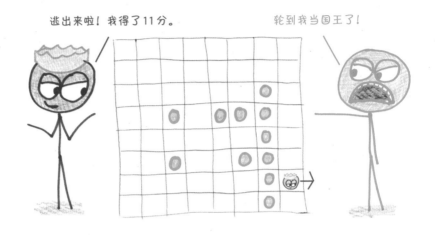

马粪游戏：每名玩家控制一匹马，从8×8棋盘的**两个对角**出发，按国际象棋的规则移动。每个回合中，各玩家**移动自己的马**，并在刚刚腾空的**方格上放置一个标记**，以表明它不能再被占用。**谁抓住对方的马**（通过落在其所在的方格）**或困住他**（通过使其无法移动），谁就是赢家。

组合游戏大拼盘

接下来的游戏可能有点不拘一格，包括放置多米诺骨牌、连接线条、画 × 和旋转物体。你可能会问："这些游戏有共同点吗？它们都是组合游戏吗？"

嗯，是的，想想创作于公元 8 世纪的希伯来语著作《创世之书》中的智慧。书中提到，一切事物，包括所有的现实，都由希伯来语字母组合和重组而成。"上帝写下（这些字母）……把它们组合起来，权衡它们的价值，交换它们的位置，并通过它们创造万物，以及一切注定要被创造出来的东西。"在这个观点中，上帝是一个组合主义者，而你我都只是某种组合。

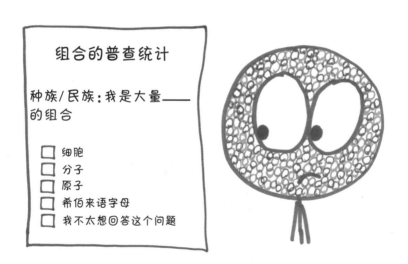

所以，我的分子组合伙伴，希望你们会喜欢下面这些规则的小组合。

转折点

失控的旋转游戏

在这个令人头晕目眩的双人游戏中，你需要一个正方形棋盘（如果游戏时间较短，建议使用4×4棋盘；如果游戏时间较长，可以使用6×6棋盘）和一堆可以指明特定方向的可移动棋子。我喜欢用金鱼饼干，而这款游戏的创造者乔·基森韦瑟则建议在扑克筹码上画箭头。

2名玩家分别坐在棋盘的两端，然后轮流把棋子放在空格上。每颗棋子必须朝向4个相邻方格中的一个（不包括斜对角的方格）。**如果相邻的方格被占，那么它上面的棋子就顺时针旋转90°。**如果旋转后的棋子指向另一颗棋子，那么这颗被指的棋子也要顺时针旋转90°，以此类推，直到最终指向空格或棋盘边缘。

一直玩到整个棋盘被填满，**指向你的棋子数即你的得分（每颗棋子计1分）**。得分最高的人获胜。如果是4个人玩，玩家们分别坐在棋盘的4边。如果是3或6个人玩，可以使用由小六边形组成的六边形板，然后棋子旋转60°，而不是90°。

多米诺工程

关于安全排列多米诺骨牌的游戏

在这个游戏中，2 名玩家轮流在矩形网格上放置多米诺骨牌。一名玩家竖直摆放，另一名玩家水平摆放（可以忽略多米诺骨牌上的数字）。如果轮到你时，已经没有地方放多米诺骨牌，你就输了。

早期的几个步骤感觉随机性比较强。但很快，棋盘上开始出现一条条"廊道"。你和对手激烈地争夺未来的"安全"据点。最终，棋盘被分解成互不相连的一个个小区域，而你则可以精确地计算出每个玩家还剩下多少步棋。

有争议的区域

赢家

竖直方向：还有
2 步是安全的。

水平方向：还有 3
步是安全的。

这款游戏也被称为"快速闸门"（Stop-Gate）或"穿过人潮"（Cross-

Cram），是关于组合博弈论的经典游戏，在游戏宝典《数学游戏的制胜之道》中独树一帜。尽管有很多经典游戏（如尼姆游戏的成百上千种变体）比起作为休闲游戏，更适合用于数学分析，但我发现多米诺工程在这两方面都适用。

顺便说一句，这个游戏不需要真正的多米诺骨牌。你们可以通过在纸网格上填方格来玩。

别断线

关于蛇形增长的游戏

锡德·萨克森（Sid Sackson）设计这款游戏是为了替代井字棋。"如果所有玩过井字棋的人都首尾相连地躺着，"他写道，"他们很快就会睡着。"萨克森希望用一种更有趣、永远不会以平局结束的游戏来取代那些单调乏味的游戏。

首先，画一个4×4点阵列。第一个玩家用一条任意长度的直线连接任意2个点，可以是垂直线、水平线或45°对角线。

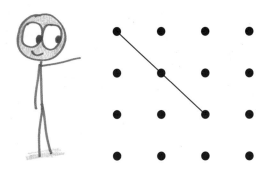

然后，2名玩家轮流从这条线的两端画另一条线（可以是垂直线、水平

线或45°对角线）来延长它。延长的长度不限，但不能交叉或相接。当玩到没有进一步延长的可能时，**最后一个延长的人就输了。**

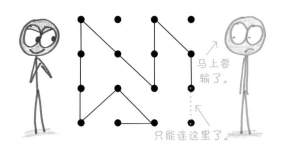

锡德的游戏与爱德华·卢卡斯早期的一款游戏（和点格棋一起发布的那个）相似，不过爱德华的版本有几个不同之处：①使用的是6×6点阵列；②每一步必须是一条短的垂直线或水平线，连接2个相邻的点；③每一步都必须以对手最新走的那一步为基础，这意味着"蛇"只从一端生长；④连最后一条线的玩家获胜。

猫和狗

无法和谐共处的游戏

在纸上画一个7×7网格，然后轮流放各自的宠物：一个玩家放"猫"（用 × 表示），另一个玩家放"狗"（用〇表示）。猫和狗绝对不能占据相邻的方格，即使是斜对角也不行。走最后一步的玩家就是赢家。[1]

---

① 有一个额外的技术细节：第一个玩家的第一步不能放在正中央的方格。

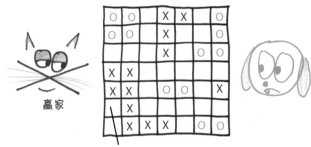

猫还能再走2步，狗已经无路可走了。

　　这个游戏由代数学家西蒙·诺顿（Simon Norton）设计，不过他想象的不是猫和狗，而是公牛和母牛，它们在不同的田里吃草，因为如果距异性太近，它们很容易发出吵闹的哞哞声来引起对方的注意。[1]这些田地不需要遵循网格排列，你可以绘制任何你喜欢的区域的复杂地图。

　　诺顿游戏的关键规则：允许不同的物种相邻，但禁止相同的物种相邻。一个相关的经典组合博弈游戏——Col，和它正好相反。Col用数学方法分析起来更容易，也许正因为如此，它玩起来才没有那么有趣。把你的猫分散在棋盘上，试图把它们分开？不好玩。用参差不齐的"猫墙"隔开安全领地？好玩。

听你的

共同控制的游戏

　　这是一种经过简单调整的井字棋游戏：你不能完全控制自己的棋子走向。在每个回合中，**你只能选择去哪一行或哪一列，而在那一行或列的具体位置则由你的对手决定**。伊丽丝·约翰逊–德雷尔（Elise Johnson-Dreyer）的学生将其称为"霸道总裁的井字棋"，我很喜欢这个名字，因为我不清楚

---

[1] "猫和狗"的主题来自葡萄牙公司LuduScience的一个可爱的木制版本。

谁是"霸道总裁"。

游戏在一个 4×4 网格上进行，用不同的字母标记各列（Y-O-U-R）和各行（P-I-C-K），以便参考。**谁先把自己的 3 颗棋子连成一条线，谁就是赢家。**

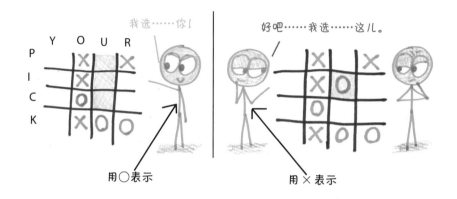

在游戏初期，你会觉得对手更有能力操控你棋子的走向。但随着游戏的不断推进，谈判的主动权发生了变化。有时，你可以选择只剩下一个空格的行或列，这样对手就没办法操纵你的走向了。如果你希望游戏时间长一些（尤其是在开局时玩得慢一些），可以在 5×5 网格上进行，目标是把自己的 4 颗棋子连成一条线。

将这种"我的行动由你决定"的原则应用到其他游戏中也很有趣，如点格棋（我选择某一排点，你选择连线的位置）或国际象棋（我选择一个棋子，你决定移动位置，但如果我说了"将军"或"吃子"，你就必须根据我的口令来）。

第4章

风险与回报游戏

人们每天都在玩风险与回报游戏。例如，穿过有"禁止通行"标志的道路、当着众人的面纠正老板的错误、喝过期的牛奶，这些"游戏"都承诺了一定的回报。例如喝过期的牛奶，尽管存在食物中毒的风险，但可以喝到牛奶。数学对这类决定有很多解释。

来，打开电视，我演示给你看。

实际上，很多电视节目都可以看作风险与回报数学的扩展案例研究。一些人提出了概率论（量化不确定性的一个数学分支）中的经典难题，另一些人研究博弈论，也就是战略互动的数学。许多电视节目都涉及这两方面，交织在一起创造出令人烦恼的数学困境。

不，我说的不是汉娜·弗莱[①]主演的英国广播公司特别节目，而是游戏节目。

以《成交不成交》[②]这档节目为例。节目一开始，豪伊·曼德尔大步走过黑暗的舞台，一遍又一遍地说着"100万美元"，仿佛在召唤一个古老的灵魂。舞台上还有26个紧闭的盒子，由26位身穿同样衣服的女士拿着。[③]每个盒子里的钱都不一样，从0.01美元——豪伊，和我一起说出来——到100万美元不等。

首先，参赛者选择一个盒子。然后其他的盒子被逐一打开，每个盒子都从可能的名单中剔除一个奖项。每隔一段时间，就会有一位神秘的"银行家"打来电话，提出想要购买参赛者的盒子。

帮帮我们吧，概率论！在这种情况下，参赛者应该怎么做？

银行家的出价：77 000。

成交……还是不成交？

剩下的奖金	
0.01	1 000
1	5 000
5	10 000
10	25 000
25	50 000
50	75 000
75	100 000
100	200 000
200	300 000
300	400 000
400	500 000
500	750 000
750	1 000 000

---

① 汉娜·弗莱（Hannah Fry），英国知名数学家、大数据与算法专家、伦敦大学学院城市数学系副教授，代表作有《算法统治世界》。——译者注

② 《成交不成交》（Deal or No Deal），是在世界各国都颇受关注的一档有奖竞猜节目，于2005年12月19日在美国全国广播公司电视台首播，由加拿大喜剧演员豪伊·曼德尔（Howie Mandel）主持。——译者注

③ 我一直以为她们是伴娘，准备去参加一场盛大的婚礼。

首先，让我们想象一下把这个游戏玩到100万次，每次参赛者打开盒子后都可以获得不同数额的奖金。由于盒子里可能出现的数有9个，所以在 $\frac{1}{9}$ 的游戏中，它只有可怜的75美元；在另外 $\frac{1}{9}$ 的游戏中，是50万美元；在剩下的 $\frac{7}{9}$ 中，是中间的所有值。最后，计算所有这些值的平均值——这就是盒子的"期望值"。它捕捉到了17世纪学者克里斯蒂安·惠更斯（Christiaan Huygens）所说的"那个使我愿意把游戏让给想在我的位置上继续玩的人的价格"。

问题解决了，不过还是要给你一个小小的警告：在《成交不成交》中，"银行家"似乎永远不会提供期望值。

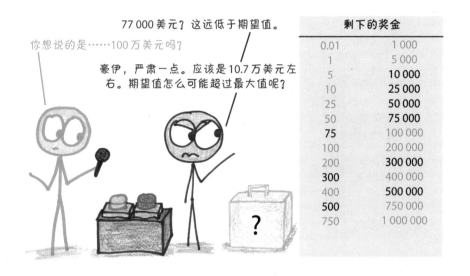

这并不是说"银行家"（实际上是由该节目制片人控制的算法）想要省钱，他们真正的目标是通过创造极具戏剧性和令人为难的选择来吸引更多观众，以此提高节目收视率。游戏刚开始时，较低的报价（通常低于期望值的40%）会激励玩家继续玩下去。后来的出价越来越高，但永远达不到期望值。因为如果给到了期望值，游戏就会失去悬念：大多数人都不喜欢风险，他们会欣然接受有保证的50万美元，而不是掷硬币才能确定的100万美元。问题在于他们是会接受40万美元还是30万美元。这是一个更艰难的选择，也使节目变得更好看了。

　　关于豪伊和他的百万美元就介绍到这里，让我们将目光转向一个更冷静、更庄重、更开明的游戏节目：经典智力问答节目《危险边缘》[①]！每集都以一个被称为"终极危险边缘"（Final Jeopardy）的高风险问题结束，参赛者可以对自己的答案秘密下注——将他们迄今为止赢得的奖金押在这个尚未揭晓的问题上。大多数时候，押注都遵循一个稳定的模式：第二名选手（挑战者）押上所有赌注，而第一名选手（守擂者）则会让自己答对后的总赌注比挑战者的多1美元。

是不是很奇怪？尽管参赛者的决定是保密的，但他们几乎从不使用出其不意的招数，而是更倾向于做出可预测的选择。不过约翰·冯·诺伊曼对此并不感兴趣，他曾说："现实生活中充斥着虚张声势，骗人的小伎

---

① 《危险边缘》（*Jeopardy*），美国哥伦比亚广播公司的一档益智问答游戏节目，于1964年开播。该节目以独特的问答形式进行，问题涉及历史、文学、艺术和流行文化等领域。根据以答案形式提供的各种线索，参赛者必须以问题的形式做出简短的回答。——译者注

俩……以及对别人想法的揣测。在我看来，这才是游戏的乐趣所在。"

冯·诺伊曼指的是博弈论，即战略互动的数学。在本章中，你可以亲自探索冯·诺伊曼的遗产，因为削弱游戏和纸上拳击这类游戏会迫使你对对手进行心理分析，并通过预测他们的行动来保持领先优势。你的最佳选择是什么？答案将取决于你的对手。

那么，这在"终极危险边缘"一轮中是如何进行的呢？

在标准的押注模式下，挑战者只能寄希望于一种特定的情况：自己答对问题，而守擂者答错。[①]否则任何其他结果，都是守擂者的胜利。

赌注：15 000 美元　　　　　　　　　　　　赌注：10 001 美元

挑战者的回答是……	守擂者的回答是……	
	正确	错误
正确	守擂者获胜	挑战者获胜
错误	守擂者获胜	守擂者获胜

这是挑战者能取得的最好结果吗？并不是。相反，如果赌注是 0 美元，挑战者就会在守擂者出错时获胜，即使挑战者也答错了。

赌注：0 美元　　　　　　　　　　　　　　赌注：10 001 美元

挑战者的回答是……	守擂者的回答是……	
	正确	错误
正确	守擂者获胜	挑战者获胜
错误	守擂者获胜	挑战者获胜

---

① 获得第 1 名比最大化你的奖金更重要，因为第 1 名将保留他们所有的奖金，并在下一场比赛中继续参赛，而第 2 名只能带着 2 000 美元回家。

但是此举也有风险。如果守擂者预测到了挑战者的诡计呢？毕竟，守擂者也可以下0美元的赌注，从而确保自己可以获胜。

不过话说回来，挑战者可能会预判到这一点，并通过押上合理的赌注来夺取控制权。

这个过程很有趣，不是吗？我们几乎可以对所有游戏节目进行类似的分析。例如，在《幸运之轮》（*Wheel of Fortune*）中，什么时候该买一个元音？在《谁想成为百万富翁》（*Who Wants to Be a Millionaire*）中，要不要冒险猜测一下？在《价格猜猜猜》（*The Price Is Right*）中，哪个价格是正确的？这些节目本质上都是博弈论和概率论的问题，是风险与回报的计算问题。

这些荒谬的游戏是我们理解现实的模型系统。举个令人细思极恐的例子。冯·诺伊曼最初创立博弈论是为了分析他的邻居游戏，但他很快意识到，博弈论与地缘政治学之间存在不可思议的契合关系。在冷战的战略互动中，冯·诺伊曼瞥见了一个简单的回报矩阵。美国和苏联都想控制全球，如果双方都寻求和平，就能维持和平；如果一方寻求和平，另一方发起进攻，侵略者就会胜利；如果双方都受到攻击，就会引发核战争。

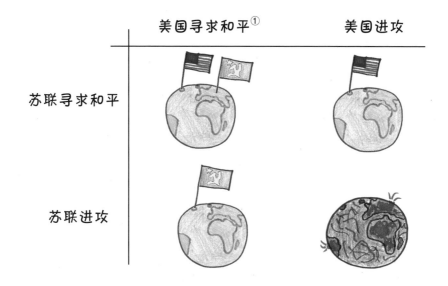

他的结论是，美国只有一个合乎逻辑的选择：公开而坚定地致力于报复性袭击。你攻击我们，我们就终结你，即使这意味着也会终结我们自己。这样一来，一种相互保证毁灭（mutually assured destruction）的不稳定和平就诞生了，并被恰如其分地称为"MAD 机制"。

由此可见，整个世界的运行建立在游戏的逻辑之上。

幸运的是，本章的风险与回报游戏并不会带来这样的风险。如果有个 11 岁的玩伴在削弱游戏中羞辱你，试着记住这一点。世界不会终结于核火球，尽管在这种情况下，你可能有点希望它会。

---

① 本书中的所有地图插图均系原书插图。

削弱游戏

关于心理战的游戏

对真正的专家来说，这是一个无须动脑筋的游戏，非常适合在家庭自驾游时玩。游戏中只需要准备好你的双手、你的智慧和你想挑衅的对手。当我第1次教十一二岁的孩子玩这个游戏时，他们非常喜欢，而且每次都让我输得一败涂地。我舔舐着伤口回到家，向妻子发起挑战，要和她进行一场找回"尊严"的比赛。然而，在我连续3次"削弱"她之后，她瞪了我一眼，并撂下狠话："我们再也再也再也不要玩这个游戏了。"不管怎样，这个游戏现在在我家被禁止了，在这里，我把它作为礼物送给你们。

这个游戏怎么玩?

你需要准备什么? 2名玩家（每人有5根手指）。[①]你可能还需要笔和纸来计分。

玩家的目的是什么? 选一个比对手的数字大2、3或4的数字，或者更好的情况是，正好小1。

---

① 如果你们当中有人拥有的手指比其他玩家多，请提前商定可用手指的数量。

游戏的规则是怎样的呢？

每个玩家都**在心里想一个1～5中的数字**，然后当口号数到3的时候，2名玩家同时用手比出心中所想的那个数。**每根伸出来的手指计作1分**。规则很简单，但有一个关键的例外……

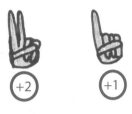

（2）如果你的数字正好比对手的多1，你就被削弱了，你的分数会流向对手。

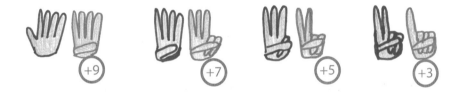

（3）游戏一轮接一轮地进行，直到有一名玩家领先11分或更多，届时他就获胜了。

游戏体验笔记

在这个游戏中，快乐和愤怒交替出现，与其说它是一款数学游戏，不如说是一场心理战。

假如你预测我出4，你就会想出3……这意味着我应该出2……除非你已经预料到这个策略，因此选择了5……在这种情况下，我应该出你最初期望的4……如此循环往复，直到我们都迷失在丛林深处。我把削弱游戏比作电影《公主新娘》(*The Princess Bride*) 中的经典片断：西西里人面对两杯酒（一杯下了毒，另一杯没有）绝望地转着圈，试图推断哪杯有毒，哪杯没有毒。削弱游戏也是一样的，只不过没有那么毒。我还给这个游戏想了一句不错的宣传语：**"削弱游戏：用毒酒杯痛饮，但里面没有毒。"**[1]

这个游戏从何而来？

1962年夏天，数学系学生道格拉斯·霍夫施塔特和罗伯特·博宁格（Robert Boeninger）乘坐一辆开往布拉格的巴士，穿过德国南部的森林。两人感到无聊至极，为了消磨时间，他们设计出了削弱游戏。窗外的风景飞驰而过，他们玩了一轮又一轮，就像两只打斗的公羊被锁住了角。[2]

同年晚秋时节，霍夫施塔特编写了一个关于削弱游戏的电脑程序。它用数字代替手指。该程序的目的是发现和利用对手的行动模式。

霍夫施塔特后来在《科学美国人》上撰文写道："一开始，我的程序经

---

[1] 当我把这句话说给妻子听时，她说："这个游戏比你形容得还要毒。"看来，削弱游戏在我们家还要继续被禁止。

[2] 在最初的版本中，一名玩家从1~5中选择数字，另一名玩家从2~6中选择数字。虽然他们没有意识到，但后者每轮会有0.28分的优势（假设双方在玩的过程中都应用了博弈论来求解）。幸好他们后来换成了平衡的版本。

常会迷失方向，因为它还没有'嗅到'对方程序行为中的任何模式。"但最终，它会"捕捉到"对手想法的"气味"，并像敏捷的手指武士一样削弱对手，迅速获得胜利。霍夫施塔特回忆道："那是一种势不可当的感觉。"但就在他那疯狂科学家的咯咯笑声变得越来越大的时候，一个挑战者出现了。这个人就是乔恩·彼得森（Jon Peterson），他的程序是博弈论的一个简单应用。

霍夫施塔特解释说："并不是我的程序被他打败了。它只是没有遵循任何模式。"无论这 2 个程序运行多长时间，它们都只是来回拉锯，最终陷入永远的平局。"警犬"也闻不到任何气味。"真是令人费解。"霍夫施塔特写道。

的确令人费解，直到彼得森解释了他的程序是如何运行的。它只是忽略了霍夫施塔特的理论，根据一组特殊的概率进行随机选择。

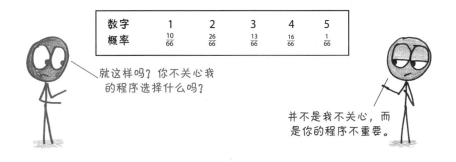

数字	1	2	3	4	5
概率	$\frac{10}{66}$	$\frac{26}{66}$	$\frac{13}{66}$	$\frac{16}{66}$	$\frac{1}{66}$

就这样吗？你不关心我的程序选择什么吗？

并不是我不关心，而是你的程序不重要。

实际上，彼得森的程序是掷一个 66 面骰子，其中 10 面标记为"1"，26 面标记为"2"，13 面标记为"3"，16 面标记为"4"，最后一面标记为"5"。这种僵化、轻率的策略取得了令人发狂的辉煌成就。

它打不过你。但出于同样的原因，它也不被打败。

假设你决定出 4。事实上，你可能会连续玩 66 轮，因为彼得森的程序只会傻乎乎地一遍又一遍地滚动虚拟骰子，并不会注意到你的策略（或许你根本就没有策略）。

因此，在第 66 轮结束时，你将得到如下结果：

结果		效果		频次	总分
🖐	⚀	耶！	+3	10 次	+30
🖐	⚁	耶！	+2	26 次	+52
🖐	⚂	哦不！	-7	13 次	-91
🖐	⚃	嗯。	+0	16 次	+0
🖐	⚄	耶！	+9	1 次	+9

唉，玩那么多次得了0分？

66 轮游戏后的总分：+0

　　五六个回合后，你的战绩如何？平均而言，是平局。你不能用4击败彼得森的程序，但是你也不会输。从长远来看，你只能做到不赢也不输。1，2，3，5也是如此：无论你向这只66头的怪物扔多少个数字，它都会把你打趴在原地，不会领先太多，也不会落后太多，所有的一切都将被冲抵，就像你在和自己的影子赛跑一样。

　　霍夫施塔特生气地称这是"一次被羞辱的愤怒经历"。毕竟，在国际象棋界的"深蓝"、围棋界的"阿尔法狗"或足球界的梅根·拉皮诺埃[1]面前失败，虽败犹荣。但如果输给一个随机数生成器呢？只会让人觉得可悲。

　　虽然很可悲，但不可避免。你猜不透随机性，随机性也猜不透你。

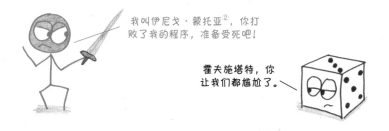

我叫伊尼戈·蒙托亚[2]，你打败了我的程序，准备受死吧！

霍夫施塔特，你让我们都尴尬了。

---

① 梅根·拉皮诺埃（Megan Rapinoe，生于1985年），美国女子职业足球运动员，场上司职中场，现效力于美国西雅图帝王女足。2019年，拉皮诺埃获得女足金球奖。2021年，其获得东京奥运会女子足球铜牌。——译者注
② 电影《公主新娘》中的一名剑客，武艺超群。——译者注

为什么这个游戏很重要？

因为随机性是一种强大的战略工具，还是我们天生无法使用的工具。

假设你是名顶级棒球投手，你的武器库里有几种武器——快速球、曲线球、蝴蝶球和"玛索球"（matzoball），你要怎么选择用哪一个？如果你想迷惑击球手，最好不要给任何线索，也不要遵守任何规则。简言之，随机选择。

或者，假设你是狩猎驯鹿的纳斯卡皮人，你应该去哪里找兽群？如果你养成一个习惯——定期去某个地点，或者总是去上一次成功的地点——驯鹿可能会学会避开你。所以最好的办法是随机选择。

又或者，假设你是古罗马的一位将军，正在计划何时何地发起进攻。你不希望敌人预料到你的行动吧？那么，只有一个选择：随机选择。

随机性的多种用途

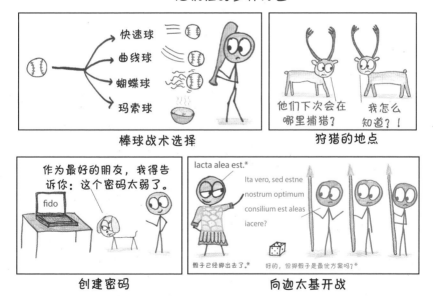

棒球战术选择　　　　　　狩猎的地点

创建密码　　　　　　向迦太基开战

最后一个例子，也是现代人不得不面临的难题之一——选择密码。如果你不想用那些老套、容易被猜到的密码，比如"MyDogIsCute""GOY_

ANKEES"或"passw0rd1234",最好的办法是把手伸进装有所有可能密码的巨大帽子里,随机地选一个。

随机策略是完全透明和不可理解的。对手虽然清楚地知道你在做什么,却无法在智力或策略上胜过你,因为你已经抛弃了智慧和策略的全部理念,从容不迫地屈服于混乱。毋庸置疑,这是明智之举。只是还有一个问题,就是我们天生不具备这种能力。

人类的大脑不是一副扑克牌,而更像是一面阴谋墙,上面贴着剪报,画着红线。我们在任何地方都能看出某些模式,无论它们是否存在,如云朵形状的可爱动物、股价图表中有意义的趋势和烤面包上的宗教人物。有些人甚至在《权力的游戏》最后一季中也看出了逻辑。因此,我们不擅长随机行事就不足为奇了。

来,在0~9中随机选择一个数。嘿,你选了7吗?如果答案是肯定的,你就不孤单,因为这是最常见的回答。在一项经典研究中,超过30%的人给出了这个答案。这很奇怪,因为按理来说不应该出现最常见的回答,不是吗?

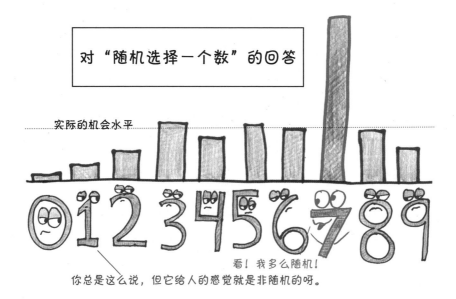

对"随机选择一个数"的回答

实际的机会水平

你总是这么说,但它给人的感觉就是非随机的呀。

看!我多么随机!

同样,假如让你抛100枚硬币,然后凭空捏造100次抛硬币的结果,任何一台像样的电脑都能把它们区分出来。真正的抛硬币可能会出现一些连续重复的情况，比如连续6次正面或7次反面，而想象的则不会。

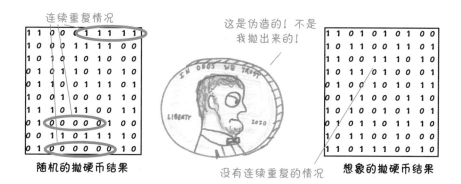

物理学教授斯科特·阿伦森（Scott Aaronson）曾要求学生反复输入字母 f 或 d，以检验一个简单的模式搜寻程序能否预测下一次输入的字母。算法很简单：只看最近的5个字母序列（如"ffddf"），扫描过去的例子，然后猜测下一个字母通常是哪个。这个模式搜寻程序的正确率超过70%。"我甚至无法击败自己开发的程序，"阿伦森写道，"即使我清楚地知道它是如何运行的。"[1]

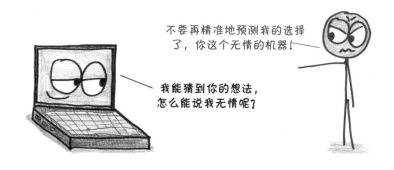

　　游戏暴露了我们在随机性面前的无能为力。例如，在"石头剪刀布"游戏中，无敌的策略是在三分之一的时间内随机出招：剪刀、石头、石头、

---

[1] 似乎只有一名学生能打破预期，与预测相符的情况仅占50%。"我们问他秘诀是什么，"阿伦森写道，"他回答说，他'只是运用了自己的自由意志'。"这是个很好的专业建议。

布、石头、布、石头、布、布、剪刀。原则上很简单，但我们就是做不到。

这个游戏的大师（是的，真的有这样的大师）观察到了反复出现的模式。首先，新手会频繁地出石头。其次，很少有人会连续3次出同一个招式。最后，输了的人（如剪刀对石头，剪刀输）通常会在下一轮出这一局本可以赢的招式（在这种情况下，是布）。

为了实现随机性——或任何接近随机性的东西——我们需要跳出自己的思维模式。在打造削弱游戏冠军的过程中，彼得森并没有试图独自想出随机的选择。如果他进行了这样的尝试，必然会落入某种模式，接着就会被霍夫施塔特的程序发现。相反，彼得森则将随机化工作外包给了计算机。[①]

其他人则依靠大自然。例如，古罗马的将军经常通过观鸟占卜来选择进攻时机，这是从鸟类栖息和鸣叫中得到的神圣信号；纳斯卡皮猎人在热煤上加热驯鹿的肩胛骨，然后像解读地图一样分析裂缝和烧伤的模式，从而决定下一次狩猎的地点。

你可以称之为"神圣的指引"或者伪随机数生成法。关键是要摆脱人类自己的窠臼和认知偏见，我们需要外界的帮助。

① 还有一个有趣的故事：计算机程序员尼克·梅里尔开发了斯科特·阿伦森"f或d"预测器的一个在线版本。一开始，它会让你知道它到目前为止预测的准确性，例如"71.59%的准确度"。但这产生了一个漏洞：只要你将偶数的序号分配给"d"，将奇数的序号分配给"f"，你就可以使用准确性报告的最后一个数字生成随机选择！阿伦森将其称为"安全漏洞"。

如果你玩了足够多次削弱游戏，你便会将随机性视为一种保守主义。以掷66面骰子的方式对待这个游戏，你既不会输得太多，也不会赢得很大。随机性创造了一个安全而稳定的栖身之所，一种没有人能将你赶走的无尽平局。但如果你想做得比永远平局更好，就必须加入混战。你必须找出对手的战术模式，并将其结合到自己的战术中。发动战争就意味着打开自己防御系统的漏洞。

为了胜利，你必须冒失败的风险。

这是明智的选择吗？好吧，除非你是观鸟占卜大师，否则我们根本没的选。当然，随机性可能是理想的策略。但作为可怜的人类，我们没有实现理想策略的诀窍。

变体及相关游戏

增强游戏： 道格拉斯·霍夫施塔特设计的削弱游戏的升级版。游戏规则与削弱游戏大致相同。而不同的是，你可以通过连续多次出相同的数字来获得额外的分数。例如，你连续出了2个4，那么第二个得分就是 $4 \times 4 = 16$ 分。如果在此之后又出另一个4，你将可以获得 $4 \times 4 \times 4 = 64$ 分，依次类推。但如果你连续出了4个4，并且被对手的3击败，那么对手将得到他们的3分加上你的 $4 \times 4 \times 4 \times 4 (= 256 分)$，总计259分。

一直玩到某个玩家领先的分数达到预先设定的数字（如100或500）。

摩拉游戏：《欧洲大观》称它为"世界上最吵的游戏"（显然，他们从未见识过我女儿玩的游戏——"尖叫的欢乐时光"）。这是一个来自地中海、有着上千年历史的娱乐活动，由古埃及人发明，深受古罗马人喜爱，被一个玩家描述为"一种感觉、一种激情和一种民族文化"。

数到3，2名玩家一起伸出 1~5 根手指。与此同时，双方要大声喊出各自预测的两人伸出的手指数总和。猜对的一方即赢家。如果这2名玩家都猜错了（或都对了），就重新数到3再来一次，回合之间不暂停，直到有人说出正确的数字。

多人模式削弱游戏： 当我向中学生分享削弱游戏时，他们设计了一个多人模式的变体，我甚至比原版更喜欢它。第一个取得30分（或其他事先约定的目标分值）的玩家是赢家。多名玩家的游戏将开启令人兴奋的场景。

第一轮，艾比可能会削弱内森，而拉伦不会受到影响。

第二轮，拉伦可能会同时削弱艾比和内森，并偷走两人的分数。

第三轮，艾比和拉伦可能会同时削弱内森，并平分内森的分数。

第四轮，也是最令人兴奋的一轮，拉伦可能会削弱艾比，但他又被内森削弱了，内森因此获得了所有分数。

失望游戏：这是霍夫施塔特设计的另一个变体，他将其描述为"反转版的削弱游戏"。2 名玩家都在心里想一个整数，范围从 1 到无穷。然后 2 人同时说出所想的数字（如 17 vs. 92），数字较小玩家的得分就是他所说的那个数（在这个例子中是 17），而数字较大玩家的得分则为 0。

但有一个例外：如果 2 个数字之差恰好是 1（如 24 和 25），那么数字较大玩家的得分就是这 2 个数之和（在这个例子中是 49）。

一直玩到预先设定的总分数，如 500（注：用笔和纸来计分）。[①]

---

① 博弈论给出了一个令人惊讶的最优策略，我先来剧透一下：

数字	1	2	3	4	5	6 以上
概率	$\frac{25}{101}$	$\frac{19}{101}$	$\frac{27}{101}$	$\frac{16}{101}$	$\frac{14}{101}$	完全没有

很奇怪，对吧？在一个无限的菜单中，你却总是在同样的 5 道菜中选 1 道。然而，在实际操作中，2 个玩家都没有耐心，每次只爬 2 或 3 步，慢吞吞地到达终点线，所以你们很可能会以心理学中有趣的方式偏离最优策略。

琶音游戏

关于升调和降调的游戏

琶音游戏很像生活：其中，运气是一个重要因素，但它不是一切。选择至关重要。

例如，有时你掷出的骰子对自己来说很鸡肋，对对手来说却很有用。你现在面临一个选择：是用掉这个骰子，在阻碍自己前进的同时刁难对手，还是将骰子传递出去，把金币送给你的死敌？根据提问的方式，你会感觉自己被拉向了不同的方向。

在这一点上，琶音游戏和生活还有另一个相似之处：在权衡风险与回报时，答案总是取决于我们的提问方式。

这个游戏怎么玩？

你需要准备什么？ 2名玩家：一个"升调"，一个"降调"（分配角色时，每人掷一次骰子：点数低的人是升调，点数高的人是降调）。还要准备

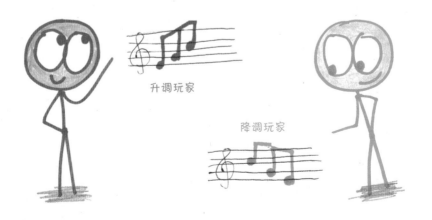

升调玩家

降调玩家

笔、纸和一对标准的6面骰子（骰子结果很容易模拟，在网上搜索"掷骰子"就可以）。

玩家的目标是什么？ 列出10个数字，按升序（如果你是升调）或降序（如果你是降调）排列。

你骗人，玩家真正的目标是什么？ 好吧，告诉你好了。如果你是升调，你的列表不必每一步都上升。在每一局，你都可以打破上升模式，然后下降（但只有一次机会！），之后你必须重新上升（对降调玩家来说，目标相反）。

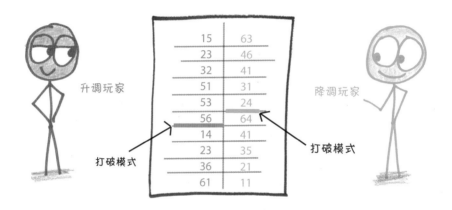

游戏的规则是怎样的呢？

（1）首先，升调玩家掷骰子，**每个骰子得到一个数字**，然后它们以任意顺序组合成一个两位数。

（2）然后，升调玩家需要做出选择：①**在可组成的两位数中选择一个**放到他的列表中，或者②说"过"。

选项1   选项2

（3）如果升调玩家选择"过"，**降调玩家就可以偷走骰子的点数**，并把组成的两位数放进他的列表。这样的话，下一轮还是升调玩家掷骰子。降调玩家也**可以拒绝接收升调玩家喊"过"的骰子**，在这种情况下，下一轮就是降调玩家掷骰子。

选项1   选项2

（4）所有的回合都以同样的方式展开：先掷骰子。然后要么使用它们，要么喊"过"。如果你选择"过"，对手可能会**偷走或拒绝接收它们**，然后自己掷一次骰子。

（5）如果你掷出的2个骰子的点数一样，还有一个额外的选择：**如果你愿意，可以重新掷一个骰子，而另一个保持不变，然后再决定是否"过"。**每个回合只允许重掷1次（也就是说，即使之后你又掷出相同的数字，也不能再重掷了）。

（6）注意了，**这一条规则每局游戏只能使用1次：你可以打破上升或下降模式，**就像按重置按钮一样。不用提前宣布，可以等你看到值得打破模式的点数时再决定。

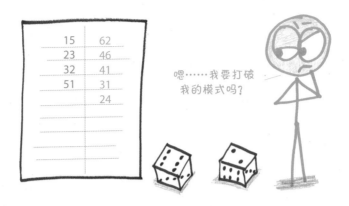

（7）**最先列出10个数字的玩家为赢家**。注意，不允许出现重复数字，如41后面紧跟着41。

游戏体验笔记

芭音游戏虽是竞速游戏，但是一种特殊的竞赛：2个竞争对手向相反的方向移动，而目的地是一个永远无法抵达的地方。它也是一款骰笔游戏，但与"快艇游戏"（这类游戏中最著名的一款）几乎没有什么共同之处，也不太像最近席卷桌游世界的那些游戏，如Qwinto[①]、Qwixx[②]和"绝顶聪明"

---

① 一款令人兴奋的快节奏骰子游戏。——译者注
② 一款适合2～5人玩的骰子游戏。——译者注

（Ganz Schön Clever）等。琶音游戏同样是一个关于风险与回报的案例研究，尽管在大多数回合中，玩家非常清楚哪个是"正确"选择。基于以上原因，我认为它就像骰子游戏中的柠檬酸橙气泡水：起泡、清爽，但难以定义。

这个游戏从何而来？

沃尔特·尤里斯（我最欣赏的有远见的游戏发明家）提出了一个简单的概念——堆骰子。我在其中添加了铃铛、哨子、玩家互动、第二个骰子、升调/降调区分和音乐理论（琶音指一串和弦音从低到高或从高到低依次连续奏出，可视为分解和弦的一种）。所以，你可以说这个游戏是在尤里斯的助攻下，由奥尔林发明的。

为什么这个游戏很重要？

因为我们对风险与回报的不同看法，会让它们产生巨大的差异。

假设你是一名医生。首先恭喜你拿到了医学博士学位，但是先别激动，因为你将面临一项艰巨的任务。

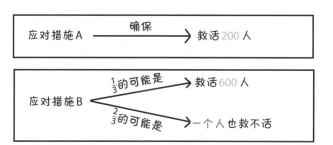

要为一种危险疾病的暴发做好准备，这种疾病预计将导致600人死亡。你会选择哪种应对措施？

应对措施A ——确保——→ 救活200人

应对措施B ——$\frac{1}{3}$的可能是——→ 救活600人
　　　　　 ——$\frac{2}{3}$的可能是——→ 一个人也救不活

如果你和大多数人一样——尽管你的行医资格证很可能是从一本数学游戏书中获得的——你应该会选择应对措施A。毕竟，拿200人的生命去赌

能救400人的机会是很渺茫的，这太鲁莽了。唉，这个抉择之后，我还有更
多的坏消息。

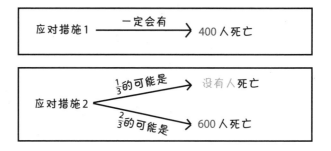

疾病再一次暴发，预计会有600人死亡。
医生，你的选择是什么？

应对措施1 ——一定会有——→ 400人死亡

应对措施2
1/3的可能是 ——→ 没有人死亡
2/3的可能是 ——→ 600人死亡

这次你的选择又是什么？

　　如果你和大多数人一样——当然，考虑到你坎坷的职业生涯，你可以
不和大多数人一样——你应该会选择应对措施2。因为应对措施1会导致
400人死亡，感觉像是医生的失职。而选择应对措施2至少表明你在试着去
救他们，即使这意味着让另外200人陷入危险之中。

　　问题在于，**以上2种场景下的选择是完全一样的。**应对措施A与应对措
施1相同。应对措施B与应对措施2相同。只是措辞不同而已。然而，措辞
就像指南针附近的磁铁，具有让我们的本能向不同方向旋转的力量。强调
能确保200人幸存，我们就会回避风险；强调有400人一定会死亡，我们就
会鼓起勇气、铤而走险了。为什么一个人命关天的重大决定会取决于遣词
造句这类微不足道的细节？

　　这个场景由心理学家丹尼尔·卡尼曼（Daniel Kahneman）和行为科学
家阿莫斯·特沃斯基（Amos Tversky）一起设计。前者直言不讳地说因为你
是个道德白痴。"你没有强烈的道德直觉来指导自己去解决这个问题，"卡
尼曼在《思考，快与慢》一书中写道，"你的道德感依附于一个个框架，依
附于对现实的描述，而不是现实本身。"在道德层面，这就相当于根据政客

穿什么裤子来选择支持谁。在此，我想代表世界各地的道德白痴叹口气：唉。

不过，如果我有资格反驳这位诺贝尔奖得主的话，我想说说自己稍微乐观一些的看法：没错，框架的力量很强大，但这也是我们可以利用的力量。好的框架是一种启发性的转述，能够把混乱转化为清晰，把绝望的混乱转化为有益的模式。

以我的朋友亚当·比尔德西（Adam Bildersee）对芭音游戏的巧妙重构为例。首先列出你可能掷出的每一个数字，然后再重复列一次，之后我们将通过圈出数字来表示选中了它。例如，你在游戏开局选的是16、24和34。

11, 12, 13, 14, 15, 16, 21, 22, 23, 24, 25, 26,
31, 32, 33, 34, 35, 36, 41, 42, 43, 44, 45, 46,
51, 52, 53, 54, 55, 56, 61, 62, 63, 64, 65, 66,
11, 12, 13, 14, 15, 16, 21, 22, 23, 24, 25, 26,
31, 32, 33, 34, 35, 36, 41, 42, 43, 44, 45, 46,
51, 52, 53, 54, 55, 56, 61, 62, 63, 64, 65, 66

把这个列表想象成你前进的跑道，目标是在到达跑道尽头之前集齐10个数字。如果得到某个新数字不会让你占用太多新跑道，那么这个数字就值得拿下。

嘿嘿。

11, 12, 13, 14, 15, 16, 21, 22, 23, 24, 25, 26,
31, 32, 33, 34, 35, 36, 41, 42, 43, 44, 45, 46,
51, 52, 53, 54, 55, 56, 61, 62, 63, 64, 65, 66,
11, 12, 13, 14, 15, 16, 21, 22, 23, 24, 25, 26,
31, 32, 33, 34, 35, 36, 41, 42, 43, 44, 45, 46,
51, 52, 53, 54, 55, 56, 61, 62, 63, 64, 65, 66

相比之下，在一个回合中占用多条跑道非常危险，因为你可能会很快用完跑道上的空间。

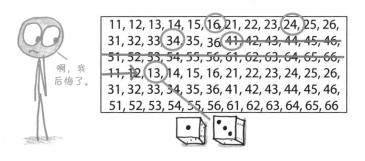

我们在这里发现了一个惊人的事实：关于游戏规则中的"重置"机会，即有时你从升调改为降调，重置并不是一个特殊的动作。如果你从跑道的第三行（以66结尾）走到第四行（以11开头），就会发生这种情况。例如，从54到13（重置）占用的跑道数量与从24到43（普通的移动）相同。

游戏刚开始时，你会觉得重置机会就像一个巨大的红色按钮，是每个回合只能发生一次的壮观事件。但事实并非如此。如果框架设计得当，它和其他走法没什么不同。

初次了解时

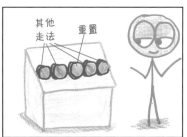
重构框架后

好的框架通常具有这样的效果，可以让悬崖峭壁现出原形，变回一座平缓的小山。举个例子，像我这样的婴儿爱好者面临的最大的问题之一是，我和妻子应该在什么时候要一个孩子呢？推迟几年是有好处的：我们会更成熟，财务状况更稳定，还可以从有孩子的朋友那里得到更多的旧衣服。但推迟也有风险，具体说来，就是年龄越大，就越难怀孕。

许多医学专家选择了一个特定的框架：他们把35岁视为一个明显的分水岭。在那之前，你的子宫散发着金色的光芒。过了这个时间点，你就进入了"高龄产妇"行列，仿佛一切都完了。[①]但这不是唯一的框架。经济学家艾米丽·奥斯特（Emily Oster）深入研究后发现，并没有出现这样的断崖。以下是来自数千名法国女性的数据，她们花了1年的时间尝试怀孕。

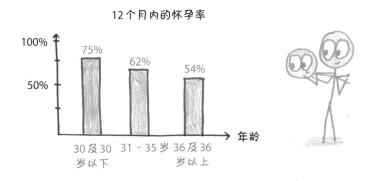

坏消息是，没有哪个年龄段可以保证百分之百怀孕。从十几岁开始，生育能力每年都会略有下降。好消息是，即使到了快40岁，你在1年内怀孕的概率仍然保持在50%以上。简言之，没有什么神奇的界限。35岁不是悬崖边缘，只是跑道上的又一步。

不过我得承认，"正确的"框架并不一定存在。例如，在卡尼曼的危险

---

① 顺便说一句，如果把35岁的人形容为"高龄"不会让你感到不安，就说明你距离35岁大概还有很多年，还太年轻。

疾病假设中，更准确地说，是"200人将活下来"或"400人将死去"的框架。即便前者听起来稍微温和一些，实际上还是同一个冷冰冰的决定。

此外，即使构建了巧妙的框架，也未必能让人立即给出答案。例如，在琶音游戏中，考虑是否使用投掷出来的数字时，你愿意消耗多少个跑道？7个？还是10个？事实或许不会令你满意，因为这取决于你列表的长度、对手列表的长度，以及双方各自还有多少回旋的余地。如果这是一款骰子游戏，那么想象一下现实生活中的复杂决策吧，比如如何消除流行病，或者什么时候生孩子。[1]

我们能做的最多就是寻求清晰、明智的框架，让风险与回报变得清晰可见，抵制简单的二元对立，突出真实的取舍。即使在一个充满运气的世界里，我们也有责任做出最好的决定。

变体及相关游戏

多人琶音：玩家可以多达6名。大家围成一个圈，交替升调和降调，然后把被"过"的骰子移到左边。

升调游戏（单人）：游戏从**10个空格**的列表开始。先掷骰子，每次掷完骰子，你必须在列表的某个地方**写下由骰子掷出的点数组成的两位数**（组合顺序不限）。这个数字不一定要放在列表顶端，任何位置都可以。和琶音游戏不同的是，**你的列表只能升调，不能降调**。如果填满了10个空格，你就赢了。如果碰到一个放不进来的数字，你就输了。

---

① 容易做的决策有"如何对待婴儿"（温柔地对待）和"应该何时发生流行病"（永远不要发生）等。

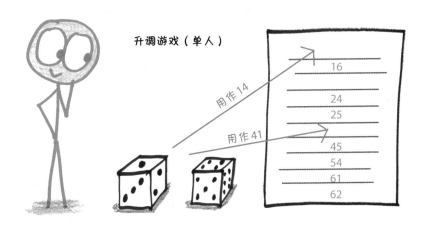

升调游戏（单人）

用作 14

用作 41

升调游戏（适合 2 ~ 10 人）：乔·基森韦瑟设计了这款巧妙的小游戏。玩家们从一个包含**15 个空格**的列表开始。玩家们共享掷骰子的结果，所以每次掷完后，**每个人都必须在自己的列表上写下由骰子掷出的点数组成的两位数**（组合顺序不限）。不能选择跳过。最后，连续升调数最多的玩家为赢家。

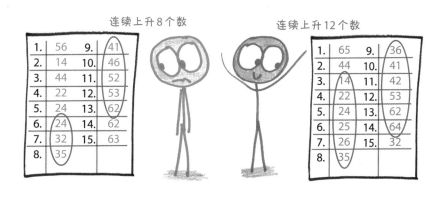

连续上升 8 个数   连续上升 12 个数

离谱游戏

不确定世界的不确定问答游戏

　　我对各种琐碎的冷知识都很感兴趣，比如天炫男孩乐队[①]、薯片乐队、萨尔萨舞[②]……反而某些有用的知识令我感到厌烦。

　　离谱游戏简直就是为像我这样的人量身设计的。在游戏中，你回答某个问题（如耶稣有多少使徒）时不是用具体的数字，而是一个范围。如果你错过了正确答案（如"50 ~ 100"），就不能得分（因为你"离谱"了），但如果你捕捉到了正确答案，说的范围越小，得分就越高（也就是说，"10 ~ 13"会比"11 ~ 18"的得分高）。

　　总之，游戏的重点不是你知道什么，而是认识到你不知道什么。

这个游戏怎么玩?

　　你需要准备什么？4 ~ 8名玩家（3名也行）、笔和纸，以及（至少在游戏刚开始的那几分钟内）能上网。

---

① 由5个从美国回来的男孩组成的乐队，成立于1998年10月，师承陶喆，以其优美合声在华语乐坛异军突起。——译者注
② 一种拉丁风格的舞蹈，其热情奔放的舞风不逊于伦巴、恰恰，但比它们更容易入门。——译者注

（有史以来最老的大猩猩活到多少岁？）　　（1千克纸有几张？）　　（澳大利亚有多少个城市的人口超过100万？）

玩家的目标是什么？ 每个问题的正确答案都是一个数字。玩家要根据问题猜测一个数值范围，这个范围应在包含正确答案的基础上尽量缩小。

游戏的规则是怎样的呢？

（1）一名玩家——这一轮的裁判——宣布一个问题。其他玩家扮演猜测者的角色，**每个人都偷偷地写下一个数值范围。**

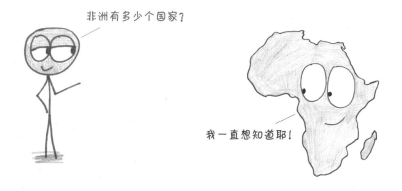

（2）当所有人都把答案写在纸上时，谜底揭晓。**目标是捕捉到真正的答案，**同时尽可能缩小你的范围。

（3）由裁判揭晓正确答案。**猜错的人得0分**，无论他们的结果与答案有多接近（这是最痛苦的事情）。相反，**每有一名玩家猜错，裁判就得1分作为奖励。**

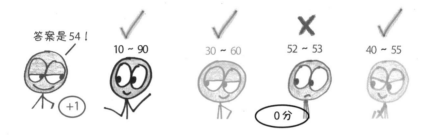

（4）然后，针对包含有正确答案的玩家，将他们**按照从最小范围（最令人印象深刻的猜测）到最大范围（最不令人印象深刻的猜测）排序**。

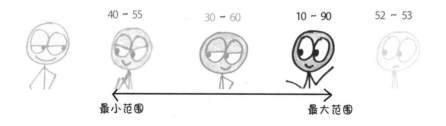

（5）这些玩家**每击败一个对手，得1分**。请注意，他们都击败了猜错的玩家。

（6）玩足够多的回合，使**每个人当裁判的回合数相同**。最后，得分最多的玩家就是赢家。

游戏体验笔记

当第一次写猜测的范围时，你往往会自我感觉良好。

然后，当答案揭晓时，你将会为自己频繁错过正确答案而震惊不已。

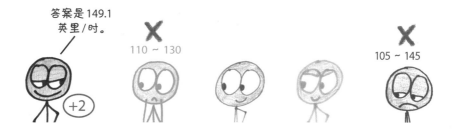

这就产生了一种"扩大范围"的动机。只要承认自己无知，你就有机会击败猜错的玩家，从而获得分数。

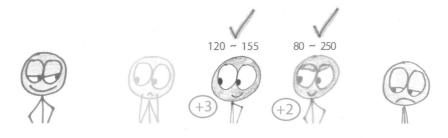

不过话说回来，如果每个人都在扩大范围，就会出现"缩小范围"的动机。在一个人人都猜0~100万的世界里，猜5~500的人就会成为王者。为了探索这一动态过程，让我们将目光聚焦于一个由2名玩家参与的简单问题上。

掷一个10面骰子，问题是："会出现什么数字？"

如果我猜的范围很大，如1~8，那么你的最佳选择就是1~7。这样的话，如果答案是1、2、3、4、5、6或7，你就可以凭借选择了较小的范围获胜。如果答案是9或10，就没人答对，出现平局。只有在骰子出现8的情况下，你才会输。

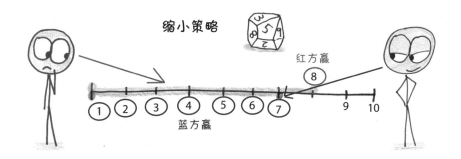

如果我猜的范围很小，如1~3，你要怎么办？在这种情况下，你的最佳选择是尽可能地扩大范围，如1~10。这样的话，如果答案是1、2或3，你会输，但如果答案是4、5、6、7、8、9或10，你就会赢。这样的妥协是值得的（比选择"1~2"这一缩小策略明智）。

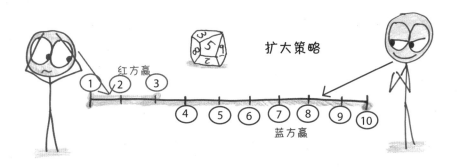

简言之，如果我猜的范围大，你就将范围缩小一些；如果我猜的范围

小，你就将范围扩大一些。正因如此，我才不会傻到告诉你我要选的范围。相反，我会随机选择答案，你最好也这么做。根据博弈论，我们可以计算出最优概率。

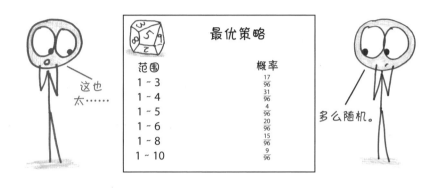

太奇怪了，对吧?

　　你的最佳策略会根据问题、分数、你自己的知识面，以及玩家的数量（玩家越多，你选择的范围就越大）而不断变化，我希望这能让你感受到游戏中微妙的紧张感。

这个游戏从何而来?

　　在道格拉斯·哈伯德（Douglas Hubbard）的《数据化决策》（*How to Measure Anything*）一书中，我遇到了10个极端离谱的问题，以及一条指示：让所猜答案的范围足够大，这样你就有90%的把握捕捉到真正的答案。正好是90%，不多也不少。作为一名数学老师、一名概率爱好者，以及"一个机器人"（兄弟姐妹们对我的描述），我觉得自己肯定能达到90%的正确率，哪怕10个里面错1个，也可能错0或2个，这就看我的运气了。

　　事实上，我错了4个。

　　看着自己从胜券在握的A-变成了D-，我产生了一个小小的信心危机。其实这并不奇怪，因为我的自信就是问题所在，它如同脱缰的野马一般狂奔，对着松鼠咆哮，追逐车辆。现在，我自知过于自负了，所以怎么还会相信自己有能力计算出生活中的风险与回报呢？

　　受此启发，我设计了一款名为"离谱游戏"^①的课堂游戏。其他人也独立发展了同样的概念。

为什么这个游戏很重要？

　　因为如果要冒可计算的风险，你必须知道自己计算的极限。

　　人类并不完美。你我的世界观，是事实与虚构、历史与神话，以及"西红柿是一种水果"和"我没骗你，你不能在水果沙拉里放西红柿"的混合物。问题不在于我的信念是对是错——我的信念有对有错，各占半壁江山，问题在于我是否能把两者区分开来。但遗憾的是，我们大多数人都做不到。我们以一种虚张声势、无师自通的自信态度来表达自己的观点，无论对错。

　　在一项经典的研究中，心理学家波琳·亚当斯（Pauline Adams）和乔·亚当斯（Joe Adams）测试受试者如何拼写复杂的单词，并要求他们对拼写每个单词的信心打分。受试者偶尔会说"100%确定"，这意味着板上钉钉的确定性，百分百的确定。理论上，如果你每次声称100%确定时我都录下来并剪辑成视频，应该完全不存在你说错的情况。

　　现实却恰恰相反，在这种100%确定的答案中，研究发现错误率为20%。"我绝对肯定，我愿意用我的猫的生命打赌"——翻译过来就是"嗯，大概是五分之四吧"。

---

① 一开始我把它叫作"谦逊游戏"，因为这是取胜所需的品质（也是我那些精力旺盛的学生经常缺乏的品质）。我的朋友亚当·比德西（Adam Bildersee）后来建议使用听起来更诙谐的"离谱"。

　　稍微的自信过度并不是什么罪行，至少在大多数司法管辖区不是。它甚至可以帮助我们，给我们勇气去开始一个雄心勃勃但可能失败的项目，比如写小说、竞选政治职位，或把收件箱里的未读邮件清零。尽管如此，但当人们一起工作时，还是需要相互分享知识。如果每个人都无法区分自己的知识和无知，那就注定要失败了。如果我们连真钞和假钞都分不清，那么把钱集中起来还有什么意义呢？

　　幸运的是，有少数出类拔萃的人（被称为"统计学家"）已经学会了如何在这些不确定的黑暗隧道中航行。这些人会毫不含糊地告诉你，没有什么是真正确定的。

　　想象一下，一项研究发现，美国人平均每天想到奶酪 14.2 次。无论研究人员多么谨慎，或者格吕耶尔奶酪的网站做得多么诱人，人们对这一数字还是有些许怀疑。也许真实的答案略低一些（因为我们调查的是一个特别喜欢奶酪的群体）或略高一点（因为我们的研究对象非常讨厌奶酪）。

　　解决办法是采用一个置信区间。或者更好的是，一组置信区间。

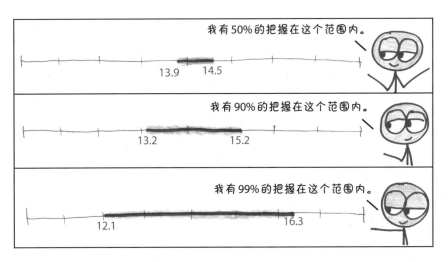

　　这样的区间体现了一种内在的权衡。你可以给出一个小而精确的范围，也可以给出一个大的范围——这样几乎能捕捉到真正的答案。但是二者不可得兼。范围越小，失准的风险就越大。

　　离谱游戏也需要同样的权衡。你可以给出一个小的范围，这可能会让你得到很高的分数。或者你可以给出一个大的范围，这可能会增加你得分的机会。但是二者不可得兼。

　　以上任何一种策略的执行，都要求你追求一种独特的心理状态：良好的校准。这意味着你的自信要与你的准确度相匹配：当你有90%的自信时，就有90%的概率是对的；当你有50%的自信时，就有50%的概率是对的。

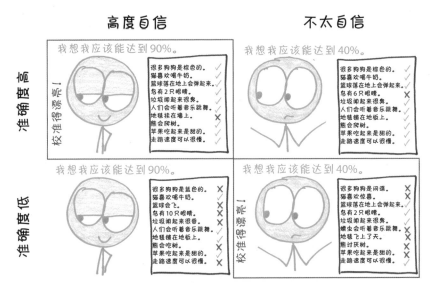

也就是说，你要说到做到。主观感受与客观成功要保持一致。

需要明确一点，良好的校准算不上什么美德。如果你有 50% 的把握认为鲨鱼是一种鱼（正确），50% 的把握认为土拨鼠是一种鱼（不太正确），即使你校准得很好，但你是个傻瓜。与此同时，如果你有 5% 的把握认为用于实验的炸弹会摧毁地球上的一切生命，然后耸耸肩开始倒计时，那么你可能校准得很好，也可能不好，但你绝对是个怪物。

良好的校准并不足以让人做出好的判断，但它可能是后者的必要条件。像离谱游戏这类游戏，则为你提供了一个观察自己校准的独特视角，以及一个改进它的训练场。

当我妻子读数学研究生时，我们会在周四晚上和她项目组里的一些朋友去酒吧里玩智力问答游戏。我们队每周都会赢，而且通常以同样的方式获胜：在主题环节（体育、地理和音乐等主题）中和对手不相上下，但在最后的常识环节中大获全胜。这就有点神秘了。如果另一队在历史、科学和电影方面的表现超过了我们，他们不应该在常识方面也超过我们吗？

最终，我为我们莫名其妙的胜利想了一个奇怪的原因。在主题环节中，每个小队都可以把答卷交给队伍中相关的专家，如体育迷、音乐专家和地理专家，并听从他们的意见。但在常识环节中，没有专家可以提供指导，每个人都有自己的想法，于是很快就会出现四五个建议，其中可能有一个是正确的。但你怎么知道哪个是正确的？小组成员如何确定选出的是正确的答案，而不是最自负的答案呢？

这就是数学家们的闪光点。数学研究会迫使你仔细区分无懈可击的知识、可靠的信念、似是而非的预感和盲目的猜测。我们的队友从不会因为答案是自己提出的而竭力争取。这样一来，真相就会逐渐浮出水面。数学家有着过人的校准能力。

以上这些都是我个人的想法。也有可能是因为到了最后一轮，其他人都喝醉了，而数学家的酒量更好。就像其他事一样，我永远无法百分之百确定。

变体及相关游戏

比值评分：假设我们猜测地球到月球的距离。我写的是"3 000 ~ 300 000英里"，而你写的是"100 000 ~ 400 000英里"。我们都猜对了（真相是239 000英里）。根据规定，我的范围要小一些。但我猜得真的更准确吗？根据我猜测的范围下限，月球和地球之间的距离可能比纽约和伦敦之间的距离还要近。而你的猜测似乎合理得多。你不应该得分更高吗？

这个矛盾的解决办法是，**不用减法，改用除法判断范围的大小**。也就是说，计算比值，而不是差值。在这里，我的比值是100（300 000除以3 000），而你的比值只有4（400 000除以100 000）。所以，你的猜测更精确。

对于范围可能跨越几个数量级的问题（如拉斯维加斯的老虎机数量），我推荐使用这种评分系统。对于更有限的范围（如某个名人的年龄），原来的评分系统更合适。

没有答案的答题游戏：多年前，数学家吉姆·普罗普（Jim Propp）和他的2个朋友在一次长途飞行中发明了这个奇怪的宝藏游戏。这几乎是一个矛盾的术语：一个可以用来玩的答题游戏，即便永远不知道答案。

玩家的数量可以是任何一个奇数。玩家们轮流提出一个关于**数字的小问题**（如巴里·邦兹在他的职业生涯中打出了几支本垒打？）。然后所有人（包括提问者）**写下一个秘密的猜测**。当结果揭晓时，**所猜数字是中位数的玩家就是赢家。**

例如，如果3次猜测分别是900、790和2 000，那么猜出900的人就是赢家。不要介意真相是762。你的目标不是试图猜出正确的答案，而是要在朋友的答案之间找到那个答案（不过在实践中，这通常也意味着你在努力猜正确的答案）。

关于提问题的建议

在游戏开始前，花10分钟浏览谷歌或维基百科，这样轮到你当裁判时，你已经准备好了2 ~ 3个问题。

首先，**要迎合你的受众**。如果是太过刁钻古怪的难题，只会让玩家耸耸肩，然后给出一个很大的范围。最好的问题应该是诱人的：你不知道答案，但我觉得你应该知道。

其次，**措辞要尽量精确**。在必要时，可以指定单位（如以英里为距离单位）、日期（如截至2019年的人口）和来源（根据维基百科上的电影预算）。

以下有一些建议。你也可以利用它们来激发其他想法，比如换一个不同的名人、地方、世界纪录或流行文化片段等。

- 杰米·福克斯（Jamie Foxx）的年龄
- 亚伯拉罕·林肯（Abraham Lincoln）去世时的年龄
- 史上最老的海牛的年龄
- 朱迪法官每年赚多少钱
- 今天是这个月的第几天（在不看日

历的情况下）

- 地球到月球的距离（以英里为单位）
- 从纽约到洛杉矶的距离（直线距离）
- 史上最高的冰激凌蛋筒的高度
- 史上最高的WNBA球员的身高
- 有记录以来最高的陆地温度
- 《波希米亚狂想曲》的时长
- 加拿大海岸线的长度
- 如果一集接一集地看《辛普森一家》，每集的时长
- 纳尔逊·曼德拉（Nelson Mandela）的刑期
- 最长的指甲长度
- NBA赛季场均篮板纪录
- NFL单赛季拦截次数纪录
- 《芝麻街》的集数
- 得克萨斯州的嵌入式泳池数量
- 明尼苏达州的湖泊数量
- 我从约2米远的地方将金鱼饼干扔向那个碗成功的数量（10个）
- 阿加莎·克里斯蒂（Agatha Christie）出版小说总量
- 企鹅的种类数
- 能向后飞的鸟类的种类数
- 詹妮弗·洛佩兹（Jennifer Lopez）的录音室专辑总数
- 美国有野生短吻鳄的州的数量
- 哈姆雷特"生存还是死亡"独白的字数
- 1992年，罗斯·佩罗（Ross Perot）赢得的总统选票的百分比
- 美国成年人中，相信巧克力牛奶来自棕色奶牛的比例
- 认为自己是男性的美国人口比例
- 全球大西洋海雀的数量
- 南美洲的人口数量
- 美国公民平均每天产生的垃圾重量
- 梵·高画作的最新售价
- 《哈利波特与魔法石》初版的出版日期
- 第1 000个质数是什么
- 我手上的这颗球从齐腰高度掉在地上，到停止滚动时所需的时间
- 根据谷歌地图，从这里开车到帝国大厦所需的时间
- 《复仇者联盟4：终局之战》总票房
- 迪士尼公司的总市值
- 座头鲸的平均体重
- 最后一位法国国王出生的年份
- 首次颁发诺贝尔奖的年份

纸上拳击

争取险胜的游戏

这种用纸笔模拟的拳击游戏实在太容易与真正的拳击运动混淆。两者都是在15轮残酷的搏斗中击败对方，都可以穿闪亮的短裤比赛，都需要有人在角落帮你擦汗并低声念叨"你可以的，冠军，你可以的"。不过，如果你仔细观察，还是会发现一些明显的差异。

普通拳击	纸上拳击
数百万美元的奖金	数千亿美元的奖金
世界冠军被迫戴上笨重的腰带	世界冠军可以戴任何款式的腰带
面对弗洛伊德·梅威瑟①会非常危险	面对弗洛伊德·梅威瑟只有一点危险
决斗唤醒了我们原始的竞争本能	决斗唤醒了我们……这不算区别

不管怎样，请不要在纸上拳击中打对手的脸。数字会帮你解决他的。

这个游戏怎么玩？

你需要准备什么？　2名玩家、2支笔和4张纸。先把2张纸放在一边，在剩下的2张纸上，每个玩家画一个4×4网格，左上角留空，**然后偷偷地用数字1～15填满其他方格。**

---

① 弗洛伊德·梅威瑟（Floyd Mayweather，生于1977年），美国职业拳击手，先后获得5个级别的拳王金腰带。——译者注

玩家的目标是什么？ 在15轮比赛中赢得大部分胜利。

游戏的规则是怎样的呢？

（1）2名玩家并排坐，**向对方展示自己的网格**。在整个游戏过程中，这2张纸要保持正面朝上并能被对方看到。然后，拿出另一张纸，**偷偷写下你的第一个数字**。它必须是与第一张纸中左上角的空格相邻的3个数字之一。

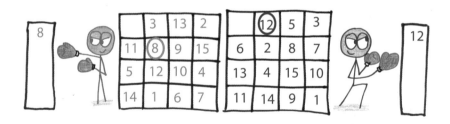

（2）**向对方展示你选的数字**。**谁的数字更大，谁就赢得了这个回合**，得1分。如果平局，双方都不得分。不管结果如何，每个玩家都要在空格和所选的数字之间连一条线，**用来记录自己的路径**。

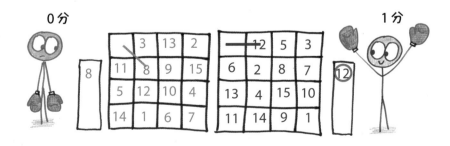

（3）重复这个过程，不断向相邻的数字移动。**你的路径可以沿着对角线交叉，但不能再返回任何走过的方格**。在每个回合中，**数字更大的玩家得1分**。

（4）如果你**把自己困住**，你的路径就不能再继续了。这样一来，你实际上就**为剩下的所有回合选择了数字0**。

（5）**谁赢的回合更多**（也就是得分更高），谁就是冠军。游戏可能会出现平局。

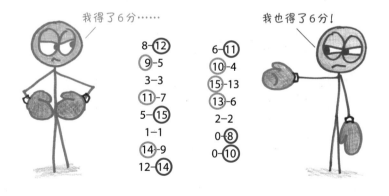

游戏体验笔记

你不可避免地会输掉几个回合，但你应该把这些失败看作机会。[①] 在你的失败中，尽量使用较弱的数字（如 1、2 和 3），来消耗对手较强的数字（如 13、14 和 15）。他们在压倒性的胜利上浪费的资源越多，你能险胜的次数就越多。

简言之，这个策略就是，**大输小赢**。

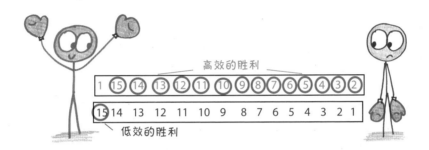

在此之后，还有第二个层面的策略：规划你的总体路径。这个网格上有无数条路径可走：大约有 38 000 条路径可以到达这 15 个方格，另外还有 300 000 条路径可以到达大部分方格，然后在某个地方卡住。[②] 早期糟糕的选择可能阻碍你未来的选择，让你的最后几步注定为 0，并使接下来的局面被对手完全控制。但是通过仔细的计划，你可以将畅通的路径保留到最后一刻。

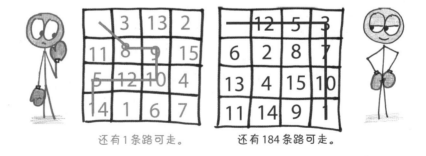

还有 1 条路可走。   还有 184 条路可走。

---

① 除非你每个回合都打平，但这样既不好玩也不可能。

② 有 91 000 条路径会错过最后 1 个方格，有 102 000 条路径会错过最后 2 个方格。但也有一些更糟糕的路径：只要走 5 步就结束了，这样的路径共有 22 条。

第三个层面的策略（对我来说也是最令人费解的）是先设计好网格中数字的排布。1～15在这个网格中有超过1万亿种排列方式，但我发现几乎不可能分辨哪些好、哪些不好。这就像试图从一桶干豆子中筛出一把可以用来换奶牛的魔豆。

我的建议是随机分配你的数字，这样你至少还能留一条畅通到底的路径。

这个游戏从何而来？

锡德·萨克森在1969年出版的《游戏之域》（*A Gamut of Games*）一书中介绍了纸上拳击。我尝试修改他巧妙的原版规则，并应用了其中2个。第一个是一个小变化：如果你把自己困住了，你不会马上输掉这个回合（在萨克森的版本中，你会直接输掉），但在剩下的回合中，得分为0（作为一个偶尔会碰到停车计时器的人，我想减轻对拐错弯的处罚）。第二个是一个重大变化：在萨克森的原版游戏中，数字是公开选出来的，上一轮的赢家先选，第二个选的人可以清楚地看到第一个人选了什么（我更喜欢同时进行秘密选择，在我看来，这会让游戏更有冲击力）。

为什么这个游戏很重要？

因为它正在威胁美国的民主。

"输大赢小"的策略不仅可以用在纸上拳击中，还适用于任何满足以下2个条件的情况：①你需要将有限的资源分散到多个项目中；②成功和失败之间有一条明显的界线。例如，一个冷酷无情、只追求成绩最大化的学生宁愿以最低的93分拿到A，也不愿获得可以稳稳当当拿A的99分。因为多出来的这6分需要以牺牲学习其他课程或玩《使命召唤》的时间为代价。一场优势明显的胜利根本算不上胜利，而是一次失败，因为它消耗了你本可以用在其他地方的资源。

我并不是说追求成绩最大化的学生威胁到了我们的公民生活。他们或许存在一定威胁，但更大的威胁是我们新发现的一种技术——立法版的高风险纸上拳击（又被称为不公正划分选区的风险与回报游戏）。

这个游戏是这样玩的：在某个特定的州，大约一半的人投票给红象，一半的人投票给蓝驴。[①]你的任务是把这个州划分成大小相等的选区。在每个选区，得到更多选民支持的政党会获得1分，也就是在立法机构中获得一个席位。你能让自己所支持政党的得分最大化吗？

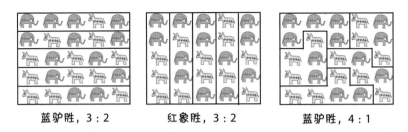

蓝驴胜，3∶2　　　　红象胜，3∶2　　　　蓝驴胜，4∶1

选民是一种有限的资源，分布在多个选区，每个选区胜利与失败的界限都是50%。因此，你希望在少数选区惨败，这样就可以在其他选区以微弱的优势获胜。

想想那些被浪费的选票吧。以1 001∶1 000获胜是令人愉快的：你没有浪费一张票，而对手浪费了他们所有的选票。不过，同样令人高兴的是，以2 001∶500输了：当然，你输了500票，但对手浪费了1 500票，以不必要的巨大优势获胜。通过调整选区的划分，可以浪费对手的选票，这样即便你的总票数落后了，但得分数仍然领先。

1个大胜利　　　　　　　　　　　　　　　　　4个小胜利

---

① 红象和蓝驴分别代表美国的两大党派——共和党和民主党。——译者注

几个世纪以来，美国人一直在玩这个游戏。"gerrymander"（为政党利益改划选区）一词由《波士顿公报》于1812年创造，是"Gerry"［马萨诸塞州州长埃尔布里奇·格里（Elbridge Gerry）的姓氏］和"salamander"（火蝾螈，因为格里提议的选区扭曲得就像爬行的火蝾螈）这两个词的合成词。[1]

在美国历史的大部分时间内，为政党利益改划选区所带来的，与其说是一种威胁，不如说是麻烦。首先，很难实现手动划分选区。此外，政治风向只要出现一点微小的变化，就有可能把微弱的胜利变成微弱的失败。在谨小慎微和估算失误的拖累下，为政党利益改划选区更像是一门伪科学——用于争夺权力的颅相学，而不是科学。直到2000年，野心勃勃的选区划分者仍在黑暗中蹒跚前行。

然后，大数据出现了。2010年，各政党可以在数十亿张地图上模拟选举结果，并从中选出效率最高的结果。他们也正是这么做的。2018年，民主党在威斯康星州赢得了53%的选票，但由于选区的改划，共和党赢得了63%的州议会选区。

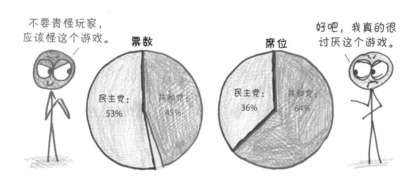

为什么不明令禁止火蝾螈状选区的出现呢？好吧，正如数学家穆

----

[1] 我的朋友大卫·利特（David Litt）是《一本书讲民主》（*Democracy in One Book or Less*）的作者，他在书中提出了一个重要论点："《波士顿公报》的编辑似乎完全不知道火蝾螈长什么样。"大卫解释说："在那幅著名的漫画中，这种生物长着龙的翅膀、鹰的爪子、蟒蛇的脖子、秃鹫的嘴，以及食人鱼的牙齿……整幅画是对爬虫学的极大冒犯。"

恩·达钦（Moon Duchin）所指出的：①很难定义"火蝾螈状"；②即使你能定义，也解决不了问题，仍然有无数张不公平的地图可供选择，让你可以在形状完美的区域中建立压倒性的优势。

那么，为什么不要求席位的比例与选票的比例一致呢？因为就算没有改划选区问题，也没法实现这一点。你可以尝试将红色颜料和蓝色颜料按55∶45的比例混合，然后将混合物分成若干小份，每一份混合物中红色颜料都会"赢"。有些国家实行比例代表制，但无论这种制度是好是坏，美国人从来没采用过。

我们能做什么呢？

穆恩·达钦曾对《量子杂志》（Quanta Magazine）的编辑说："在代议制下，有很多不同的理念在互相拉扯，如多数决定原则、少数派的声音、与实际社区而不是几何形状相对应的区域，等等。所以你需要学会如何权衡你的优先事项，而不是试图找到解决某事'最好'的办法。"

游戏中有赢家和输家，但在最理想的情况下，民主国家中没有赢家和输家。人们会有冲突，但冲突导致对话，对话导致妥协。即使永远无法达成共识，至少我们还能继续玩下去。

变体及相关游戏

传统纸上拳击：从上一轮的赢家开始，玩家以公开的方式轮流选数字。在第一个回合，从与空白方格相邻的数字之和最大的人开始。

纸上综合格斗：代替数字 1～15，你可以用任意 15 个整数（包括 0）——它们的总和为 120——来填满自己的棋盘。

如果你愿意，也可以用以下规则来限制可能出现的棋盘种类：

• 必须包含一个大于或等于30的数字。

• 不能使用大于15的数字。

• 最多可使用5个不同的数字。

• 必须使用至少10个不同的数字。

• 一名玩家必须全部使用偶数，另一名玩家必须全部使用奇数（和为121）。

布洛托： 这种速度极快的游戏是简化的纸上拳击，在博弈论的发展中发挥了关键作用。每名玩家**按照从小到大的顺序写一个包含3个整数的秘密列表**。允许数字重复，但全部数字**加起来必须等于20**。然后，比较玩家们的列表。在同一行中，数字最大的玩家获胜。获胜次数最多的玩家则是整场游戏的赢家。

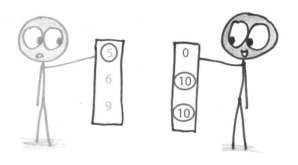

对于多人游戏（或更复杂的游戏），你可以调整规则中的部分参数。例如，写下和为100的5个数字，或者和为500的10个数字。

布洛托通常被视为一款军事游戏，每名玩家拥有20支"部队"，部署在3个"战场"上。但我更喜欢数学老师兼高尔夫教练扎克·麦克阿瑟（Zach McArthur）的比喻，他把这个游戏比作"一个曲形球道顶部设有沙坑的标准四杆洞"。他解释说："刚开始时距离很远，然后每一次击球，你都试图把角削得近一些，直到最终把球打进沙坑，然后再从很远的地方开始。"虽然我听不懂他在说什么，但我明白他想表达的是什么。

　　脚步游戏： 在这款双人游戏中，你和对手要争夺一头可爱的驴子的宠爱。开始时，驴子站在赛场中央，离每个玩家都是 3 步远。每个玩家手中都有 50 粒燕麦。在每个回合中，他们会秘密地给驴子展示一定量的燕麦。然后，**驴子向展示燕麦最多的玩家迈出 1 步。** 注意：即使驴子拒绝了你的燕麦，燕麦也不会再回到你的手中。**如果驴子最后走到你面前，你就赢了。**

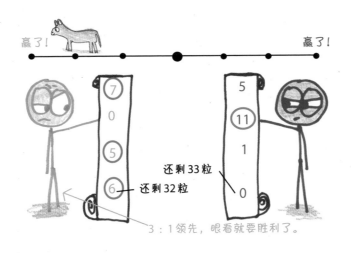

　　如果 2 名玩家的燕麦都用完了，那么**驴子离谁更近，谁就是赢家。** 但要注意，如果你的燕麦都用完了，而对手手中还有一些，那你就只能眼睁睁地看着对手以 1∶0 的比分一遍又一遍地获胜，直到驴子最终走到对方面前。

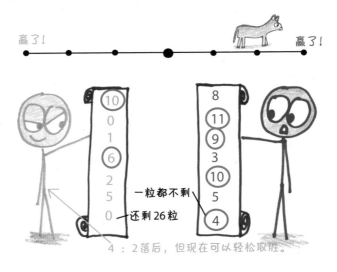

赛车游戏

关于物理学的游戏

我认为，只有一款游戏的简历中可同时拥有以下2个战绩：

（1）深受感到无聊的学生的喜爱，他们会在课堂上小心翼翼地玩它，以此打发时间。

（2）深受科学老师的喜爱，他们会用它来解释惯性和加速度等概念。

也许在某个神奇的日子，2个吊儿郎当的高中生偷偷翘了物理课，在某个地方玩起了这个物理老师准备让他们在课堂上玩的游戏。

这个游戏怎么玩?

你需要准备什么? 2名玩家、1支黑色的笔、2支彩笔和1张方格纸。用黑色的笔画一条**赛道**，蜿蜒曲折程度可以根据你的喜好设计，只要能看清楚哪些网格交叉点位于赛道内部、哪些位于赛道外部就行。然后画一条起点线或终点线，并标出每辆车的起点。

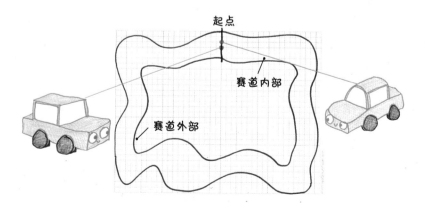

玩家的目标是什么？利用惯性在对手之前越过终点线。

游戏的规则是怎样的呢？

（1）在每个回合中，将你的车**沿直线移动一定距离**［我会根据规则（4）解释细节］。**你不能移动到对手当前所在的位置**，但可以移动到对手已经经过的位置。

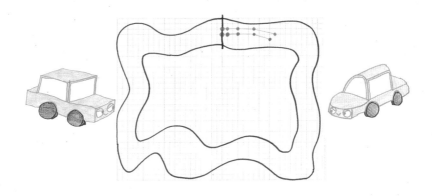

（2）**如果车撞到墙或者离开赛道，你将出局并轮空2个回合**。之后从赛道上离你出局位置最近的点重新开始。

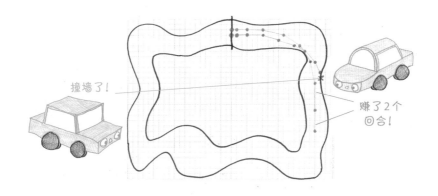

（3）**第一个跑完全程并冲过终点线的就是赢家**。如果2名玩家在同一回合内完成整个赛程，那么冲过终点线距离较远的玩家获胜。

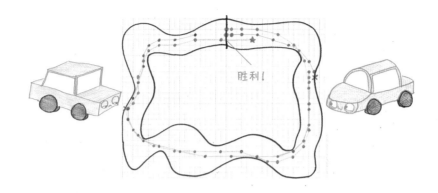

（4）现在，最重要的规则是，车如何移动？**由惯性决定**。不管你的车在上一回合做了什么，在这一回合它会做同样的动作——如果你愿意，你可以在垂直和水平方向上都调整一格。

假设你在上一回合向右走了3步，那么在这一回合中，你有3种水平运动的选择：**向右移动2步、3步或4步**。

假设你在上一回合向下走了1步，那么在这个回合中，你也有3种垂直运动的选项：**向下移动0步、1步或2步**。

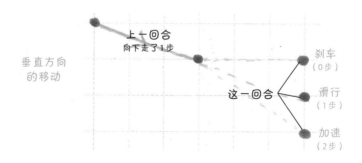

这些选择是独立发生的。例如，你可以在水平方向上选择加速，同时在垂直方向上选择刹车，反之亦然。因此，一共可以产生9种可能的移动方式。

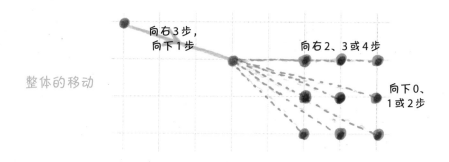

注意：当游戏开始（或在撞墙后重新开始）时，假设你"上一回合"中任何方向上的移动均为0步。

游戏体验笔记

伴随着令人扼腕的交通事故和戏剧性的劫后余生，赛车游戏或许是一张方格纸上能够降临的最惊心动魄的命运。

这个游戏更妙的一点在于一旦你掌握了规则（这可能需要一点耐心），游戏将开始与现实生活中的物理学现象梦幻联动：为什么不能向右移4格，然后向左移3格？其中的原因和现实生活中车辆不能在高速行驶时突然掉头一样。

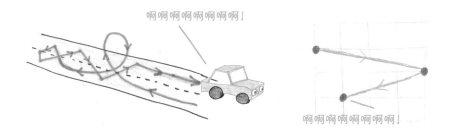

你要学会小心地调整自己的速度。如果在直道上开得太慢，就会浪费

宝贵的时间；但如果开得太快，下一个弯道你就很难刹车了。简言之，它就像真正的赛车，但碳排放很少。

这个游戏从何而来？

与许多民间游戏一样，赛车游戏的起源已经被遗忘在时间的长河中，不过"20世纪60年代的西欧"似乎是一个可信的来源。1971年，这个游戏的法语版本以极酷的名字"Le Zip"发布。1973年，在《科学美国人》上的一篇专栏文章中，马丁·加德纳（Martin Gardner，一位计算机科学家在瑞士接触到这款游戏，后将其介绍给了加德纳）称这款游戏在美国"几乎不为人知"。

不管怎样，这个游戏在1973年登陆美国后，迅速成为学校宿舍里的"明星"。在伊利诺伊大学，它的一个初级电脑版本非常受欢迎，很多学生都沉迷其中，为此校方还下了一周的禁令。

为什么这个游戏很重要？

因为风险与回报无处不在——即使在冷酷无情的宿命论世界里，它也存在。

"每一个物体，"艾萨克·牛顿爵士写道，"都在保持静止状态，或者沿一条直线匀速运动，除非它受到外力的作用，被迫改变这种状态。"几个世纪以来，我们一直在用不同的语言转述牛顿的智慧，比如"静止的身体往往会保持静止""运动的身体往往会保持运动"或"尽情摆动你的身体，后街男孩回来了"[1]。

这些公式都可以被归结为一个令人兴奋但又恐怖的想法。绕地球轨道

---

[1] 后街男孩的歌曲《每一个人》（*Everybody*）中的歌词。——译者注

运行的行星、坠落的苹果、20世纪90年代男团的复兴等，都遵循着普遍的运动定律。它们沿着原来的路一直往前走，直到某些外力出现并改变其运动方向。

赛车游戏将这一原则付诸了行动。你的汽车的行驶状态和上一次一样，除非你稍微施加些外力，加以调整。这个纸质版的惯性设计得如此巧妙，连《汽车与驾驶员》杂志都称赞它的逼真程度"几乎是超自然的"。

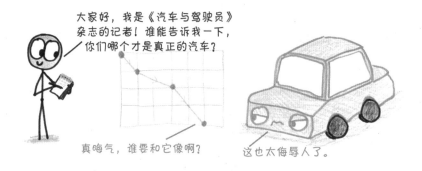

虽然不包含随机性，但赛车游戏提供了一种关于风险与回报的基本体验。一方面，你可以谨慎行事，每次只移动几个方格，远离围墙，将碰撞的危险系数降到最低。另一方面，你也可以全力以赴，把速度提到很高，贴着围墙跑，祈祷自己能避免一场严重的车祸。在赛车游戏中，奖励是速度，风险是车祸，你的任务就是在两者之间取得平衡。

我们探索的其他风险与回报游戏都包含一些不可知的元素。你无法预见骰子在琶音游戏中如何落地，或者对手在削弱游戏、离谱游戏或纸上拳击中选择什么。相比之下，赛车游戏几乎是透明的。从理论上讲，你可以在游戏开始之前，计算出行车的最佳路线，并规划你到达最后一个方格的路径。不过你不会这么做的，因为这会花费你很长的时间，最终导致对手不耐烦地退出游戏，去找更有趣的玩伴。

这里的风险与回报并不是不可知的，只是暂时未知而已。

对某些哲学家来说，这种区分非常重要。未来是否从根本上是不可知的（因为它仍可能以多种方式展开），还是仅仅是未知的（因为它超出了我们的计算能力）？第一种情况允许自由意志存在，第二种则可能不会。这样看似乎有很大的区别。

但是话说回来，我无法预见的未来和我暂时无法预见的未来又有什么区别呢？不管怎样，我能做的就是比较可能的结果，权衡它们的可能性，并承担一定的风险。

一个具有本体不确定性的世界　　　　一个只有认知不确定性的世界

你能找出10个不同点吗？
（答案：不能，因为主观体验完全相同。）

赛车游戏提供了有限数量的转弯选择。当你像恶魔一样加速时，你可以①让你的速度更恶魔一些，②让你的速度不那么恶魔，或者③让它保持在同样的恶魔程度。没有太多选项。然而，在足够长的时间范围内，你可以实现任何事：加速、减速、掉转方向、画一个8字形……就像在现实生活中一样，在赛车游戏中，惯性并不是耐心和意志力无法克服的障碍。

最后，不必对赛车游戏对老师和学生同时具备吸引力感到惊讶。作为一个简单、受规则支配的现实版本，赛车游戏中有足够的自由选择使过程变得令人兴奋。它既是一个数学模型，又是一个游戏。

变体及相关游戏

赛车游戏和纸上拳击一样，也有各种有趣的规则变化。以下仅提供部分例子。

碰撞惩罚：你可以增加对撞到围墙的惩罚。例如，碰撞后要轮空3个回合。或者像马丁·加德纳版本的规则一样，直接输掉比赛。

多人赛车：这个游戏适用于3～4名玩家（可以将2张纸合并在一起，以获得一条更长、更宽的赛道）。

汽油泄漏：在一个区域涂上阴影，标记为"滑行"。通过这一区域的汽车不能加速或减速，它们必须以相同的速度朝着相同的方向继续前进。

夺取旗子：不用绘制赛道，通过随机标记交叉点来设置20个左右的"旗子"。从纸上的某个角落开始，按照通常的规则移动。第一个到达指定旗子的人（在旗子这里结束该回合，而不是越过或穿过它）得分。谁拥有的旗子最多，谁就是赢家。

调整起跑线：为了减少第一个玩家的先发优势，你可以画一条斜的起跑线，然后让第二个玩家选择想要的起跑点。

穿过关口：不用绘制赛道，而是放置一系列编有序号的"关口"（如1，2，3，4…），每个关口占2或3个方格。第一个按数字顺序通过所有关口的玩家为赢家。

风险与回报游戏大拼盘

以下是 6 款游戏的快速介绍。每款游戏都是一个微小的宇宙模型，都有妙趣横生的利弊权衡和令人苦恼的犹豫不决，就像在现实生活中谈判风险与回报的彩排。

我并不是说骰子游戏可以教会你投资策略，也不是说几轮石头剪刀布就能提高你的谈判技巧。游戏很简单，但生活是复杂的。游戏有已知的可能性，而生活中有未知的怪事。尽管如此，但就像简笔画捕捉到了人体轮廓的本质一样，我认为这些简单的游戏也捕捉到了我们混乱世界中的一些真实情况。

小猪游戏

靠运气的骰子游戏

许多游戏都对运气有一定的要求。想想那些经典游戏，如 21 点（是再拿一张牌，还是在爆之前退出？）、幸运之轮（是再转 1 次，还是回答面前的谜题？）、"谁想成为百万富翁？"（是回答下一个问题，还是接受银行的报价？），以及"成交不成交"（到底要不要成交？）。也许小猪游戏是此类游戏中最简单的。游戏面向 2 ~ 8 名玩家，当轮到你时，**你可以随心所欲地掷一对骰子，想掷多少次就掷多少次，并把每次结果的总和加到你的分数中**。第一个达到 100 分的玩家即赢家。

23点？可以了，我接受这个结果。

此外，还有一些额外的加分：**如果掷出的2个骰子点数一样，得分则是它们总和的2倍**（如5＋5，得分20），更棒的是，掷出"**蛇眼**"（掷出1＋1），得分25。

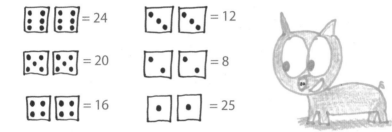

但要注意：如果你掷出的是1＋其他数字，那么你在该回合就只能得0分（前几轮的点数不受影响）。发生这种情况的概率大约是28%。

我变得贪婪了。看起来就像……
我不知道，某种贪吃的动物。

小猪游戏反映了你在约会、投资和登山中出现的犹豫不决的状态：现在我是应该停下来，还是继续前进？安于现状，还是冒险去追求？不过，小猪游戏的不同之处在于，它存在一个临时的正确答案，一个最大化你每回合平均分的最佳方法（本书的尾声有剧透）。

还有一个更简单的版本：使用单个骰子来玩，每次掷骰子都获得其点数，除了1——掷出1会清零你的分数并结束这一回合。

数学老师凯蒂·麦克德莫特（Katie McDermott）还告诉我一个课堂版本。所有学生起立，老师掷一对骰子，掷出的结果适用于所有学生。每次掷完后，每个学生都要决定是继续站着（这样就有继续掷骰子的可能），还是坐下（这样就结束了自己的这一轮）。5轮后，得分最高者获胜。

交叉游戏

编织蜘蛛网的游戏

我在伊凡·莫斯科维奇（Ivan Moscovich）的著作《1 000个游戏思考：谜题，悖论，幻想和游戏》中发现了这款宝藏游戏。后来，我制作出了这个游戏的实体，通过在一块木板上钉16根钉子，然后在钉子之间拉伸橡皮筋来玩。玩这个游戏需要2名玩家、2支不同颜色的笔和一些纸。

首先，在一个正方形的4条边上画16个点。然后，玩家**轮流用一条直线连接2个未使用的点**。这些点不能在正方形的同一边。

每和对手的线交叉1次，你可以得1分；每和自己的线交叉1次，你可以得2分。游戏中一定要记好分数。

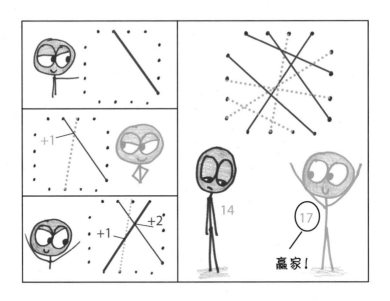

　　继续游戏，直到没法再玩下去（要么是因为所有的点都被使用了，要么是因为未使用的点都在正方形的同一侧），得分高者获胜。

　　交叉游戏只能持续8步，比饱受诟病的井字棋还少1步，所以它可能会让人感觉玩起来过于简单。然而，由于每次移动都有几十种选择，所以它的游戏树就像碎玻璃上的裂缝一样迅速向外伸展。这样的得分系统创造了一种令人愉悦的紧张感，这是一种经典的风险与回报的权衡：短距离移动剥夺了你和自己的线交叉的机会，而长距离移动则让你容易受到对手的攻击。你会感觉自己就像一根绳子，被2个方向的力量拉扯着，左右为难。

石头剪刀布和蜥蜴、斯波克

一个扩展包

　　这款游戏的发明者是空想主义者凯伦·布莱拉（Karen Bryla）和山

姆·卡斯（Sam Kass）。由于"石头剪刀布"游戏经常以平局告终，他们觉得很没意思，所以便在其中增加了2个新手势——蜥蜴和斯波克。这个调整在保持游戏对称结构的同时，减少了平局的概率。每个手势都能打败另外2个手势，又会被其他2个手势打败，而遇到相同手势时则会打成平局。

要玩这个游戏，**只要数到3，然后玩家同时展示各自的手势**。下图中的箭头从赢家指向输家。

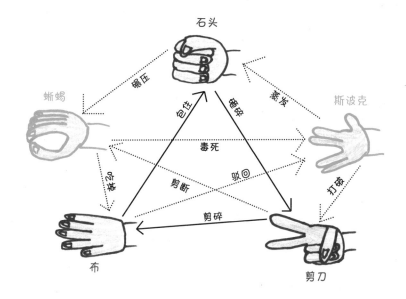

这难道不是一个令人愉悦的游戏结构吗？如果A打败了B，那么你总能找到某个C，它会输给B，但能打败A，从而完成这个循环。难怪这款游戏在热门情景喜剧《生活大爆炸》（*The Big Bang Theory*）中获得了满堂彩。

它还可以扩展到任何奇数的手势：7，9，11，13，等等。一个不屈不挠的游戏爱好者花了1年的时间，创造出一个包含101个手势的版本。最初的石头剪刀布只有3条规则需要记忆，加上蜥蜴—斯波克扩展包之后出现10条规则，而这个终极手势游戏则有5 050条规则，如"吸血鬼教数学""数学让婴儿困惑"和"婴儿变成吸血鬼"等。即使对《生活大爆炸》中的天才谢尔顿来说，这些规则也多得有些过头了。

到101就输了

关于位数的游戏

数学教育家玛丽莲·伯恩斯（Marilyn Burns）设计了这款迷人的游戏（最好是2 ～ 4名玩家），用于教小学生位数问题。在游戏中寻找最佳策略常常会让人感到轻松愉悦，即使对像我这样年老体弱的成年人来说也是如此。

玩家轮流掷一个标准的6面骰子。**每次掷完后，决定是保持数字不变**（如3），**还是将其乘以10**（如30），然后把结果加到自己的分数中。每名玩家一共要掷6次，目标是在分数不超过100的情况下，尽可能接近100。一旦超过100，则计作0分。

玩5个回合，谁赢的回合最多，谁就是冠军。

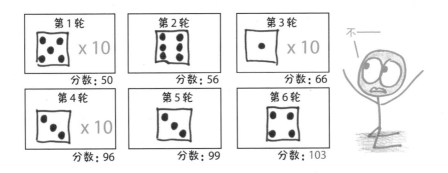

你可能会被所谓的贪婪算法吸引：只要有空间，每次都想将得到的点数乘以10。这是一个很好的起点，但如果在还要掷2次骰子的情况下就跳到96，就太傻了。所以游戏过程中需要更加谨慎。

为了让游戏更有趣，可以对每名玩家第一次掷骰子的结果保密，之后再公开，但对玩家是否选择每一次都乘以10的决定保密。然后，在最后一次掷骰子后，公布所有的选择和结果。

骗局游戏

真实的大型多人游戏

詹姆斯·欧内斯特设计的这款骗局游戏可以持续数小时，甚至数天。在静修、会议、露营或家庭聚会中，它是个理想的游戏之选。如果说石头剪刀布像击球练习，那么骗局游戏就像完整的棒球比赛，将重复的练习变成一种沉浸式体验。它与蜂蜜爆米花饼和管风琴音乐也很搭。

新玩家可以在任何时刻加入，加入时，他会收到10张空白卡片。把这些卡片从1～10编号，并在每张卡片上写上你的名字，以及"石头""布"或"剪刀"。你可以随意分配三者的比例。例如，在10张卡片上你都可以写"剪刀"。

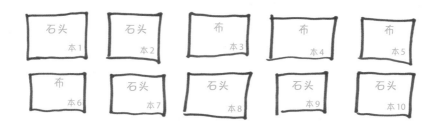

当你遇到其他玩家时，你们可以选择以下这2种方式进行互动。

（1）战斗。每名玩家都从自己的卡片中选出一张牌并展示它。这场战斗的胜者保留这2张牌。如果是平局（如石头 vs. 石头），卡片上数字较大的一方获胜。如果数值一样，则这2张牌维持现状。如果有人对你发起挑战，你必须和对手至少战斗1场。在那之后，你可以拒绝挑战，直到每个玩家都和其他人战斗过。

（2）**交易**。你可以和其他有意向的玩家交换卡片，一张换一张。在交易中，你可以尽可能地隐瞒信息，但绝对不能说谎。

在预定时间内结束游戏（如晚餐开始时）。在每一回合中，从你的卡片中找出有对手名字的那些，然后再从中挑选出数值最高的那张。最后，把这些卡片上的数字加起来，就是你的分数（没错，你自己的牌一文不值）。得分最高者获胜。

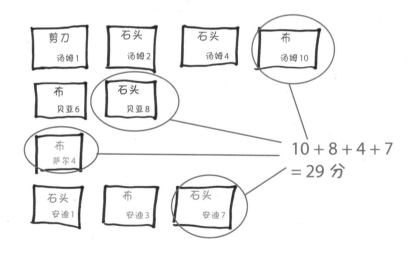

要想获得真正奇特又古怪的游戏体验，你可以将骗局游戏与石头剪刀布、蜥蜴、斯波克结合起来。

排序游戏

没用的知识又增加了

与离谱游戏一样，这是一个靠运气取胜的答题游戏，其中最重要的技能是知道自己知道多少。玩家的目标很简单：在不犯错误的情况下，创建最长的列表。

郑重警告："简单"不是"容易"的同义词。

游戏开始时，其中1名玩家（扮演裁判）**挑选一组事物**，如七大洲，并**根据某个统计数据对它们排序**（如它们的土地面积）。关于这组事物的数量，我发现预先指定每组4 ~ 8个效果最好，如果你愿意，也可以让它更具开放性（如这个组可以包含"世界上所有的国家"）。

现在，其他玩家的任务是**按照土地面积递减的顺序，列出尽可能多的大陆**。如果你的列表是正确的，每个大洲的土地面积都比上一个小，那么**每项可得1分**。

但你一旦犯了错——如果列表中有一个较大的大陆出现在一个较小的大陆下面，那么你将不得分，裁判则因为把你难住了而得到1分。

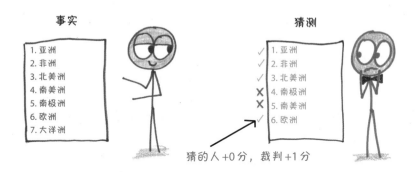

猜的人 +0 分，裁判 +1 分

保证得分很容易。如果总是只列1项，你就可以得1分，甚至随机猜测2项，也有50%的概率得2分。但不知为何，我常常会把列表中的某一项放在和事实相差很大的地方。如果你列出了所有项：将有5 040种可能的顺序，其中5 039种都是错误的。

和离谱游戏类似，玩家轮流扮演裁判的角色，所以你应该在开始游戏前花10分钟想问题，且一定要选众所周知的问题（如每个人都听说过的名人）和有明确的统计数据［如声田（Spotify）每月的收听人数，而不是最受欢迎的节目］。你可以随意选择一个已经存在的项目类别（如欧洲国家），也可以精选一些类别（如法国、德国、意大利、西班牙和英国）。如果有疑问，可以上网查证。

最后，关于裁判提的问题，我有一些建议供你参考：

- 国家的总人口数（如法国、德国、意大利、西班牙、英国）
- 大陆的海岸线长度（如非洲、南极洲、亚洲、欧洲、南美洲、北美洲、大洋洲）
- 美国各州加入美利坚合众国的顺序（如阿肯色州、加利福尼亚州、堪萨斯州、肯塔基州、艾奥瓦州、内布拉斯加州）
- 各国的GDP（如澳大利亚、印度尼西亚、日本、墨西哥、菲律宾）
- 歌手照片墙（Instagram）上的粉丝数（如爱莉安娜·格兰德、碧昂丝、红发艾德、蕾哈娜）
- 音乐人发行的专辑总量（如酷玩乐队、坎耶·韦斯特、皇后乐队、泰勒·斯威夫特）
- 歌曲发布的时间（如《波希米亚狂想曲》《不要停止相信》《祈祷为生》《和我交往吧》）
- 专辑时长（如《艾比路》《帮助！》《左轮手枪》《橡胶灵魂》《佩珀军士的孤心俱乐部乐队》）
- 电影被奥斯卡奖提名的次数（如《为奴十二年》《国王的演讲》《无间行者》《美丽心灵》《阿甘正传》）
- 电视剧的播出集数（如《人人都爱雷蒙德》《新鲜王子妙事多》《老友记》《宋飞正传》）
- 演员推特上的粉丝数（如克里斯·埃文斯、克里斯·海姆斯沃斯、克里斯·派恩、克里斯·帕拉特、克里斯汀·斯图尔特）
- 书籍在Goodreads网站上的评论数（如《宠儿》《无尽诙谐》《百年孤独》《第五号屠宰场》）
- 作家出版的小说总数（如马克·吐温、查尔斯·狄更斯、弗吉尼亚·伍尔夫、赫伯特·乔治·威尔斯）
- 政治家的年龄（如阿尔·戈尔、希拉里·克林顿、约翰·克里、霍华德·迪安、约瑟夫·拜登）
- 行星的卫星数量（如水星、金星、地球、火星、木星、土星、天王星、海王星）
- 鸟类的翼展（如秃鹰、火烈鸟、灰鹭、鹈鹕）

第5章

信息游戏

我是在离克劳德·香农^①家只有1英里远的地方长大的。我们从没一起玩过——我把这归咎于我们之间存在61岁的年龄差，这让我感觉非常遗憾，因为他的家是一个充满了奇特发明的博物馆。例如，独轮车车队、喷火的小号、杂耍机器人、罗马数字计算器，等等。而我最喜欢的是那个所谓的"终极机器"——一个装有开关的盒子。当开关被拨到"开"的状态时，会有一只手从里面伸出，然后烦躁地把开关扳回"关"。在我看来，它很像一种小睡催醒按钮。

你可以在谷歌上浏览香农于1948年发表的论文《通信的数学原理》(*A Mathematical Theory of Communication*)，通过它就可以见证这位数学家最伟大

啊，这是我最爱的孩子。

谢谢!

谁按的？
真没礼貌。

———————

① 克劳德·香农（Claude Shannon，1916—2001），美国数学家、信息论创始人。1936年获得密歇根大学学士学位。1940年在麻省理工学院获得硕士和博士学位。1941年进入贝尔实验室工作。香农提出了"信息熵"的概念，为信息论和数字通信发展奠定了基础。——译者注

发展的发明。正是这篇论文彻底变革了电子通信，将"信息"这个模糊的概念转变为精确的、可测量的量。

信息论就诞生于这篇文章。

就像量杯不在乎杯中装的是什么物质一样，信息论也不关心信息所传达的内容。"信息的'含义'，"克劳德解释说，"通常是无关紧要的。"相反，我们可以想象存在一个列出所有可能的列表，每条消息都是从这个列表中选出来的。可选择的可能性越多，在这个选择中传递的信息就越多。一条消息中的信息量由你可能说过，但实际没说过的话来决定。

这并没有听上去那么复杂。如果你的朋友阿莱格拉总是说"我做得很好"，不管她感觉如何，她的话传达的信息都为零。相反，如果你的朋友赫尼斯提娅总是说真话，那么她说"我做得很好"传达的就是真实信息，因为她选择了它，而不是其他的可能性。

因此，根据语境的不同，同样的文字传达的信息量也可能不同。当我问"你喜欢乌龟吗？"时，如果你回答"我喜欢乌龟"，就没有透露太多信

你刚刚回答"我喜欢乌龟"。
这一答案传达了多少信息？

你被问的问题	回复样本	可能答案 的回复量
你喜欢乌龟吗？	我喜欢乌龟。 我不喜欢乌龟。	大概2个
你喜欢哪种爬行动物？	我喜欢变色龙。 我喜欢蛇。 我喜欢壁虎。 我喜欢鳄鱼。 ……	大概30个
聊聊你自己吧！	我的胳膊可以向两边弯曲。 我听不清说唱的歌词。 我在地铁站看到一只猴子。 我从没喝过橙汁。 ……	大概 1 000 000 000个

息。我的意思是，你还能说什么？大概也只能说你不喜欢乌龟。但是当我说"聊聊你自己吧！"的时候，如果你回答"我喜欢乌龟"，信息量就很大。因为你本可以说很多别的内容。

我们怎样才能量化这种直觉呢？首先，使用二进制数列举所有可能的回复。实际上，这个过程就是将信息转换成关于 0 和 1 的代码。如果回复样本数量不多，就可以用短代码将它们全部覆盖。因此，所需的数字位数越少，传递的信息量就越少。

你被问的问题	回复样本	样本代码	所需的数字位数
你喜欢哪种爬行动物？	我喜欢乌龟。 我喜欢小蜥蜴。 我喜欢《星际迷航》中的杰姆哈达尔人。 我喜欢短吻鳄。	00 000 00 001 00 010 00 011	5 位

相反，如果要从一长串可能的回复中进行选择，则需要很长的代码。因此，所需的数字位数越多，传达的信息量就越多。

你被问的问题	回复样本	样本代码	所需的数字位数
聊聊你自己吧！	我曾经袭击过一座风车。 我有个随从，他是我最好的朋友。 有一个形容词是以我的名字命名的。 我做着不可能的梦。	00 000 000 000 000 000 000 00 000 000 000 000 000 000 00 000 000 000 000 000 000 00 000 000 000 000 000 000	20 位 （或更多）

因此，香农提出了信息的基本单位：二进制数，或称"比特"（bit）。

为了了解比特的实际作用，我们来看看当我们在玩猜词游戏（一个关于隐藏信息的经典游戏）时，比特是如何慢慢进入的。[1]我从 2019 年柯林斯

---

[1] 对那些没玩过的人来说，这个游戏可以玩到地老天荒。一名玩家选择一个秘密单词，然后给出这个单词的字母数。其他玩家每次猜一个字母，并试图在猜错 8 个字母之前猜出这个秘密单词。

出版社出版的《拼字词典》（*Scrabble Dictionary*）中挑了一个单词，该词典收录了近28万个单词，将它们全部列举出来需要18位二进制代码（外加少量19位代码）。因此，用香农的话说，理解这个词意味着获得大约18.09比特的信息。这大约是一张数码照片信息量的百万分之一。①

　　现在，假设对手画了7个空格，那么我们的搜索范围就缩小到7个字母的单词，大约有34 000个。因为将这些代码全部列举出来需要用到15位二进制代码（加上少量16位代码），所以我们还得收集15.2比特的信息。

　　这意味着我们刚刚获得的信息——这个单词有7个字母长——的价值略小于3比特。

18.1 比特中的2.9 比特

还有34 342个可能的单词

　　现在，让我们来猜猜第一个字母是什么。我想先从E开始，嘿，好消息！猜对了！

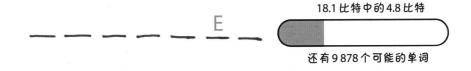

18.1 比特中的4.8 比特

还有9 878个可能的单词

　　这样一来，搜索范围缩小到10 000个单词以下，又获得1.8比特的信息。我们已经排除了95%以上的可能性。不过，如果以比特位数来衡量，我们才刚刚开始。

　　再试一个元音字母吧。A怎么样？唉，来的是个坏消息。

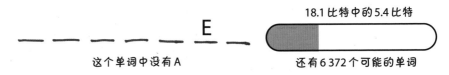

18.1 比特中的5.4 比特

这个单词中没有A

还有6 372个可能的单词

_____

① 从理论上讲，还有另一个版本的猜词游戏——根据像素猜测照片的RGB值，不过玩这个游戏可能需要好几年的时间。

虽然我们向失败迈近了一步，但至少获得了信息。这次我们从可能的单词列表中删除了 3 500 个单词，相当于 0.6 比特的信息。

现在，看着最后一个空格，我又开始猜测：这个字母是 D 吗？结果证明，并不是。

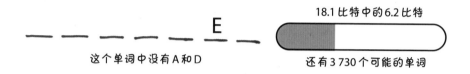

这个单词中没有 A 和 D　　　18.1 比特中的 6.2 比特

还有 3 730 个可能的单词

即便如此，也是一种进步。我们又将范围缩小了 2 600 个单词，价值 0.8 比特。① 在下一轮猜测中，我盯上了最后一个字母：是不是 S 呢？噢，你快看！

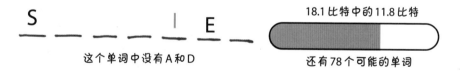

这个单词中没有 A 和 D　　　18.1 比特中的 9.0 比特

还有 532 个可能的单词

尽管 S 不像我预期的那样是单词的最后一个字母，但结果还不错。这给我们带来了 2.8 比特的信息，这是我们迄今为止做得最好的一次。现在，我们还需要另一个元音，I 怎么样？

太好了，I 也对了！

S _ _ _ _ _ I E _

这个单词中没有 A 和 D　　　18.1 比特中的 11.8 比特

还有 78 个可能的单词

这又提供了 2.8 比特的信息。现在，只剩下几十个可能的单词了。

看来我们还需要一个元音。O 怎么样？哦，不对。

---

① 你可能会注意到，在最后 2 次猜测中，存在一个奇怪的差异：猜字母 A 帮我们排除了更多的单词，而猜字母 D 则给我们带来了更多的信息。这是为什么呢？因为重要的不是被划掉的可能性的数量，而是它们所占的比例。尽管猜 D 时所排除的单词的绝对数量较少，但这些单词在剩下的单词中所占的比例更大。

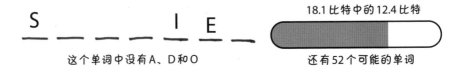

这是第3次猜错，只得到价值0.6比特的信息。让我们试试另一个元音U。成功啦！

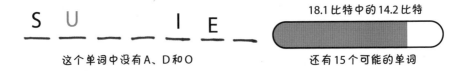

这个信息的价值为1.8比特，将范围进一步缩小到15个可能的单词。接下来，我们可以把注意力转向最后一个字母。是N吗？啊，又错了。

这次我们只排除了3个单词，获得价值0.3比特的信息。让我们再试一次，R呢？哦，成功！

这一步将可能性从12种减少到3种，并传递了价值2比特的信息。下一个字母看看是不是P？哦，猜错了。

因为"surpier"不是个单词，所以猜字母P没有给我们带来任何信息，

也就是说我们得到的信息是 0 比特。这次我们要再认真一点。是不是 F？唉，还是失败了。

S U R _ I E R
这个单词中没有 A、D、O、N、P 和 F

18.1 比特中的 17.1 比特
还有 2 个可能的单词

不过，通过在 3 个可能的单词中排除"surfier"，我们还获得了 0.6 比特的信息。现在只剩下 2 个单词了。也只有 1 比特的未知信息了。试试 L 怎么样？啊，找到这个单词了！我们成功啦！

S U R L I E R
这个单词中没有 A、D、O、N、P 和 F

18.1 比特中的 18.1 比特
找到了！

好了，文字游戏玩够了。接下来是数学游戏。

本章的游戏都是猜词游戏的远亲。在每个游戏中，要想获胜，必须找到正确的信息。正确的信息可能是一个秘密数字（靶心游戏）、一件拍卖品的真实价格（买者自负游戏）、一幅复杂的区域地图（LAP 游戏）、神秘"纸牌"的身份（量子钓鱼），或者你所遵守的规则（塞萨拉游戏）。游戏中，一方要尽可能少地泄露信息，而另一方则要尽可能多地攫取信息。

如果说悬念是一种渴望接近真相的状态，那么信息游戏就是以最纯粹的形式将悬念呈现给我们。它们仿佛是一部部实时上演的推理小说。

我曾经的邻居香农会怎么看待他的伟大理论被用在这种无足轻重的事情上呢？我相信他会很高兴的。他曾说："科学的历史表明，有价值的成果往往源于简单的好奇心。"香农应该是知道这个道理的。他在贝尔实验室工作的那段时间里，整天都在公共区域玩棋盘游戏。他的老板说，他已经赚到了"不生产的权利"。

话是这么说，但你最好还是下班以后再玩它们，毕竟你的老板可不一定都像香农的老板那么酷。

靶心游戏

经典的代号破解游戏

这款游戏又名"珠玑妙算"（Mastermind），是20世纪70年代最受欢迎的桌游之一，其销量与电影《教父2》在北美市场的票房一样多（大概是5 000多万美元）。但最初，这个游戏与那些五颜六色的塑料钉并没有什么关系。在此之前的一个世纪里，人们用笔和纸来玩它，而且当时该游戏还有一个俗气至极的名字，叫"公牛和母牛"（Bulls and Cows）。我强烈反对"公牛优于母牛"的观点，所以我将前者更名为"靶心"（bulleye），后者更名为"接近靶心"（Close Calls）。不过你想怎么叫它都行。因为在任何代号下，这款游戏都堪称经典。

这个游戏怎么玩？

你需要准备什么？ 2名玩家、纸和笔。

玩家的目标是什么？ 在对手猜出你的代号之前猜出他的代号。

游戏的规则是怎样的呢？

（1）每个玩家都写一个4位数，且不公开。所有的数字必须是不同的。

（2）双方轮流猜对方的4位数（同样，不要出现重复数字）。对手会告诉你，你猜的数字中有几个命中了"靶心"（**数字正确，位置正确**），以及有几个接近"靶心"（**数字正确，但位置错误**）。然而，你不会被告知哪个数字具体是哪种情况。

（3）用更少的猜测次数命中4个靶心的玩家就是赢家。

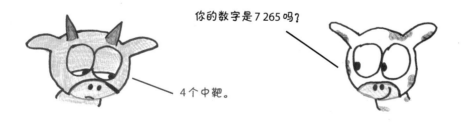

游戏体验笔记

为了测试游戏策略，我写了一个简单的计算机程序。首先，它列出了所有可能的数字，然后随机猜测。接下来划掉所有与收到的反馈不一致的数字。再次对剩下的可能数字进行随机猜测。不断重复这个过程，直到代号被发现。

　　这个程序表现得很好，通常只需要猜 5 ~ 6 次就能找到结果。但它每隔几千轮就会出现 1 次需要猜 9 次才能猜对代号的情况。下面就是一次惨败的经历：

猜测	反馈	剩下的数字
5 873	🐷 🐷	1 155
3 951	🐮 🐷	189
2 938	🐮 🐷	45
3 712	🐮 🐮	20
8 791	🐮 🐷	4
8 152	什么都没有	3
3 097	🐮 🐮 🐮	2
3 497	🐮 🐮 🐮	1
3 697	🐮 🐮 🐮 🐮	找到代号！

　　前 5 次猜测都很顺利，将范围缩小到只剩下 4 种可能性：8 152，3 097，3 497，3 697。然后，在距离终点线仅有几步之遥的地方，这个程序被自己绊倒了，即在 4 个选项中做选择却要猜 4 次。

　　这不仅仅是运气不好，也是一个糟糕的策略。如果该程序在第 6 轮时选择一个更明智的数字，那么它就可以保证在第 7 轮时得到答案。

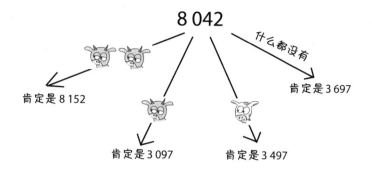

为什么该程序没有考虑到这一点呢？这都要怪编写它的愚蠢程序员，也就是我。我禁止它猜测任何已经被排除的数字，实际上就是把每次猜测都当作一次获胜的机会，但其实猜测还有另一层含义——收集宝贵信息的机会。

"对数学家来说，"教师保罗·洛克哈特（Paul Lockhart）写道，"问题就是探针——一种对数学现实的测试，用来了解它是如何反应的。也可以理解为我们'用棍子戳它'，看看会发生什么。"要想玩好靶心游戏，你应该以收集更多信息的方式"戳出"代号，即使这意味着你要猜一个明知道它不是正确答案的数字。

这个游戏从何而来？

和许多经典游戏一样，它的起源也已湮没在历史的长河中。我们只知道，20世纪初的英国人称它为"公牛和母牛"。①20世纪60年代末和70年代初，剑桥大学和麻省理工学院出现了这个游戏的电脑版。几年后，以色列电信专家莫迪凯·梅洛维茨（Mordecai Meirowitz）以"珠玑妙算"之名使其风靡全球。

---

① 据安德烈亚·安焦利诺说，意大利人将这个游戏称为"小数字"（Little Numbers）或"打击和球"（Strike and Ball）。

为什么这个游戏很重要?

因为生命在于对信息的搜寻和猎取,而人类是懒惰的猎手。

如果你已经知道了这个道理,要么你自己是人类,要么你对人类文化已经足够了解,并且爱看像本书这样的人类书籍。不管是哪种情况,你都见过智人花几个小时狼吞虎咽地获取信息,然后不知怎的,他们从信息盛宴中出来时却没有收获一点儿有营养的东西。

以一个典型的可怜样本为例,也就是我本人。我订阅了77个播客,在推特上关注了600人。很久以前,我手机上维基百科应用程序打开的标签数就已经达到上限。[①]在这些信息的海洋里遨游,我又得到了多少有用的知识呢? 有一天,我的小女儿捡到一个松果。"这是松果,"我主动告诉她,"它来自松树。它应该是……我想是某种大种子吧? "

把这个问题糊弄过去并不难。我女儿没有学过类星体,没有看过汤姆·斯托帕德[②]的戏剧,也不了解关于意识的难题。关于松果的真相肯定是存在的,只是我不知道罢了。仅回答这一个问题,我的知识储备就已经弹尽粮绝。

一般来说,人类不会在正确的地方寻找信息。在一项经典的心理学研究中,研究人员向受试者展示了4张卡片——卡片的一面写着字母,另一面写着数字——并告诉他们一个规则:**带有元音字母卡片的另一面必须是偶数。**

给受试者的问题是,你需要翻哪张卡片来判断它们是否违反了规则?

---

① 维基百科允许用户打开的标签上限是100个。我的标签列表中最后几个:艾丽·布罗什(Allie Brosh)、世界职业棒球大赛冠军名单、图书《玫瑰日记》、伊恩·哈尼·洛佩兹(Ian Haney López)、歌曲《大黄出租车》、约翰·洛克(John Rocker)、圣托里尼岛游戏、阿奈丝·米歇尔(Anaïs Mitchell)……这些标签真实地反映了我最近在思考的问题,以一种可怕的圆形监狱的形式展开。

② 汤姆·斯托帕德(Tom Stoppard,生于1937年),英国剧作家,曾获得奥斯卡金像奖和托尼奖,代表作有《莎翁情史》《妙想天开》《安娜·卡列尼娜》等。——译者注

在继续往下看之前，请认真思考一下：你会翻哪张牌呢？如果你喜欢抄别人的作业，下面是1971年的一项典型研究中最常见的答案：

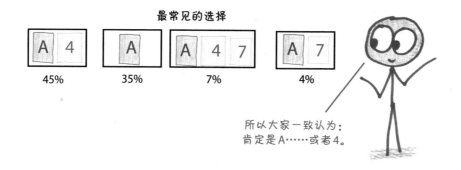

最常见的选择

45%   35%   7%   4%

所以大家一致认为：
肯定是A……或者4。

很明显，我们需要翻转A，但在那之后，争议开始了。大多数人想翻4，大概是为了检查其背后是否有元音。但假设你看到的是 J、W 或 P——是哪个并不重要，重要的是它们都没有违规。规则规定带有元音字母卡片的另一面必须是偶数，但它并没有禁止带有辅音字母卡片的另一面不能是偶数。

与此同时，大多数人都拒绝翻转7。它不是偶数，所以与规则无关，对吧？不，错了。如果你翻转7，发现它背后是E或U，这张牌就违规了。

这项研究强调了一种被称为"确认性偏差"（confirmation bias）的模式。我们不是在寻找可能挑战我们理论的例子，而是寻找证实它们的例子。确认性偏差通常被归咎于情绪。如果我认为民主党人是公民美德的典范，而共和党人是可怕的伪君子，那么证实的例子会让我感受到正义和优越感，而反例则会让我感到焦虑和困扰。所以我的选择是显而易见的。

不过，尽管情绪在其中发挥了作用，但确认性偏差会让人越陷越深。在

4张卡片的研究中，人们面对元音的抽象规则并没有产生情感上的利害关系。选错不会带来任何好处，但依然有96%的人无法给出逻辑上正确的答案。

我们习惯性地在错误的地方寻找信息，就像在太空计划中向错误的星球发送探测器一样。

大多数情况下，错误的理念并不会让你付出任何代价。地平论者仍然可以买到机票，对人类登月持怀疑态度的人仍然可以仰望星空，你可以不喜欢流浪者合唱团①，但仍然过着幸福的生活。相比之下，在靶心游戏中，错误的想法会让你受到惩罚。问一个毫无价值的问题，就会得到一个毫无价值的答案。与其让信息淹没我们，不如主动去寻找它，带着一种使命感去探索这个世界。例如，在游戏结束后，查一查松果到底是什么。②

变体及相关游戏

允许重复：无论是秘密数字还是猜的数字，都允许出现重复数字。例如，如果秘密数字是1 112，你猜的是1 221，那么给你的反馈是**1个中靶**（第一

---

① 流浪者合唱团（OutKast），美国说唱二人组，1992年成立于美国佐治亚州亚特兰大，由André 3000（安德烈3000）和Big Boi（大冯波）组成。——译者注
② 松果是种子的容器，为种子提供了一层保护，以免其遭受外界的侵害。

个数字是1）和2个接近"**靶心**"（最后2个数字是2和1，但顺序相反）。[①]

自证其罪[②]：每次猜测都适用于双方的数字。也就是说，当你猜测时，不仅你的对手会给出反馈，你也要给出反馈，就好像对手刚刚进行了相同的猜测一样。如果你猜的是3 456，而你的秘密数字是1 234，那么你必须告诉对手有"2个接近'靶心'"。这个变体游戏需要更多策略，因为你一定不希望猜测时透露太多有关己方数字的信息。

识破谎言：在游戏中，每个玩家都有一次机会向对手给出错误的反馈，如告诉对手"1个中靶，1个接近'靶心'"，而实际上没有中靶，而是有3个接近"靶心"。[③]记住，要在最能迷惑对方的时候撒谎。

守口如瓶：每次猜测后，提供给对手的反馈都很少，只有"是的，至少有1个中靶"或"不，没有中靶"。这样可以使游戏推进得更慢、玩法更复杂。

Jotto游戏：这个文字游戏和靶心游戏风格相同，只是每个玩家选择的不是一个4位数，而是一个由4个字母组成的单词（没有重复的字母）。游戏过程与靶心游戏一样，但有一点需要注意：你只能猜真实存在的单词（如crab），不能猜出字母的随机组合（如racb）。如果想增加一点儿难度，可以使用由5个字母组成的单词。

---

① 这种变体可能比本节中列出的其他变体游戏更常见，玩起来也更顺手。唯一麻烦的是，要清楚地理解"接近"是什么意思。需要明确的一点是，每个数字只能算一次。例如，如果秘密数字是1 112，你猜的是2 223，那么你收到反馈就只是1个接近"靶心"，而不是3个。

② 这个想法和后面2个想法都来自R.韦恩·施米特伯格的著作《经典游戏的新规则》。

③ 有一个例外：如果有人击中4个靶心，你就不能给错误的反馈了，因为他已经赢了。

买者自负

关于拍卖的游戏

　　虽然我不能教你如何在买者自负游戏中100%获胜，但我可以告诉你一条走向失败的捷径：赢得每一场拍卖。

　　我没在开玩笑。玩上几轮，你就会发现，拍卖时出价过高是一件太稀松平常的事了。这是一种以得不偿失的胜利为标志的游戏，获胜者被迫以超过物品实际价值的高昂成交价将其带回家。这种现象——中标后输得精光——是如此普遍，拍卖经济学家将其称为"赢家的诅咒"。

　　幸运的是，买者自负游戏比一般的拍卖会提供的信息要多一些。这能否让你摆脱诅咒呢？

这个游戏怎么玩？

　　你需要准备什么？ 2 ~ 8名玩家，最好是4 ~ 6名。花几分钟随机收集5件物品进行拍卖，还有纸和笔。

　　每人还需要6张卡片（小纸片也可以），**编号为1 ~ 6**。这些卡片不是

用来出价的，而是用来秘密地定下每件物品的"真实价格"。

在另一张纸上绘制一个表格，记录**每名玩家的分数和他们使用的卡片**。

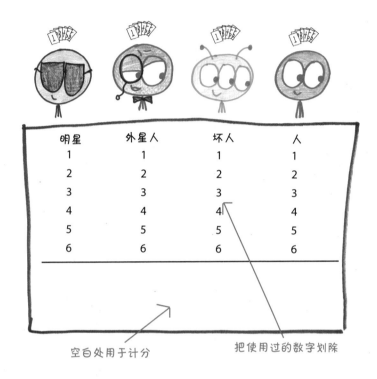

明星 / 外星人 / 坏人 / 人
1 1 1 1
2 2 2 2
3 3 3 3
4 4 4 4
5 5 5 5
6 6 6 6

空白处用于计分   把使用过的数字划除

玩家的目标是什么？ 在拍卖会上赢得拍卖品，但出价不要超出物品的真实价格。

游戏规则是怎样的呢？

（1）每一局开始时，选一名玩家扮演拍卖师，挑选一件物品，并发表简短的演讲，说明这件物品是多么令人赏心悦目和珍贵。

看哪！这只可爱的食肉动物（泰迪熊）是以西奥多·罗斯福的名字命名的，他是所有美国总统中最可爱、最爱吃肉的！

（2）现在是时候确定物品的真实价格了。为此，所有玩家（包括拍卖师）都秘密地从1～6中选择一个数字。而这些数字的总和——目前还没有人知道——就是拍卖品的真实价格。

泰迪熊的真实价格是这些秘密数字的总和。

（3）接下来是竞拍环节，所有玩家都希望以低于其真实价格的成交价拍下这个物品。竞价从拍卖师左边的玩家开始，**玩家需说出自己愿意为该物品支付的价格。**

这只熊不错，我出10美元。

有人要买我啦！

（4）继续向左轮流竞价。当轮到你时，你要么**提高价格**，要么**退出竞拍**。**退出时，你需要告诉大家你所选的数字**。因此，当有玩家退出竞拍时，剩下的玩家会获得关于拍卖品真实价格的信息。

选择1：提高出价　　　　　　　选择2：退出竞拍

我出12美元好了。

不要了，我退出，刚刚我选的数字是2。

（5）如果你成了场上**最后一个玩家**，那么你将以自己上次所出的价格**赢得此次拍卖**。说出你选的数字，现在大家都知道这件物品的真实价格了。

（6）用拍卖品的真实价格减去它的成交价，就是你这一局的得分，这个分数可能是负的。此外，**无论你选择了什么数字，在下一局中都不能再使用了**。扔掉用过的数字卡片，并在计分表上把相应的数字划掉（你也可以把废弃的卡片正面朝上，让所有人都能看到上面的数字，效果是一样的）。

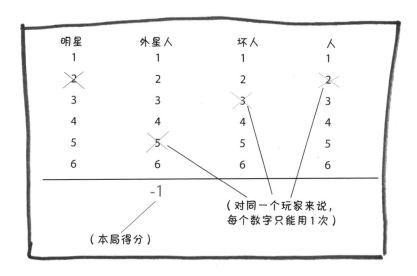

（7）**玩5局，每次都由不同的玩家扮演拍卖师。**[①]如果玩家们扮演拍卖

---

① 不一定要玩5局，但要保证玩最后一局时剩下2张卡片，所以如果卡片的编号是 $1 \sim n+1$，就可以玩 n 局。

师的次数不一样，也没关系。最后，总分最高者获胜。

游戏体验笔记

在这个游戏中，我最喜欢的是演讲环节。我曾因一支断了的笔而赞叹不已，也曾因一块涂了花生酱和黄油的饼干而泪流满面。当被要求赞美美国家居用品零售巨头Bed Bath & Beyond的八折优惠券时，所有人似乎都变成了诗人。

然后，当演讲结束时，游戏的策略开始形成。有以下2种基本方法：

（1）选择一个较小的数字，然后表现得像你选择了一个较大的数字，这样你的对手就会出价过高。

（2）选择一个较大的数字，然后假装自己选了一个较小的数字，争取赢得拍卖。

不过，随着每一轮游戏的展开和新信息的传入，你需要迅速做出调整。例如，假设某一轮是这样开始的：

你	玩家 A	玩家 B	玩家 C
✗	1	✗	✗
2	2	✗	2
✗	✗	3	3
✗	✗	4	✗
5	5	✗	✗
6	✗	6	6
+1	-1		+2

通过这个表，我们马上可以计算出这个物品**至少值8**（=2 + 1 + 3 + 2）**美元**，**最多值23**（=6 + 5 + 6 + 6）**美元**。挑完你的卡片后，如5，你可以

更新这个范围。现在这个物品**至少值**11（=5 + 1 + 3 + 2）美元，**最多值**22（=5 + 5 + 6 + 6）美元。

每个玩家都在做类似的计算。因此，当玩家A说他出价12时，你可能会怀疑他出的是5（这样最小值为12）而不是1（这样最小值为8），或者玩家A是在虚张声势，都很难说。不管怎样，假设玩家B出价13，然后玩家C退出并公布他的卡片数值是2。

到目前为止

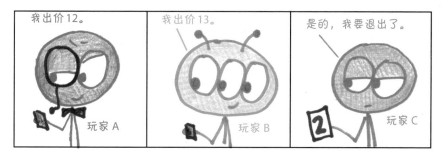

接下来，由你自己决定要选择怎样的冒险。下一个回合，你会怎么做呢？

你的选择

不要偷看下面！

我是认真的。

先做决定。

好的，准备好了吗？

如果你选择1（继续抬高价格）： 怀着愉悦的心情，自信地露出詹姆斯·邦德式的微笑，把出价提高到14美元。你感觉自己胸有成竹，稳操胜券。你很确定玩家A选了一张大牌，所以他选的数字必须是——

天哪，不是吧？玩家A退出了，他卡片上的数字是1。这时，玩家B也退出了，他卡片上的数字是4。这样一来，你就成了赢家。你刚刚花了14美元买了一件只值12美元的东西。邦德，这次你可没表现好啊。

如果你选择2（退出）： 你偷偷地扫视了一下桌面，然后小声地说"我退出了"，并告诉大家你卡片上的数字是5。你感到灰心丧气、妄自菲薄，甚至不知为何还有点差愧。朋友，放轻松，这只是一场游戏。

不管怎样，当玩家A退出并告诉大家他卡片上的数字是1时，你会感觉好受一些。在以13美元的竞拍价赢得此次拍卖后，玩家B哀号着翻开他的卡片，上面的数字是4，因此物品的真实价格为12美元。游戏结束，玩家B以高出1美元的价格中标。这时你会庆幸：还好自己退出了！

这个游戏从何而来？

在深入研究抽象策略游戏时，我希望能找到一个游戏，它有着不一样的轻松节奏，适合多人一起玩，也适合派对，还可以在其中加入关于回形针优点的长篇大论。于是我想到了这个游戏。

在这个游戏的前几代版本中，赢者诅咒十分奏效。出价过高的情况非常严重，玩家反而在不出价或直接退出时成绩更好。显然，他们需要更多的信息。但是什么信息呢？在与好友测试游戏的过程中，我产生了每个数字在每款游戏中只使用1次的想法，这样就可以缩小后几轮游戏中可能出现的数字范围。就这样，我添加了一个规则——玩家在退出竞拍时要亮出自己所选的数字。有了这些额外的信息，就能将赢者诅咒降至可控的水平。

为什么这个游戏很重要？

因为任何物品都有价格，而拍卖中赢家的出价往往会超出这个价格。

我们生活在一个拍卖的世界。例如，一张老照片以500万美元的成交价被售出、一块手表以2 500万美元的成交价被售出、一辆汽车以5 000万美元的成交价被售出，以及一张JPEG格式的图片以6 900万美元的成交价被售出（这归功于非同质化通证NFT的出现）。谷歌拍卖关键词竞价广告，美国政府拍卖电磁频谱波段。2017年，一幅描绘耶稣的正面半身肖像（画中耶稣的右手中指和食指交叉）在佳士得拍卖会上以4.5亿美元的价格成交。在我们评价这是有史以来最不划算的5亿美元交易之前，请留意两件事：①人类共花了5.28亿美元购买《宝贝老板》（*The Boss Baby*）的电影票；②拍卖会有一个臭名昭著的特点，就是胜者往往会出价过高。

为什么会存在赢者诅咒呢？毕竟，在合适的条件下，我们具备相当不错的估算能力。这里以早期统计学历史中的"公牛体重竞猜"实验为例：在一次家禽家畜展览会上，有787名参赛者试图猜一头牛的体重。这些人不是养牛专家，也不是猜体重高手，只是普通人。然而，他们猜测的平均值（1 207磅[①]）与实际体重（1 198磅）相差不到1%。这个结果令人印象深刻。

哥伦布是什么时候到达美洲的？

_____
[①] 1磅约等于0.45千克。——译者注

你抓住关键词了吗？平均值。个体的猜测五花八门，有的高得离谱，有的低得离谱。所以，我们需要将数据汇总成一个单一的平均值，才能揭示群体的智慧。

今天，当你在拍卖会上出价时，实际上是在估算它的价值，给出的是这个物品的交换价值，而不是它的情感价值或对某个人的价值。其他竞拍者也是如此。因此，从理论上讲，它的真实价值应该非常接近大家的平均出价。但问题是，平均出价并不能赢得拍卖。拍卖品被出价最高的竞拍者以比第二高的出价者多 1 美元的价格买走。不过出价第二高的人也可能出价过高，就像猜公牛体重第二高的人可能高估了牛的体重一样。

当然，并不是所有的赢家都会被"诅咒"。在有些情况下，你的出价并不是对物品未知价值的估计，而是关于这个物品对你个人价值的声明。从这个角度来看，获胜者只是最看重该物品的人，并不存在诅咒。

但在另一些情况下，则更接近于买者自负游戏：物品只有一个"真实"的价值，但没有人知道确切的数值，每个人都在试图估算。这时就不要一味地求胜了，因为有时胜利可能比失败更糟糕。

变体及相关游戏

真实拍卖：在买者自负游戏中，拍卖是虚构的，游戏结束后就物归原主（请不要企图顺走别人从小玩到大的泰迪熊）。乔·基森韦瑟建议稍微调整一下规则：拍卖**真实的物品**，如棒棒糖、背部按摩券，或选择下一个游戏的权利，赢家最后可以得到这个物品。但我建议你采用另一个规则：玩家只有在出价等于或低于拍卖品的真实价格时才可以得到它；如果胜出者出价过高，则没有人能拍到该物品。

说谎者骰子（又名 Dudo）：在这个来自南美洲的谎言游戏中，每个玩家需要 5 个骰子和 1 个用来盖住它们的杯子。每轮游戏开始时，先掷骰子，然后立刻用杯子将它们盖住。自己悄悄地看一眼，但不要让别人看到你掷出的结果。

接下来，**开始竞价**——以5个3为例（这意味着在场所有骰子的点数至少有5个3）。出价的顺序还是向左轮流，所有玩家必须通过**增加骰子的数量**（6个2）、**增加点数**（5个6），**或两者都增加**（6个4）的方式来提高出价。

或者，你也可以通过说"Dudo"（在西班牙语中是"我怀疑"的意思）来对**其他玩家之前的出价提出质疑**。这时，**所有玩家都要拿开杯子**，露出骰子。如果之前的出价是真的，挑战者就会输掉一个骰子；如果前者的出价是假的，那么出价者会输掉一个骰子。然后游戏继续，本轮的输家在下一轮先出价，除非他的骰子已经输光——在这种情况下，该玩家被淘汰出局。最后，手里还剩有骰子的玩家就是赢家。

这个游戏创造了一个正反馈循环：你输的骰子越多，掌握的信息就越少，也就越难实现精准的出价（或说出令人信服的谎言）。相反，你赢得越多，掌握的信息就越多，也就越容易再次获胜。

说谎者扑克：和说谎者骰子游戏类似。玩游戏前，每人都要拿出一张1**美元的纸币**，然后偷偷地看一眼上面的**序列号**（注意不要被其他人看到）。

然后开始竞价——以5个6为例（也就是说，所有人序列号中的数字至少有5个6）。出价的顺序还是向左轮流，所有玩家必须通过增加数字大小（5个8）、增加数字位数（6个3），或两者都增加（7个9）的方式来提高出价。或者，你也可以质疑其他玩家之前的出价。不过你的质疑并不会立即揭示真相。相反，下一个玩家也有可能加入质疑行列，或提高出价。**游戏继续，直到你质疑的出价也被其他玩家质疑**。这时，对应玩家的序列号都要亮出来。如果出价是真的，那么每位挑战者都要给出价者1美元；如果出价是假的，那么出价者要给每位挑战者1美元。

我是从迈克尔·刘易斯（Michael Lewis）的回忆录《说谎者的扑克牌》

（*Liar's Poker*）中了解到这个游戏的。这本书讲述了他在华尔街的经历。据他所述，当时的CEO约翰·古特福伦德（John Gutfreund）曾向投资者约翰·梅里韦瑟（John Meriwether）发起挑战，要与他玩一场赌注为100万美元股份的"说谎者扑克"。梅里韦瑟提议以1 000万美元股份为赌注——其实是一种虚张声势，但古特福伦德退缩了。

这绝对是你想要的能够撬动世界经济杠杆的游戏文化。

我对这种游戏忍无可忍了！作为钱，我更愿意被用在更有意义的事情上。

LAP 游戏

迷宫般的区域谜题

嘿，你知道战舰游戏吗？知道？好，现在你要忘了它，把它从你的记忆中清除。

嘿，你知道战舰游戏吗？不知道？很好，记忆清除起作用了。现在，你已经准备好迎接一款更棒、更有挑战性，也是战舰游戏所渴望成为的游戏：LAP 游戏。它的名字来自其创造者莱赫·A.皮雅诺夫斯基（Lech A. Pijanowski）名字的首字母缩写，有时也被认为是"Let's All Play"（开始玩吧）、"Labyrinthine Area Puzzles"（迷宫区域谜题）或"Like a Pro"（像个专业人士）的缩写。和战舰游戏类似，[①]LAP 游戏里的玩家也是探索一个隐藏的网格，但后者的探索更深入、更微妙，且最终的回报也更丰厚。所以，让我们像专业人士一样开始玩这个迷宫区域智力游戏吧。

这个游戏怎么玩？

你需要准备什么？ 2名玩家（每人1个6×6网格），以及一些用于记录从对手那里获得的信息的网格。

---

① 哦，你没听说过战舰游戏？嗯，战舰游戏和 LAP 游戏类似，但比 LAP 略逊一筹。

玩家的目标是什么? 在对手绘制出你的地图之前，先绘制出他的地图。

游戏规则是怎样的呢?

（1）首先，**悄悄地将你的网格划分为4个大小相等的区域：Ⅰ、Ⅱ、Ⅲ和Ⅳ**。每个区域恰好由9个相连的方格组成，对角连接的方格不算。我建议用以下3种方法来区分网格上的不同区域：数字、填充线条和彩笔（不过理论上，只用数字就足够）。

（2）双方轮流向对手**询问某个由方格组成的矩形的情况**（如B3到C4）。矩形的大小至少为2×2，也可以更大。你的对手会告诉你**这些方格属于哪个区域**（如属于Ⅰ、Ⅱ、Ⅳ、Ⅳ），但不会告诉**它们的具体构成**（如你不知道哪个方格属于区域Ⅰ）。

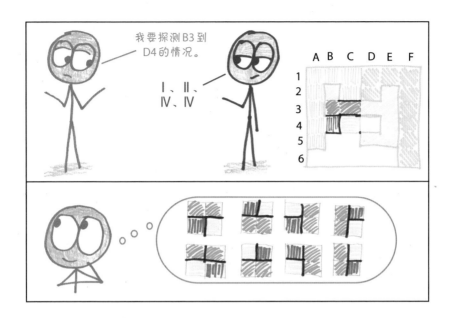

（3）当你推断出对手的网格布局时，**可以宣布自己要猜1次**。然后把你的猜测和对手的网格放在一起。如果它们完全相同，你就赢了。反之，你就输了。

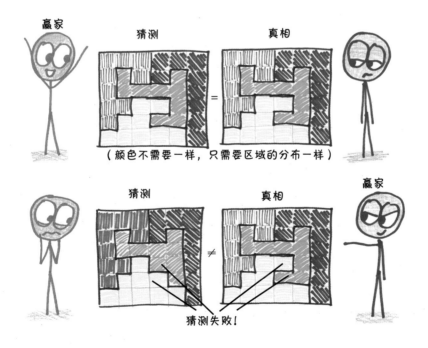

游戏体验笔记

由于这个游戏的根本目标是提取信息，所以它也被称为"小可爱探测器"，而提取信息正是该游戏的挑战和令人兴奋之处。

开始游戏时，我喜欢先探测网格的角落。例如，如果对手告诉我左上角的4个网格是3个区域Ⅰ方格和1个区域Ⅱ方格，那么我就知道它一定是以下3种阵形之一：

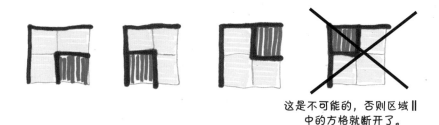

这是不可能的，否则区域Ⅱ
中的方格就断开了。

接下来，对手可能会告诉你右上角的4个方格都在区域Ⅰ。然后，你就能推断出顶部的一排方格都属于区域Ⅰ。因为如果它们不属于区域Ⅰ，要确保区域Ⅰ中的方格不断开，区域Ⅰ就需要将区域Ⅱ包围起来，但这是不可能的。如果不相信，你可以试一试：要么区域Ⅱ小于9个方格，要么区域Ⅰ大于9个方格。

这是不可能的，因为没有足够的
空间让一个区域包围另一个区域。

LAP游戏提供了一个经典的权衡场景：是应该寻求更多的信息，还是寻找更容易理解的信息？就我个人来说，我喜欢先探索角落，因为角落的逻辑推导比较清晰。但资深玩家巴特·赖特（Bart Wright，他使用的是8×8网格）更喜欢从中间开始，因为从中间方格的这些信息中，他通常可以推断出边缘的情况。因此，我的策略是选择易于理解的信息，而巴特的策略是选择更多的信息。

在设计自己的网格布局时，也要考虑战略因素。规整的大块区域会比较容易被识别出来，而有些网格的布局就特别巧妙：

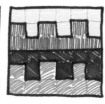

在莱赫最初的LAP游戏规则中，只允许探测2 × 2矩形，这样上图中的4种布局是无法区分的。这就是为什么我调整了规则，允许探测更大的矩形，以消除模棱两可的情况。

这个游戏从何而来？

这款游戏最初被发表在波兰一家报纸的专栏上，作者是游戏的创造者莱赫·皮雅诺夫斯基。后来他和著名游戏设计师锡德·萨克森分享了这款游戏。莱赫在给锡德的信中写道："收到这样一封来自遥远国度的无名之辈的书信，您一定非常惊讶吧。"事实证明，莱赫的担心是多余的，这个游戏让锡德眼前一亮。锡德费了好大的劲儿才将这款游戏从波兰语翻译成英语，并将其收录在他1969年出版的畅销书《游戏之域》中。LAP具备了锡德所说的一款好游戏应该具备的特点："简单易学，但有无限的策略可能性，让你有机会做出选择，在玩家之间建立互动，[①]最多可以玩一个半小时。"

很显然，锡德不仅喜欢这款游戏，对它的创造者也欣赏有加。他在书

① 好吧……你可以在这一项上给LAP游戏扣点儿分。它的风格属于玩家有时所说的"同时进行的单人游戏"。不过，毕竟不是所有游戏都能满足每个人的要求，除了"地板是熔岩"。

中写道："我们需要传递给彼此的信息太多了，可能要20年才能说完。"唉，可惜的是，莱赫在几年后就去世了，锡德比他多活了28年。

为什么这个游戏很重要？

因为没有任何信息是孤立存在的。

告诉我，你有没有过这样的经历：某人说了一句与事实不符的话，如"月亮是一个骗局"。对此，你会疑惑地问："你是说——登月是一个骗局？""不是，"他说，"我是说月亮的存在本身就是一个骗局。"你维护真相的正义感被激发，随即耐心地和他据理力争，直到最终说服他相信了真相。然而，几个月后，你又碰到了那个人……

他又开始胡说八道了。

到底是哪里出了问题？难道是你穿越到了过去，那时你的决定性论点还没有说给他听吗？所有来之不易的洞察力就这么消失了吗？

根据心理学家让·皮亚杰（Jean Piaget）的说法，我们对新信息的反应有2个基本过程。比较容易的是"同化"：调整新的事实以适应你现有的世界观。更艰难的是"顺应"：调整你的世界观，为具有挑战性的新事实腾出空间。

LAP游戏就是关于这一过程的玩具模型。例如，我被告知网格的左上角包含1个区域Ⅰ方格、1个区域Ⅱ方格和2个区域Ⅲ方格。如果仅基于这一信息推测，就有12种可能的布局。然而，尽管我的游戏棋盘此时还是一张白纸，但我的大脑中不是。我的大脑中存在一个既有的世界观，尤其是我知道每个区域的方格都是相互联系的。这就排除了角落里有孤立方格的布局。

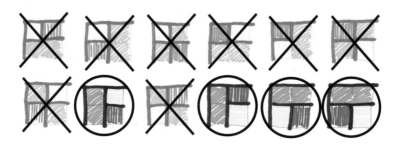

在吸收新信息的过程中，我修正并重新解释了这个信息，从12种可能性中筛选出4种。这就是同化的原理。用事实填满头脑和用水灌满容器不同，对任何一个有世界观的人——脉搏在跳动的人——来说，同化是一个积极的过程。

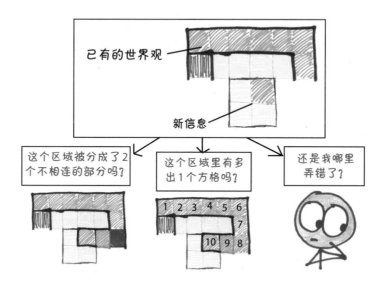

至于顺应，则发生在新信息迫使我直面错误的时候。假设我已经推导出——或者我认为已经推导出——网格最上面的2行。我对C3到D4进行探测，然后被告知其中包含3个区域Ⅰ方格和1个区域Ⅲ方格。

根据我的世界观，这是不可能的。所以，我必须放弃之前的观点。

就像在 LAP 游戏中一样，在生活中，知识不仅仅是一堆逻辑命题，它还是由信仰、经验和价值观连接在一起的网络。在新旧信息之间挣扎往往是我们学不进某些东西的原因。在对信息同化失败后，我们又没有勇气顺应，因此无论那些传入的新信息多么真实，都会像外来病原体一样被拒之门外。

想要说服你的人类同胞相信真相吗？太难了。你必须和他们的世界观对话，还要帮助他们了解如何在保持自己的价值观、身份和自我意识不变的情况下修正具体的信念。路漫漫其修远兮，为了建立这种信任，不妨从一场友好的 LAP 游戏开始。

变体及相关游戏

初学者 LAP：只需将你们的 6×6 网格划分为 2 个区域。

高手 LAP：将一个 8×8 网格划分为 4 个区域。这就是 LAP 游戏最初发行时的形式。一共有 64 个方格，而不是 36 个。如此一来，游戏的时间则会变长。

经典 LAP：每次都只能探测一个 2×2 矩形，不允许探测更大的矩形（注意：禁止使用"游戏体验笔记"中无法猜出的那类布局）。

彩虹 LAP：数学教育家伊丽莎白·科恩（Elizabeth Cohen）和瑞秋·洛唐（Rachel Lotan）在他们的《设计团队工作：异构课堂的策略》（*Designing Groupwork : Strategies for the Heterogeneous Classroom*）一书中给出了 LAP 的一个简单而巧妙的变体：在 4×4 网格上玩，划分 4 个大小相等的区域，但不是探测 2×2 矩形，而是**探测特定行或列**的情况。如果想加大挑战，可以尝试将一个 5×5 网格分成 5 个区域。

量子钓鱼

关于神秘手指的游戏

在本节内容开始前，受到内心良知的驱使，我要主动承认书中的一个错误。这本书里有很多谎言，但其中只有一个是我有意而为之的：还记得前面我说过量子井字棋是本书中最难的游戏吗？

事实上，真正的冠军光环属于本节闪亮登场的怪物——量子钓鱼。我认为，它是逻辑谜题、即兴喜剧和集体幻觉的混合体，使用的是一副你从未见过的奇怪的牌。坦白说，我到现在仍不是很了解它。不管怎样，对于一部以童年游戏开始的著作来说，我想不出比这个游戏更适合作为本书中一个小高潮的案例了，它的主要粉丝群体是数学专业的博士生。

这个游戏怎么玩？

你需要准备什么？ 3 ~ 8名玩家。游戏开始时，每人伸出4根手指，它们就是玩家的"牌"。

"牌"

玩家的目标是什么？ 有2种方法可以获胜：

（1）证明你有4张相同花色的牌。

（2）准确地说出每个玩家手里的牌。

游戏的规则是怎样的呢？

（1）首先，**没有人知道自己（或别人）的牌的花色。**一切都是谜。我们只知道**每种花色有4张牌**，有多少名玩家就有多少种花色。

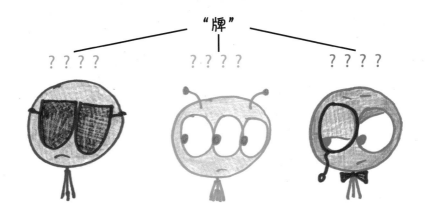

（2）当轮到你时，选择另一名玩家，**并询问他们是否有特定花色的牌。**首次提到某个新花色的玩家要给它起一个愚蠢的名字。注意，**你只能询问自己已有的花色，**也就是说，当你询问其他玩家有没有"独角兽"时，你其实是在承诺将自己的一张未知牌变成独角兽。

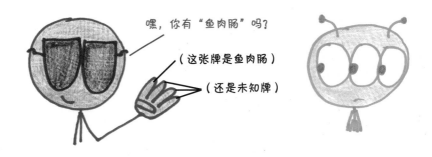

（3）被询问的玩家可以用以下2种方式之一做出回应：

①**"不，我没有。"**因此，他们所有的牌必是其他花色。

②**"是的，有1张。"**在这种情况下，他们要给提问的玩家1张牌（如

此一来，这张牌的花色就定了），而他们的其他牌仍然是个谜（可能属于，也可能不属于同一花色）。

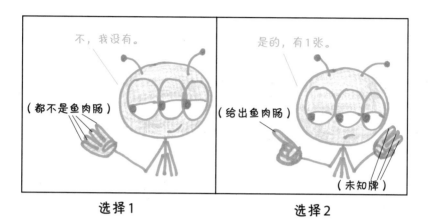

选择1　　　　　　　　　　选择2

（4）有时这种选择是被迫的。如果你之前已经承诺自己有"小萝卜"，那么当我问你要小萝卜时，你必须给我1个。如果不是被迫的，被询问的玩家可以按照自己的意愿做出回应。

（5）你可以通过以下2种方式获胜：

①当自己的回合结束时，**准确地说出每个玩家拥有哪些牌**。

②当自己的回合结束时，**证明你有4张相同花色的牌**。

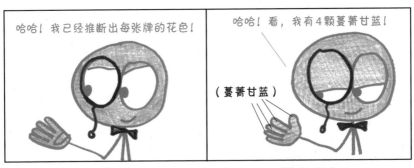

胜利方式1　　　　　　　胜利方式2

（6）不过，如果出现了逻辑上的悖论，即玩家集体拥有5张或5张以上相同花色的牌，而且当时没有人发现这个错误，那么所有人就都输了。

"玉米棒"的数量太多了，所有人都输了。

游戏体验笔记

一开始，我不理解这个游戏是如何展开的，直到观看了一局游戏，所以在此我将逐步呈现3名玩家玩的一场游戏。他们一开始有12张牌：3种花色，每种各4张。没人知道自己（或其他人）手中是什么牌。

　　小夏先开始，他问道："雅埃尔，你手里有'独角鲸'吗？"雅埃尔回答："我没有。"

N？？？　　　　　　（非N[1]）　　　　　？？？？

小夏　　　　　　　雅埃尔　　　　　　佐伊

　　接下来轮到雅埃尔了，她问："佐伊，你有'踌躇'吗？"

　　佐伊回答："是的，我有。"

　　这一轮的结果是佐伊剩下3张牌，而雅埃尔剩下5张牌，其中必然有2张是"踌躇"：一张是她问佐伊时就能确定拥有的；另一张是佐伊给她的。

N？？？　　　　　S^2S（非N）　　　？？？

小夏　　　　　　　雅埃尔　　　　　　佐伊

　　接下来轮到佐伊问了："雅埃尔，你有'疑虑'吗？"

　　这时，雅埃尔可能会忍不住说："没有。"但这将导致一个毁灭游戏的悖论：雅埃尔有3张不是"独角鲸"的牌；如果不是"疑虑"，那一定是"踌躇"。这样雅埃尔就有5张"踌躇"，这是不可能的。

　　所以，雅埃尔只能回答"是的"，并给佐伊一张"疑虑"。

接下来又轮到了小夏，小夏问佐伊："你有'独角鲸'吗？"

这是非常聪明的一招。如果佐伊说"没有"，那么雅埃尔或佐伊就都没有"独角鲸"，这样所有的"独角鲸"都在小夏手中，小夏就赢了。[2]如果佐伊说"有"，并给小夏1张"独角鲸"，那么小夏就拥有至少2张"独角鲸"。

接下来是雅埃尔，她问："小夏，你有'疑虑'吗？"这意味着雅埃尔所剩的牌中必有1张是第3张"疑虑"。

小夏选择回答"有"，并把最后一张"疑虑"给了雅埃尔。至此，所有"疑虑"的去向都已经明确。而且由于雅埃尔最后一张未知牌不可能是"独角鲸"，也不可能是"疑虑"，所以它一定是"踌躇"。

---

① Q为"Qualms"（疑虑）的缩写，下文不再标注。——译者注
② 游戏中可以约定，玩家禁止以4张相同花色的牌开局。根据这条规定，佐伊在这里必须说"有"。

接下来到佐伊提问："小夏，你有'踌躇'吗？"

这意味着佐伊的最后一张未知牌是"踌躇"，事实上，它也是最后一张"踌躇"，所以小夏不可能有"踌躇"。但他为什么要这么问呢？

因为这样佐伊就可以确定所有"踌躇"和"疑虑"的归属，也知道了小夏剩下的牌都是"独角鲸"。当佐伊把这个逻辑说明后，他赢得了比赛。[①]

非常简单，对吧？

我认识的一些数学家在玩游戏时禁止使用笔和纸，这样可以强迫你在头脑中追踪游戏进程。软件工程师安东·格拉申科（Anton Geraschenko）说："尽管这样做很有意思，但我还是想用一副实物牌来玩，因为它能够自动帮你完成许多记录工作，把你的大脑从循环中解放出来，从而更好地制定策略。"

我真心推荐安东的这个游戏系统，以下是你需要准备的：

（1）每个玩家都准备4个回形针（代表你的牌）。

（2）假设有 n 名玩家，**每个玩家都有正面朝上的 n 张卡片，编号为 $1 \sim n$**（代表你可能拥有的花色）。

在游戏的过程中，你可以通过以下步骤记录游戏状态的变化：

（1）如果你确定自己没有某组同花色的牌中的任何一张（因为你回答

---

① 尽管小夏在游戏结束时拥有4张独角鲸，但一开始只有3张，之后从佐伊那里获得了1张。

了"没有",或者这些牌都在别人手上),**就把对应的那张卡片正面朝下的。**

(2)**还未夹在纸上的回形针可能属于任何正面朝上的卡片。**

(3)如果你确定了一张牌的花色,**就把回形针夹在相应的卡片上。**如果你有多张那个花色的牌,就继续在那张卡片上夹回形针。

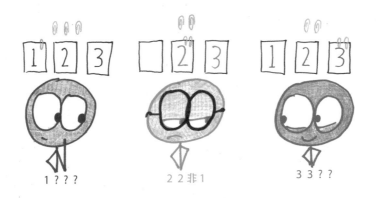

这个游戏从何而来?

这个游戏在数学家之间流传了多年。我对安东·格拉申科的游戏规则进行了些许改动,他是在加州大学伯克利分校读数学博士时接触到这个游戏的,而我们共同的朋友大卫·彭尼斯(David Penneys)是这个游戏的首席啦啦队队长。

那里的学生经常把它当作一种饮酒游戏来玩,我认为这有点疯狂,但令人亢奋。大多数饮酒游戏创造的都是失控的正反馈模式(也就是输了让你喝,喝了让你醉,醉了让你输,输了又让你喝……),而这个游戏采用的是更健康的负反馈模式——输了的人在下一轮将被禁止喝酒。

不管怎样,安东是从斯科特·莫里森(Scott Morrison)那里了解的这个游戏,莫里森说是迪伦·瑟斯顿(Dylan Thurston)教他的,但迪伦·瑟斯顿并不知道是谁发明了它,他与我分享了关于该游戏的最早记录:一封写于2002年的电子邮件,署名是他和单仲杰(Chung-chieh Shan)。那个旧版本（被称为"量子手指"）有几个不同之处：①当你拥有某个花色的4张牌时，就放下4根手指，但游戏没有结束；②只有放下全部手指时才能赢得游戏；③所有人都不能以4张相同花色的牌开局。

为什么这个游戏很重要？

因为这样的数学游戏解锁了我们自己所不知道的能力。

9岁那年，我收到一份改变我一生的礼物，它唤醒了我内心的魔法："尖峰时刻"。我说的不是那部叫《尖峰时刻》的动作片（虽然成龙和克里斯·塔克之间的化学反应非常神奇），而是一套五颜六色的塑料汽车和卡车玩具。它配有一个6×6网格和一副益智卡牌，每张卡牌上都描绘了一种交通堵塞场景，以便玩家调整车辆的布局。游戏的目标是移动这些小车，直到指定的红色汽车能够从边缘的路口逃脱。

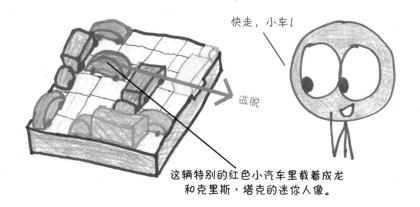

快走，小车！

逃脱

这辆特别的红色小汽车里载着成龙和克里斯·塔克的迷你人像。

当试图通过演绎的思维方式来解决难题时，我屡战屡败。我感觉自己的大脑就像一台20世纪80年代的电脑，太落后了，连必要的软件都无法运行。但当我停止思考，直接行动时，一切都豁然开朗了。我的手指表演着我的意识永远无法编排的舞蹈。尽管我不知道为什么或如何解开这些难题，但答案就像延时视频中的花朵一样绽放了。

这是我第一次体会到一个惊人的事实：思维拥有超越自身意识的力量，

我们的智力财富隐藏在不为人知的小金库中。

量子钓鱼是我所知道的最难的手指游戏。第一次玩它时，我十分怀疑自己迟钝的大脑能否处理所有必要的信息。不过话说回来，我在玩"尖峰时刻"的时候，不也是这么想的吗？扑克玩家对未知牌进行推理，国际象棋大师凭直觉判断威胁和机会，数独奇才在几分之一秒内推断出下一个数字……难道真的不存在类似的魔法？

游戏总是在推着我们走向伟大，不是吗？

这就是我们从祖先那儿继承的遗产。我们是从树上爬下来玩捉迷藏的猴子。我们是灵长类动物中的彼得潘，一群永远也长不大的黑猩猩。我们玩啊玩，只有当心脏停止跳动时，我们才会退出，让其他人接过游戏的接力棒。

虽然我已经忘记了高中化学的大部分知识，[①]但有一点还记得：在金属中，所有原子的电子都聚集在一起，围绕整个物质流动，形成一个共享的电荷库。这是我对游戏最直观的感受：游戏过程中有一种能量的汇集，一股从手流向眼，从一个玩家流向另一个玩家的电流。大家对彼此动作的共同期待创造了一种无法言说的东西——类似于心电感应。

量子钓鱼比我所知道的任何游戏都更能展示灵长类动物的这种原始的心电感应。这是一部由所有玩家共同书写的小说，每次提一个问题，动一根手指。就像金属外围流动的电子一样，它遵循逻辑和规则，但在爆发和火花中推进。

这就是为什么像我这样的数学老师会如此重视游戏。这并不是因为它们很有趣（尽管它们真的很有趣），也不是因为它们阐明了关键概念（尽管有些确实如此），更不是因为它们填补了假期前令人尴尬的课堂（尽管它们的确解救了我几次）。学校里的数学课经常要求我们独自推理，而游戏则迫使我们一起推理。只有这样，我们才能做到最好，擦出最多的火花，最充分地释放人类的天性。

---

① 真的真的真的很抱歉，杰克曼老师。

另外，谁不想把自己的手指称为"异常恒星"和"棒棒糖"呢？

变体及相关游戏

轮空一局：我比较喜欢那些不会出现逻辑悖论的游戏。就像你不会试图在国际象棋比赛中沿对角线移动车，如果你尝试这样做，其他玩家就会阻止你，而你只能换一种移动方式。但如果你愿意，你可以玩一个更残酷的版本：任何给出矛盾答案的人都将输掉游戏，作为惩罚，他不能参与下一局比赛。

继续玩：如果你拿到了同花色的 4 张牌，就放下 4 根手指。只有放下全部手指的人才能赢得比赛。

盲猜四重奏：这个游戏我是从文森特·范德诺特（Vincent van der Noort）那里获知的。在荷兰，"盲猜四重奏"游戏的玩法与量子钓鱼非常相似，除了有一点不同：当玩家提问时，必须问某张特定的牌。例如，玩家不能问"你有水果吗"，但可以问"你的水果里有香蕉吗"（其他水果可能是苹果、芒果和猕猴桃）。当然，只有当你有水果的时候，才可以问对方是否有香蕉。

盲猜四重奏扩展了这一原则。例如，游戏开始时，我可能会问："在 20 世纪 90 年代的乐队中，你们有'春巴旺巴'①吗？"如果你回答"没有"，你可能还有其他 20 世纪 90 年代的乐队，如"Eve 6"或"心灵蒙蔽合唱团"。给每张卡片都贴上标签可以给你带来更多这种微不足道的乐趣，但要注意可能出现悖论的地方：如果你手里拿着一张 90 年代乐队的牌，并且那副牌里已经有 4 张 90 年代乐队的牌被命名，那么你的牌一定在其中。

---

① 一支来自英国利兹的朋克乐队。——译者注

塞萨拉

归纳游戏

又到了快速学习词汇的时间。哲学中有以下2个关键术语：

演绎推理：用于建立逻辑链，从一般规律推出具体结论。

归纳推理：用于识别模式，从具体证据推出一般规律。

现在，让我们来回顾一下：大多数游戏采用的是哪种推理方式？

答案是演绎推理。我们从一开始就知道国际象棋的规则，策略上的挑战在于如何将这些规则应用于新的形势中。相比之下，需要你试图找出未知规则的归纳推理游戏是很少见的。不仅少见，还很特别。不仅特别，而且是一种引人入胜的科学探究模式。不仅是一种引人入胜的科学探究模式，还充满了奇妙的乐趣。

这个游戏怎么玩?

你需要准备什么? 3 ~ 5 名玩家、纸和笔。此外,每一局都需要一个 8×8 网格,并且其中的方格要足够大。

玩家的目标是什么? 找出放置数字的秘密规则。

游戏规则是怎样的呢?

(1)在游戏开始前,选一名玩家扮演规则设计者——制订一个在方格中写数字的秘密规则。玩家们也可以选择从 0 开始游戏(但不是必须从 0 开始,除非你的规则涉及"上一个"数字)。

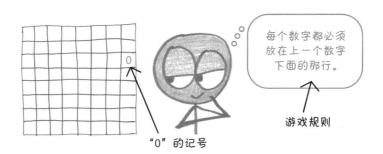

(2)然后其他玩家轮流用笔指向空白的格子,并问规则设计者:"我可以在这里写一个数字吗?"如果规则设计师回答"可以",就写下下一个数字;如果规则设计师回答"不可以",则什么都不要写。

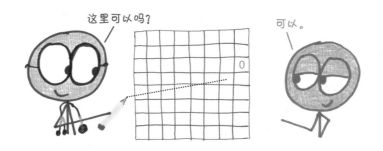

（3）在任意一个回合，尝试放置了一个数字之后，你都可以**尝试猜游戏的规则是什么**。如果你说错了，**规则设计者必须通过演示**①你所说的规则中不允许但他的规则中允许的移动，或②你的规则中允许但他的规则中禁止的移动来证明你是错的。不允许有其他提示或反馈。[①]

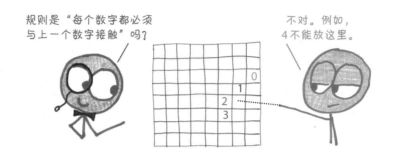

（4）**如果你猜对了规则，那么这局游戏就结束了。**将网格中最大的数字除以2（如果有必要，就向下取整），其结果就是猜对规则的你和规则设计者的得分。

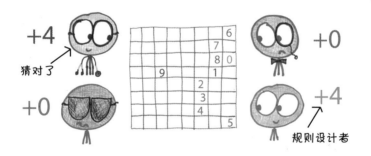

（5）不过，一局游戏也可以以其他方式结束：①网格中的最大数字已到20，但还没有人猜出规则，②网格中无法再放进任何数字，或者③有猜测者提出："我们应该放弃吗？"而其他人都表示赞同。在以上3种情况下，

---

① 在必要的情况下，规则设计者可能会引用过去出现过的反例（如你的规则禁止在这里设置数字，但你看，我们已经放了一个数字）或未来可能出现的反例（如你的规则适用于下一个数字，但不适用于下下个数字。看，这里有一个反例）。但是，如果一条规则正确地描述了所有过去的回合，并正确地预测了所有未来的回合，那么它就是正确的规则，即使它的措辞和规则设计者的有出入。

这轮比赛就被认为是僵局，因此所有人的得分都是0。

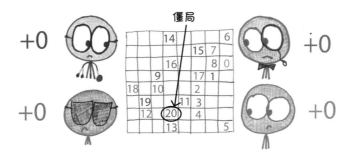

（6）一直玩到**每个玩家都当了一次规则设计者**（或者如果你喜欢，也可以每人当2次）。总分最高的玩家获胜。

规则设计笔记

有一点再怎么强调也不为过：**要让你的规则具有可猜性！**你扮演规则设计者的那一局是一个很好的得分机会，但如果以僵局结束，这个机会就被白白浪费了。另外，你的规则不能设计得太复杂、太古怪、太严格（以免到了数字20，其他玩家还猜不出来），也不能太宽松（以免玩家太快走完所有符合规则的位置）。记住，**规则总是总是总是比你想象的要难猜**。

综上所述，你的规则可以包括以下因素的任意组合：[①]

①**网格上的位置。**"如果网格的颜色和西洋跳棋的棋盘一样，那么你只能在黑色的方格上放置数字。"

②**数字本身。**"网格的上半部分只能放奇数，下半部分只能放偶数。"

③**与上一个数字的关系。**"每个数字都不能与上一个数字在同一行或同一列。"

---

① 我不建议制定那些基于无形因素的规则，比如谁放的数字，或者那个方格之前是否有人试过。但足够专业的玩家可能会忽略这个建议，因为他们倾向于忽略所有建议。

④所有之前的数字。"每个数字必须恰好与之前的某一个数字接触。"

游戏体验笔记

在塞萨拉游戏中，玩家们齐心协力地收集信息，希望发现一个能够支配和解释他们所看到的一切的规则，这就像是科学发展处于最棒的时刻。不过，只有一个人可以得分，这就有点像科学发展处于低迷期的状态了。

要怎样做才能领先竞争对手呢？记住，猜规则不仅是一个获胜的机会，还是一个收集信息的机会。提出一个类似"哪里都不能放置下一个数字"的规则，可以迫使规则设计者向你展示一个有效的移动。与此同时，要小心保护你的直觉：猜出一个几乎正确，但又不完全正确的规则可能会让你的对手捡漏并获胜。在公开猜测之前，建议先验证几次你的假设，这样会更安全。而对规则设计者来说，你的规则在这里就是一个科学定理，你既希望它能被其他人发现，但又不希望被太快发现。要怎么耍这个把戏呢？

当玩家猜错规则时，你要适时调整自己的反馈。一开始，为了拖延时间，不妨给出信息量最小的反例。之后，为了避免僵局，给出信息量最大的反例，突出规则的基本特征。

这个游戏从何而来？

塞萨拉游戏来自著名的"猜规则"归纳游戏家族。它的曾祖母是罗伯特·阿博特（Robert Abbott）在1956年发明的纸牌游戏——"埃莱夫西斯"（Eleusis），在这个游戏中，玩家试图解开发牌者制定的关于哪些牌是可玩的规则。阿博特的游戏孵化出了几个后代，包括约翰·戈尔登（John Golden）的巧妙游戏"埃莱夫西斯快车"（Eleusis Express）——由阿博特背书，锡德·萨克森的"图案2"（下一章有提及），科里·希斯（Kory Heath）的"禅道"（这一类型游戏中的杰作），以及塞萨拉游戏最直接的祖先——埃里克·所罗门的纸笔游戏（又被称为"埃莱夫西斯"）。我重新修改了所罗门的评分系统，把其中的字母换成数字，并将它从标记游戏变成了规则猜测游戏。这些改动足以让我为其取一个新名字。为了保留游戏原有的风格，我称它为"塞萨拉"（Saesara，希腊城市埃莱夫西斯的旧称）。

为什么这个游戏很重要？

因为这个游戏体现了科学思维的本质。

在过去的几个世纪里，科学按照自己的形象重塑了世界。[1]这并不是因为科学家的想法比我们其他人更好，他们也不一定会产生更多的想法。[2]科学家的特别之处不在于思考本身，而在于思考之后会发生什么。

他们会试图证明自己的想法是错误的。

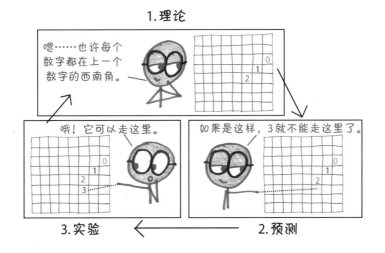

过程如下：首先，你要形成一个关于世界的想法。其次，你要根据这

---

[1]　达尔文在给朋友的信中写道："我今天很糟糕，很愚蠢，我讨厌所有人、所有事。"

[2]　有人问爱因斯坦，他是否随身携带笔记本，以便记录他的想法。爱因斯坦回答："哦，那没必要。我很少有什么想法。"

个想法提出一系列具体的预测。再次，通过实验来检验这些预测。最后，你重新开始这个循环，探索你最初的想法能否经受住实验的挑战。

听上去是不是很简单？其实既简单又不简单。以上的每个步骤都必不可少，而且比看上去要微妙和复杂得多。

首先，常见的做法是跳过第一步，没有想法就开始预测，这是致命的。你会先收集数据，然后再想出一个理论来适应结果。问题是，由此产生的假设会让人感觉相当真实，似乎已经是一个完整科学周期的成果，即使它还没有真正得到验证。毕竟，即使在一副洗过的牌中，你也能找到某种规律。[①] 但是，这并不意味着这个规律将在下次洗牌中仍适用。因此，你看起来直接跳到了步骤3，实际上还停留在步骤1。

其次，找到正确的预测是很难的。我们倾向于寻求确认："我的理论说X会发生，结果真的发生了。"但如果其他17个理论也都预测出了同样的结果，那么这些证据就毫无价值了。相反，你必须在可能的解释之中找到一个切入口，构建出一个让你的理论——而且只有你的理论——能够幸存下来的障碍。

----

① 我刚试过，我发现当连续出现2张红心、黑桃或方块时，第2张牌的点数总是更小。《数学年鉴》编辑部，快来联系我！

收集实验数据也是件苦差事。在塞萨拉游戏中，收集数据当然非常容易，只要指着方格进行验证就可以得到结果。但在真正的科学研究中，90%的痛苦和挣扎都发生在获取实验数据这一步：经济学家不能随机分配各国的利率，物理学家不能在实验室里复制宇宙大爆炸，心理学家也很难找到除上他们课的本科生之外的研究对象。我并不是说实验本身比理论更难，但值得注意的是，爱因斯坦早在1916年就提出了引力波的理论，但直到2015年，引力波才被探测到。

好吧，也许我就是在说实验比理论更难。准确地说，实验比理论的难度大了99年。

教科书会告诉你，数学是一门演绎学科。实际上，它是演绎的主体，自上而下、由规则支配思维的典范和缩影。但是谁会听教科书的呢？

"创造力是数学的核心和灵魂，" R.C.巴克（R. C. Buck）写道，"如果只看数学而不考虑其创造性的一面，就像在欣赏一张关于塞尚画作的黑白照片。我们也许能看到一些轮廓，但其中所有重要的东西都不见了。"

和其他科学家一样，数学家每天都在提出新想法，检验假设，做纸笔实验。和其他归纳游戏一样，塞萨拉游戏讲述了数学研究中不为人知的一面。正如马丁·加德纳（Martin Gardner）对"埃莱夫西斯"的评价："它揭示了那些在概念形成时所需的心理能力，这些能力似乎是有创造力的思想家产生'直觉'的基础。"

塞萨拉游戏是为有创造力的数学家、寻找规律的数学家和实验数学家而设计的一款游戏。如果你愿意，也可以说它是一款适合归纳数学家的游戏。

变体及相关游戏

极速塞萨拉：在一个6×6网格上玩，并将**僵局的阈值降低到10**。这个游戏的进程更快，会迫使规则设计者制定更简单的规则。

大型塞萨拉：在一个10×10网格上玩，并将**僵局阈值提高到30**。这使游戏的进程变得更长、更慢，也允许规则设计者制定更神秘和复杂的规则。初学者慎选！

沙中珠宝：对2～8名玩家来说，这是最简单（或许也是最巧妙）的归纳游戏。其中1名玩家是法官，他制定了一个**秘密规则来区分珠宝和沙子**。接下来法官会向其他选手提供以下信息：

（1）用于**分类**的对象的类别（如数字）。

（2）**珠宝示例**（如2 000）。

（3）**沙子示例**（如7）。

轮到你时，说出一个物体的名字，然后问"**它是珠宝吗？**"或"它是沙子吗？"。**如果法官回答"是"，继续提问题**；如果法官回答"不是"，你的回合就结束了。

在你的回合中，**你可以尝试猜规则**（如"数字100及100以上是珠宝，而低于100的数字是沙子"）。如果你错了，那么法官会给出一个反例（如"12是宝石"或"9 999是沙子"），然后你的回合就结束了。如果你猜对了，你就赢了，**并将担任下一轮游戏的法官**。

以下建议来自安迪·尤尔，几乎适用于学校的任何课堂：

化学：汞和溴是宝石，铁和氦是沙子。

英国文学："很快""昨天"和"这里"是珠宝，"我自己""自行车"和"绿色"是沙子。

历史：萨姆特堡和珍珠港是珠宝，葛底斯堡和中途岛是沙子。

音乐：D大调和G大调是珠宝，C大调和F大调是沙子。

不过安迪告诉我，他已经忘记了自己制定过的这些规则，所以你可以自由发挥想象力。

信息游戏大拼盘

你可以说每一款游戏都是信息游戏，因为每一轮游戏都或多或少会释放出某些信号，而棋盘就是一根低保真度的电话线，用于交换某种特殊形式的数据。没错，这么说也有点儿道理……可你为什么要这么说呢？毕竟，众所周知，以下这些生动有趣的小游戏才是真正的信息游戏。

战舰游戏

一款充满新奇术语的游戏

早在米尔顿·布拉德利（Milton Bradley）发明塑料版战舰游戏的几十年前，战舰游戏就早以纸笔游戏的身份华丽登场，并留下了浓墨重彩的一笔。一家报纸盛赞道："随着这个新游戏的出现，一系列新奇的术语席卷了整个国家。它带着一股浓郁的航海风，游戏场景如画般美丽，而且趣味性十足。'火炮齐射''在巡洋舰上击中我''我在巡洋舰里''我在你的射程内'诸如此类的术语为游戏增添了许多乐趣。"

战舰游戏的规则被调整过很多次，并衍生出众多玩法，下面是我最喜欢的一种。

（1）每个玩家绘制一个**10×10网格**（在每行前面用1～10编号，每列上面用A～J编号），并**悄悄地**在某一行或某一列中连续的方格上**放置5艘"战舰"**，占据的方格数分别为2，3，3，4和5，即战舰的长度。

（2）玩家通过以"字母＋数字"的方式指定3个方格，轮流向对方"发射导弹"。对手会告诉你这3次发射中有几次命中，但不会告诉你是哪一次中了。然后你可以把收集到的反馈记录在一个空白的10×10网格上。

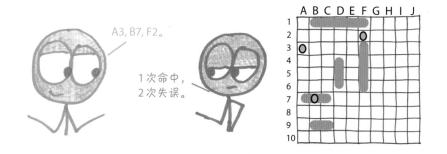

（3）当一艘战舰所在的方格都被"命中"时，它就沉没了。当你的战舰沉没时，你必须告诉对手它的长度。

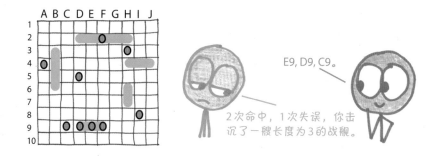

（4）最先击沉对手所有战舰的玩家为赢家。

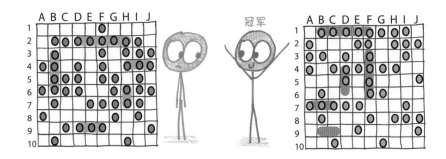

量子刽子手

多个单词的猜词游戏

在传统的猜词游戏中，玩家每次只猜1个字母，目标是在猜错8次之前猜出一个秘密单词。而在这个由阿维夫·纽曼（Aviv Newman）提出的狡猾的变体游戏中，你可以选择2个长度相同的单词，比如"SKUNK"（臭鼬）和"APPLE"（苹果）。然后让其他玩家猜字母，可能出现的结果如下。

（1）如果这个字母在2个单词中都不存在，那么玩家就猜错了。[①]如果这个字母在其中1个或2个单词中都出现了，就把它填到对应的空格里。

---

① 在游戏中，一般是通过画一个被绞死的小人来记录猜错的字母（所以这个游戏被称为"刽子手"），但我更希望孩子们玩的游戏里不出现这种可怕的画面，谢谢。

（2）在某些情况下，同一个空格会出现2个相互冲突的字母。这时，猜测者必须**通过选择保留哪个字母来"瓦解波形"**。

猜测者必须选择保留哪个（假设他们选了N）。

（3）就这样，2个单词中有1个被剔除了，它的所有字母都要从空格上删除。这可能会导致一些字母在追溯时被当作错误的猜测。

L变成了错误猜测（现在APPLE已经出局）

（4）自此，**游戏的进程就和普通的猜词游戏一样了**。如果猜错8次，猜测者就输了；如果在猜错8次之前猜出单词，猜测者就赢了。

猜测者**赢**了！　　　　　　　　猜测者**输**了！

如果想让游戏难度再增加一个级别，可以尝试同时猜3个单词。当第一次字母冲突出现时，玩家选择消除一个单词。之后另一个冲突将会出现，届时再确定最终留下哪个单词。

埋藏的珍宝

不用说谎的游戏

这个传统的双人游戏是我在埃里克·所罗门的著作《纸笔游戏》（*Games with Pencil and Paper*）中看到的。他指出："这个游戏允许虚张声势，但不要求玩家撒谎。"所以，它非常适合那些想耍点花招，但实际上很诚实的孩子。

首先，把字母 A ~ I 分别写在 9 张卡片上。随机抽 4 张给一名玩家，然后再抽 4 张给另一名玩家。接下来，对数字 1 ~ 9 重复同样的操作。看一眼你手中的卡片，但不要让对手看到。

现在还剩下 1 个数字和 1 个字母是双方都未知的。就像《妙探寻凶》（一款图版游戏）中无人认领的纸牌一样，这 2 张神秘的卡片指定了埋藏宝藏的方格。

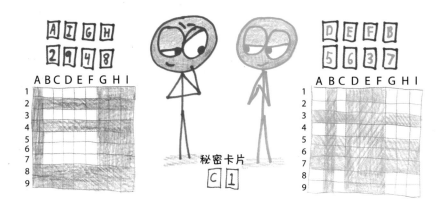

在每个回合中，玩家要完成以下 2 个动作。

（1）询问对方手中是否有某个特定的字母或数字。对方必须如实相告。这就是虚张声势的作用所在：你可以通过询问自己已经拥有的数字来迷惑对手。

（2）以"**字母+数字**"**的形式指出一个挖掘宝藏的地点。**如果对方持有其中任意一张牌，他就会回答"那里没有宝藏"。对手不需要透露自己持有的是哪张牌。

你的回合，步骤1　　　　　你的回合，步骤2

如果对方在你指出的宝藏位置一张对应的卡片都没有，那么有2种可能：①你在虚张声势，自己拿着其中一张对应的卡片；②你找到了正确的宝藏位置。如果是第一种情况，你就说："实际上，那里没有宝藏。"如果是第二种情况，你就获胜了，可以领取宝藏（游戏结束前一定要先检查隐藏的卡片，确认宝藏的位置是不是和你说的一样）。

埃里克·所罗门指出，理想的宝藏应该是"像太妃苹果糖那样有形的东西"。我认为他说的没错，所有的游戏奖励，包括汽车、海滩游和游戏机，如果它们是太妃苹果糖，效果会更好。

图案2

神秘的马赛克游戏

就像1990年的恐怖电影《矮人怪2》(Troll 2)与1986年的《矮人怪》(Troll)没有任何联系一样,锡德·萨克森的这个游戏也不是上文中某个游戏的续篇。它有自己的模式,至少需要3名玩家,4 ~ 5名最佳。

首先,**设计师通过在一个6×6网格中填充4个符号的任意组合来创建一个隐秘的图案。**其他玩家会询问图案的信息,并试图在尽可能少的提示下确定这个图案。

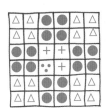 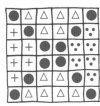 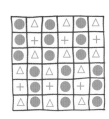 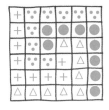

每个猜测者都从一个6×6空白网格开始。当玩家想要询问某个小方格**的信息时,**就用小斜线标记方格的左下角,**想了解多少就标记多少,**然后将网格交给设计师。设计师会在猜测者指定的方格内填上对应的符号,然后再偷偷地把网格传给对方。这个过程没有预先指定的"回合数",猜测者想重复多少次就重复多少次。

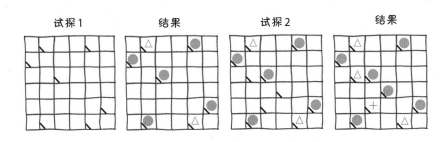

接下来，如果你确信自己已经知道了整个图案，就在剩下的方格中填上你觉得对的符号（如果你喜欢，也可以留一些空格）。在所有玩家都做出预测后，设计师会给他们一一打分，每猜对一个方格加1分，每猜错一个方格扣1分。

这样一来，胆大的玩家可能会根据相当少的信息进行猜测，冒着负分的风险来争取获得压倒性胜利。与此同时，谨慎的玩家可能更喜欢收集大量信息，然后对最后的几个方格做出自信的猜测。

设计师的得分是猜测者中最高分和最低分的差值。因此，理想的设计应该要尽量拉开猜测者间的差距：让图案对一个猜测者来说很容易，对另一个猜测者来说很难。

有的玩家可能会选择不猜，直接放弃，在这一回合得0分。如果有玩家选择放弃，设计师就要扣5分，而后续每多一个玩家放弃，设计师则要扣10分。还是那句话，图案比你想象的更难猜，所以无论你想的是什么图案，选一个简单的！

多玩几个回合，让每个玩家都当相同次数的图案设计师，总分最高者获胜。

赢-输-香蕉

社交推理游戏

这个具有划时代意义的游戏如今已经绝版，而且它只卖1美元，所以我觉得泄露游戏规则应该不是什么大问题。它就是游戏设计师马库斯·罗斯（Marcus Ross）所说的"最小型的社交推理游戏"，游戏中要求你盯着其他玩家（故称"社交"），提取必要的信息（故称"推理"），同时最好再享受其中的乐趣（故称"游戏"）。

要玩这个游戏，需要3名玩家和3张卡片，分别代表"赢""输"和"香蕉"。游戏开始时，给每名玩家发一张卡片，正面朝下。**拿到"赢"的玩家必须猜出另外2名玩家手中谁拿的是"香蕉"，而这2名玩家都要试图说服玩家"赢"选择自己。**

如果玩家"赢"猜对了，就是玩家"赢"和"香蕉"获胜。如果猜错了，就是玩家"输"获胜。

弗兰考-普鲁士迷宫

在摸索中前行的游戏

首先，画2个9×9网格：一个用来记录自己的行动轨迹，另一个作为对手的迷宫。

在迷宫中，在任何你喜欢的地方放置30个墙段，只要在起点（方格A1）和终点（方格I9）之间留一条开放的路径即可。

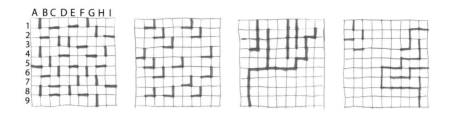

在每个回合中，**你朝任意方向移动，每次移动1步**，然后对手会告诉你是否撞到墙了，如果没撞到墙，就可以继续移动，并且**在一个回合中最多可以移动5步**。如果撞到了墙，则无法移动，该回合提前结束。下一个回合从你停下来的地方开始。

谁先到达右下角的终点，谁就是赢家。

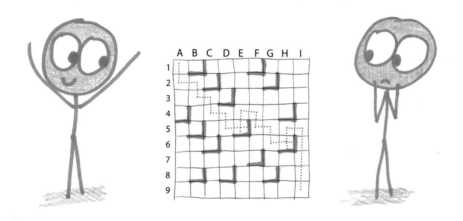

这个游戏还有一种"法式变体"：在一个10×10网格上玩，有40个墙段，移动的规则也有所变化。在每个回合中，你选择一个方向，然后沿着这个方向前进，直到被墙或棋盘的边缘拦住而停下。在下一个回合，你可以从上一回合路过的任何方格开始。

安德烈亚·安焦利诺建议，玩家在游戏中可以把自己想象成希腊英雄忒修斯正在神秘的迷宫中猎杀凶残的牛头人身怪。不过还有个更现代的场景，就是假装你在宜家商场里迷路了。正如豪尔赫·路易斯·博尔赫斯（Jorge Luis Borges）所言："世界本来就是迷宫，没有必要再建一座。"

结语

多年来，我的母亲雷打不动地坚持着一个原则：只让我们玩对学习有益的电脑游戏。因此，我和我的兄弟姐妹是在《数学冲击波》（*Math Blaster*）、《育空之路》（*Yukon Trail*）、《大脑博士的时间扭曲》（*The Time Warp of Dr. Brain*）和《祖比尼逻辑大冒险》（*The Logical Journey of the Zoombinis*）中长大的。这是一种健康的生活方式，或者至少是一种在学术层面有营养的生活方式。

母亲去世后，我们的世界陷入了混乱之中。13岁时，我终于得到了渴望已久的"垃圾食品"——"NHL目标粉碎"游戏。

对于NHL游戏，我最喜欢的是它的赛季模式。选择一支球队，然后打满82场比赛，再加上季后赛（为了加快速度，你可以让电脑模拟其中一些游戏）。赛季模式甚至允许你根据一个简单的算法交易球员：每个球员的评分是1～100，只要是大体公平的交易，对方球队都会同意，比如用67换66，或者用82换84。

这一点回旋的余地至关重要。这意味着你可以连续打几十个小小的升级，如从68到70到71到73到74，只要有足够的耐心，最终就能用一个板凳球员换到一个全明星。这是一个笨办法，速度非常缓慢，在球员的资料中没完没了地切换，但它是奏效的。

我是怎么玩这个游戏的呢？我花了几个小时把波士顿棕熊队（我家乡的球队）变成了一支不可战胜的强队，然后模拟了一个又一个赛季，看着他们打破纪录，赢得一连串冠军，建成了体育史上最伟大的王朝。而我自己从来没打过冰球比赛，只是天真地统治着这个被操纵的宇宙，就像某个自负的希腊神一样。NHL 目标粉碎游戏是一个谜，而我已经破解了它。

现在回想起来，我的母亲根本无须担心那些没有教育作用的电脑游戏，她的儿子甚至可以把游戏中最消磨时间、毫无意义的东西都变成电子表格。

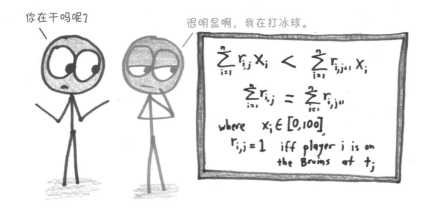

我承认自己毁掉了 2002 年的 NHL 目标粉碎游戏。容我辩解一下，这其实是数学家的一贯做法。数学家对游戏的喜爱就如同生物老师对青蛙的喜爱：这种喜爱是真诚的，但是致命的。他们将可怜的小动物解剖，分析并掌握了它们的内部运行原理，然后站在堆满青蛙尸体的田野上，大声地宣布："游戏破解了！"

数学家所说的"游戏"指的是其中的"谜题"，"破解"则是指游戏中的"湮灭"，也就是游戏的过程从开放式的即兴表演变成了单一的、可预见的结果。

瞧啊，你怎么长得这么好看！让我看看你肚子里的器官，好吗？

　　我试着在本书中加入一些难以破解的游戏。理由很简单：不停学习的大脑需要永不停止的教学体系。在最理想的情况下，每一款游戏都是一个无穷无尽的谜题集合，让你可以与对手密切合作：我的一举一动都让你感到困惑，而你的回应又给我带来了新的困惑……如此循环往复。从这个角度来看，国际象棋只不过是一台不断产生国际象棋问题的机器，一台永动的谜题机器而已。

　　尽管如此，你还是可以破解本书中一些相对简单的游戏。这就是数学游戏的基本悖论：游戏的乐趣在于它们的不可解性，但数学家坚持要破解它们。

为什么你要摧毁我的游戏？

这样我们就可以一起研究新游戏了呀！

你也会摧毁那些新游戏的，对吧？

我会尽竭尽全力的！

准备写这本书时，我读了马丁·加德纳在《科学美国人》上的经典专栏"数学游戏"。起初，他对游戏的选择让我困惑不已，因为他介绍的一些游戏，有的需要笨重的设备（马丁，请问我在哪里可以买到30×30棋盘？）；有的则存在于规则变化的迷雾中，而且他从未点明自己推荐使用哪些规则。更糟糕的是，所有游戏给我的印象几乎都是冷冰冰的，就像Nim编程语言一样抽象。当然，这些游戏从数学分析的角度来看是成熟的。但如果在家庭游戏之夜把它们拿出来，它们就会像臭气弹一样让人想逃离现场。这就是加德纳对游戏的理解吗？

是的，没错，尽管他把它们称为"游戏"，但实际上它们应该是谜题。你必须上升到更高的层次才能找到真正的游戏，这个真正的游戏是设计新规则的"元游戏"，是发明新逻辑游戏的逻辑游戏。加德纳知道数学游戏不是在线内上色，而是画出新的线。詹姆斯·卡斯写道："有限玩家是在界限内游戏，而无限玩家玩的就是界限游戏。"

至此，本书已接近尾声，我想以一个微小规则改变整个游戏的故事来结束。在这个故事中，对边界的一个小小的调整最终重新定义了整个领域。

1994年，来自21个国家的足球队聚集在一起，争夺加勒比海杯锦标赛的冠军。比赛规则都是既定的，除了决胜局中的一个变化：如果某支球队在加时赛中通过"突然死亡"获胜，那么制胜球将被算作2球。这是对比赛逻辑的一个微小调整，当然，它的影响也同样微乎其微，对吧？

1月27日，在与格林纳达的比赛中，巴巴多斯需要2球的胜利才能在决胜局中晋级。他们一直保持着2：0的领先局势，直到第83分钟，格林纳达进了1球，将巴巴多斯的领先优势缩小至2：1。巴巴多斯队士气大跌，除非他们能在最后7分钟再进1球，否则他们的比赛就结束了，格林纳达将取代他们晋级。

很快，巴巴多斯队就意识到，如果比赛进入加时赛呢？只要通过"突然死亡"获胜，就能给他们带来所需的胜2球。巴巴多斯队遵循锦标赛的规则，迅速向自己的球门射门得分，用一个乌龙球帮格林纳达将比分追成了2：2。

格林纳达队一开始很困惑，但很快就明白了对方的策略，并试图通过向自己的球门进球来扭转局面。但巴巴多斯队的速度更快，拼命地防守对手的球门。这时，足球赛的正常逻辑被打破：巴巴多斯队需要保持比分持平，而格林纳达队渴望在任何一个方向上打破平局。就这样，在这戏剧性的5分钟里，球迷们目瞪口呆地看着格林纳达队在球场的两端拼命地争取得分，而巴巴多斯队则坚守两边的球门。最后，时间到了。巴巴多斯队在加时赛中得分，确保了下一轮的参赛资格。

这就是数学游戏的力量。只要对基本逻辑进行微调，你就可以把一个由经验丰富的专业人士组成的体育竞技赛场，变成一个孩子们用来相互追逐的后院，当他们没完没了地来回追逐时，比赛的目标也在发生着变化。

类似的游戏来源

桌游：本书介绍了一些可以用家里的材料玩的游戏。但如果你追求更好的游戏体验，并愿意多花一些钱，桌游可以为你提供各种各样的乐趣，从休闲派对游戏到激烈的双人抽象游戏。以下是12款入门桌游：

· 《花砖物语》（Azul）：2017年，下一个游戏（Next Move Games）推出。

· 《角斗士》（Blokus）：2000年，教育洞察（Educational Insights）推出。

· 《质数攀登》（Prime Climb）：2014年，数学之爱（Math for Love）推出。

· 《四连战》（Quarto）：1991年，Gigamic推出。

·《扣扣棋》（*Qwirkle*）：2006年，迈得维（MindWare）推出。

·《茂林源记》（*Root*）：2018年，莱德游戏（Leder Games）推出。

·《圣托里尼》（*Santorini*）：2016年，莱利游戏（Roxley Game）推出。

·SET：1998年，SET企业（SET Enterprises）推出。

·《两河流域》（*Tigris & Euphrates*）：1997年，幸运的汉斯（Hans im Gluck）推出。

·《波长》（*Wavelength*）：2019年，棕榈园（Palm Court）推出。

·《翼展》（*Wingspan*）：2019年，斯通迈尔游戏（Stonemaier Games）推出。

·《智者与赌徒》（*Wits & Wagers*）：2005年，极北之星（North Star Games）推出。

数学谜题：本书主要介绍的是不可破解的游戏，但可破解的谜题也有其独特的乐趣。我在这里推荐大家可以阅读马丁·加德纳（参见参考书目）、雷蒙德·斯姆利安（Raymond Smullyan）[如《这本书的名字是什么？》（*What Is the Name of This Book*?）中的经典骑士—侠女谜题]、亚历克斯·贝洛斯（Alex Bellos）[如《你能解决我的问题吗？》（*Can You Solve My Problems*?）中的折中票价谜题]和卡特里奥娜·阿格（Catriona Agg）的作品。我也很喜欢埃德·索思豪尔（Ed Southall）与文森特·潘塔罗尼（Vincent Pantaloni）合著的《几何零食》（*Geometric Snacks*），以及稻叶直树与村上良一合著的《区域迷宫》（*Area Mazes*）。

数学游戏与烂插画（*Math Games With Bad Drawing*）：在这个网站上，你可以找到本书中一些游戏的在线版本，包括顺序游戏、语言游戏、蒲公英游戏等，一些可以打印出来的网格，这本书里没有收录的有奖游戏，以及很多有趣的东西。感谢我的朋友亚当·比德西把网站做得这么出色。

本书中 $75\frac{1}{4}$ 个游戏一览表

"那 $\frac{1}{4}$ 个游戏是什么？"你可能会问。哦，朋友，你还不知道吧， $75\frac{1}{4}$ 这个数字出自我的创新和高度严格的记账实践。

游戏的介绍	账面值	推理逻辑
独占一节（或在混合章节中有自己的部分）的游戏	1	这就是实打实的1
在另一个游戏的章节下"变体及相关游戏"中客串出现的游戏	$\frac{11}{12}$	因为我只是简单地讨论了这些游戏，所以在这里打个折，每个可算作少了8.3%的游戏
与原游戏的含义不同（但不是完全不同）的变体，或者实际上是谜题而不是游戏的游戏	$\frac{1}{4}$	我本来可以将这些游戏定价为 $\frac{1}{2}$ ，但我更希望让你的金钱或书籍更加物超所值
从表面上看，与原游戏基本相同	$\frac{1}{57}$	书里有57个这样的游戏，希望这个数字没有算错

以下按章节列出了本书中的各种游戏及其变体。除非特别注明，同一章中的各游戏需要的玩家数量和材料都相同。

章数		游戏数量
第1章	空间游戏	$14\frac{9}{19}$
第2章	数字游戏	$15\frac{47}{114}$
第3章	组合游戏	$16\frac{3}{19}$
第4章	风险与回报游戏	$14\frac{73}{76}$
第5章	信息游戏	$14\frac{14}{57}$
全书		$75\frac{1}{4}$

续表

上表中如有错误和矛盾之处，都是我的朋友汤姆·伯德特的错。[①]

空间游戏	玩家数量	准备材料	合计
点格棋	2	纸、笔	1
瑞典棋盘			$\frac{1}{57}$
点和三角形			$\frac{1}{4}$
纳扎雷诺			$\frac{1}{4}$
正方形珊瑚虫		（需要2种颜色）	$\frac{11}{12}$
抽芽游戏	2+	纸、笔	1
杂草游戏			$\frac{1}{4}$
点集游戏			$\frac{1}{4}$
抱子甘蓝游戏			$\frac{1}{57}$
终极井字棋	2	纸、笔	1
单次胜利			$\frac{1}{57}$
多数规则			$\frac{1}{57}$
共享领土			$\frac{1}{57}$
终极掉落三			$\frac{1}{4}$
双重游戏			$\frac{1}{4}$
蒲公英游戏	2	纸、笔	1
平衡调整			$\frac{1}{57}$
计分			$\frac{1}{57}$
随机种植	（1）		$\frac{1}{4}$
对手蒲公英		（需要2种颜色）	$\frac{1}{4}$
合作蒲公英			$\frac{1}{57}$
量子井字棋	2	纸、笔	1
多个世界的量子井字棋			$\frac{1}{4}$
量子井字棋锦标赛			$\frac{1}{4}$
量子国际象棋		棋盘、棋子、硬币	$\frac{11}{12}$

[①] 也许你会问："为什么呢？这又不是汤姆做的表格。"说的没错，就是要怪他没有帮我做这个表格。

续表

其他空间游戏			
一串葡萄	2	纸、笔（2种颜色）	1
中子	2	纸、笔、游戏棋（其中5个是一种式样，另外5个是一种式样，还有1个是第3种式样）	1
秩序与混乱	2	纸、笔	1
喷油漆	2	纸、笔（2种颜色）	1
3D井字棋	2	纸、笔	1
		所有空间游戏	$14\frac{9}{19}$

数字游戏	玩家数量	准备材料	合计
筷子游戏	2+	手	1
筷子游戏模n		（纸、笔）	$\frac{1}{4}$
筷子截断			$\frac{1}{57}$
得零而胜			$\frac{1}{57}$
单指失败			$\frac{1}{57}$
太阳			$\frac{1}{57}$
僵尸			$\frac{1}{57}$
顺序游戏	2	纸、彩笔	1
三人游戏	（3）		$\frac{1}{57}$
四人游戏	（4）		$\frac{1}{57}$
自由开局			$\frac{1}{57}$
新鲜种子			$\frac{1}{57}$
静态对角线			$\frac{1}{57}$
从33到99	2~5或者更多	纸、笔、计时器、5个标准骰子	1
24秒游戏		（纸、笔、计时器，4个10面骰子）	$\frac{11}{12}$
银行家		（纸、笔、骰子）	$\frac{11}{12}$
数字格		（纸、笔、1个10面骰子或标准骰子）	$\frac{11}{12}$

续表

数字游戏	玩家数量	准备材料	合计
一分钱智慧	2 ~ 6	一罐硬币	1
其他初始硬币			$\frac{1}{57}$
新的找零规则			$\frac{1}{4}$
翻转游戏	（2）	（10个标准骰子）	$\frac{11}{12}$
预言游戏	2	纸、彩笔	1
异形棋盘			$\frac{1}{57}$
多人模式	（3 ~ 4）		$\frac{1}{57}$
×预言			$\frac{1}{57}$
数独板		（未解开的数独、彩笔）	$\frac{1}{4}$
其他数字游戏			
平庸之才	3、5或7	纸、笔	1
黑洞	2	纸、彩笔	1
塞车游戏	2	纸、笔	$\frac{1}{4}$
老板的谷仓（在"塞车游戏"下面）	2	纸、笔	$\frac{1}{4}$
星系棋	1	纸、笔（最好是彩笔）	$\frac{1}{4}$
锁定网格	2	网格纸、笔（最好是彩笔）	1
收税员	1或2	纸、笔	1
爱情与婚姻	15 ~ 50	纸、便利贴、笔、大的纸张	1
		所有数字游戏	$15\frac{47}{114}$

组合游戏	玩家数量	准备材料	合计
SIM 游戏	2	纸、彩笔	1
突发奇想的 SIM 游戏	（3）		$\frac{1}{57}$
吉姆 SIM 游戏			$\frac{1}{57}$
林 SIM	（6～30）	（大的纸张、马克笔）	$\frac{1}{4}$
Teeko 游戏	2	纸、2种游戏棋（每种4枚）	1
Achi			$\frac{11}{12}$
全后象棋		（2种游戏棋，每种6枚）	$\frac{11}{12}$
原版 Teeko 游戏			$\frac{1}{57}$
邻居游戏	2～100	纸、笔、10面骰子	1
老版邻居游戏		（纸、笔、一叠卡片）	$\frac{1}{57}$
开放式棋盘	（2～8）		$\frac{1}{57}$
华兹华斯游戏	（2～6）	（纸、笔）	$\frac{11}{12}$
直角游戏	2	纸、彩笔	1
多人模式直角游戏	（3～4）		$\frac{1}{57}$
外围直角游戏			$\frac{1}{57}$
四边形和类星体		（大网格棋盘、一罐硬币）	$\frac{11}{12}$
亚马逊棋	2	棋盘、一罐硬币、2种游戏棋（每种3枚）	1
6×6亚马逊棋		（同上，但每种游戏棋只需2枚）	$\frac{1}{57}$
10×10亚马逊棋		（同上，但每种游戏棋需4枚）	$\frac{1}{57}$
收藏家游戏		纸、彩笔	$\frac{11}{12}$
Quadraphage		（棋盘、一罐硬币、若干游戏棋）	$\frac{1}{4}$
马粪游戏		（棋盘、一罐硬币、2枚马棋）	$\frac{11}{12}$
其他组合游戏			
转折点	2或4	网格、可以指向某个方向的游戏棋多枚（如金鱼饼干）	1
多米诺工程	2	纸、笔（或者多米诺骨牌）	1

续表

其他组合游戏			
别断线	2	纸、笔	1
猫和狗	2	纸、笔	1
听你的	2	纸、笔	1
		所有组合游戏	$16\frac{3}{19}$

风险与回报游戏	玩家数量	准备材料	合计
削弱游戏	2	手	1
增强游戏			$\frac{1}{57}$
摩拉游戏			$\frac{11}{12}$
多人模式削弱游戏	(3~4)		$\frac{1}{57}$
失望游戏		(纸、笔)	$\frac{1}{4}$
琶音游戏	2	纸、笔、2个标准骰子	1
多人琶音	(3~6)		$\frac{1}{57}$
升调游戏（单人）	(1)		$\frac{1}{4}$
升调游戏	(2~10)		$\frac{11}{12}$
离谱游戏	3~8	纸、笔、上网设备	1
比值评分			$\frac{1}{57}$
没有答案的答题游戏	(3)	(纸、笔)	$\frac{11}{12}$
纸上拳击	2	纸、笔	1
传统纸上拳击			$\frac{1}{57}$
纸上综合格斗			$\frac{1}{57}$
布洛托			$\frac{1}{4}$
脚步游戏			$\frac{1}{4}$
赛车游戏	2	纸、笔	1
碰撞惩罚			$\frac{1}{57}$
多人赛车	(3~4)		$\frac{1}{57}$
汽油泄漏			$\frac{1}{57}$
夺取旗子			$\frac{1}{57}$
调整起跑线			$\frac{1}{57}$
穿过关口			$\frac{1}{57}$

续表

风险与回报游戏	玩家数量	准备材料	合计
其他风险与回报游戏			
小猪游戏	2 ~ 8	纸、笔、2个标准骰子	1
交叉游戏	2	纸、彩笔	1
石头剪刀布和蜥蜴、斯波克	2	手	1
到101就输了	2 ~ 4	纸、笔、1个标准骰子	1
骗局游戏	10 ~ 500	卡片（每个玩家10张）、笔	1
排序游戏	3+	纸、笔、上网设备	1
		所有风险与回报游戏	$14\frac{73}{76}$

信息游戏	玩家数量	准备材料	合计
靶心游戏	2	纸、笔	1
允许重复			$\frac{1}{57}$
自证其罪			$\frac{1}{57}$
识破谎言			$\frac{1}{57}$
守口如瓶			$\frac{1}{57}$
Jotto游戏			$\frac{11}{12}$
买者自负	2 ~ 8	纸、笔、5个日常物品	1
真实拍卖			$\frac{1}{57}$
说谎者骰子		（每个玩家：5个标准骰子、1个杯子）	$\frac{11}{12}$
说谎者扑克		（每个玩家：1张1美元纸币）	$\frac{1}{4}$
LAP游戏	2	纸、彩笔（最好有4种颜色）	1
初学者LAP			$\frac{1}{57}$
高手LAP			$\frac{1}{57}$
经典LAP			$\frac{1}{57}$
彩虹LAP			$\frac{1}{57}$

续表

信息游戏	玩家数量	准备材料	合计
量子钓鱼	3 ~ 8	纸、笔、回形针（如果你胆子够大，也可以只用手）	1
轮空一局			$\frac{1}{57}$
继续玩			$\frac{1}{57}$
盲猜四重奏			$\frac{1}{57}$
塞萨拉	3 ~ 5	纸、不同颜色的笔	
极速塞萨拉			$\frac{1}{57}$
大型塞萨拉			$\frac{1}{57}$
沙中珠宝	(2 ~ 8)		$\frac{11}{12}$
其他信息游戏			
战舰游戏	2	网格纸、笔	1
量子刽子手	2 ~ 10	纸、笔	1
埋藏的珍宝	2	网格纸、笔	1
图案2	3 ~ 5	网格纸、笔	1
赢—输—香蕉	3	纸、笔	1
弗兰考—普鲁士迷宫	2	网格纸、笔	1
		所有信息游戏	$14\frac{14}{57}$

尾声

这段话写于2021年5月的一天，当时我刚刚接种完最后一剂新冠病毒疫苗。这是苦乐参半的一天：在告别这糟糕而魔幻的一年的同时，我也告别了陪伴我一年的写作项目。在这里，要对帮助我完成本书的各位朋友表达感激，我的感激之情远超过GDP的100%：你们不但丰富了我的书，更丰富了我的人生。

致谢

注：大致按出场顺序。

编辑贝基·高： 她在2019年2月提出了这本书的选题，并委婉地说服我别像老爷爷一样把故事讲得太冗长。

顾问达都·德维斯克和史蒂夫·特洛哈： 他们开启了我的写作生涯，自从他们出现在我的生命中，我对那些只有一个出版经纪人的作者深感同情。

数学和游戏伙伴（在新冠肺炎疫情暴发之前，他们为我提供了非常有用的游戏反馈，并陪伴我度过了愉快的时光）：艾比·马什、乔·罗森塔尔、马特·唐纳德、菲尔·麦克唐纳、泰勒·麦克唐纳、布列克特·罗伯逊、安德鲁·罗伊、杰弗里·拜、罗伯·利巴特、维托·索罗、杰夫·科斯利格、玛丽·科斯利格、吉姆·奥尔林、珍娜·莱布、卡什·奥尔林、贾斯汀·巴勒莫、丹尼斯·加斯金斯、约翰·戈尔登、戈德·汉密尔顿、丹·芬克尔、安德鲁·贝弗里奇、丹·奥洛夫林（我打算在他读到这里的时候，再把他的书还给他）、娜塔莉·维加-罗兹、吉姆·普罗普、亚当·比尔德西，还有圣保罗学院的老师和同学们。

游戏设计师（他们热情地欢迎一个笨拙的新人加入，并提供了许多有建设性的意见，我采纳了其中一些）：参加明尼苏达 Protospiel 2020 年聚会的所有人，以及安迪·尤尔和乔·基森韦瑟，能在本书中介绍他们发明的游戏，我感到很自豪。

我的游戏测试者（在无法进行现场测试的那段时间，他们会主动通过电子邮件试玩游戏。这 300 多位游戏测试者对 40 多种游戏进行了 1 300 次测试，如此才成就了本书。如果没有他们，我根本不可能完成这一切。我对他们心怀内疚，因为对于他们的无私奉献，我没有回报足够的欢呼声。而且由于篇幅所限，我只能列出他们中填写过最多游戏调查问卷的几十位，这是一个有意义，但有点武断的衡量标准）：米哈伊·马卢塞克、迪伦·凯恩、约瑟夫·基森韦瑟、杰米·罗伯茨、凯蒂·麦克德莫特（她真诚大方、积极向上，反馈的调查问卷读起来总是令人很愉快，时时提醒着我写这本书的初心）、安迪·朱尔、扎克、F.J.普卢默、扬·让雷诺、什里亚·纳维尔、丽莎、埃里克·海恩斯、菲洛梅娜·琼娜、金、康妮·巴恩斯、格伦·林、朱莉·贝林汉、伊莎贝尔·安德森、斯科特·米特曼、罗克珊·皮塔德、史蒂文·蓝迪、米歇尔·西克罗、伊曼纽尔·巴列特、保罗·方斯塔德、约翰·哈斯里格雷夫、弗洛、玛拉基·库特纳、米歇尔·塞里奇、史蒂文·戈德曼、凯利·伯克、玛丽娜·什拉戈、莎拉·詹森（她建议把"秩序与混乱"更名为"父母与孩子"）、纳撒尼尔·欧、纪纪姆·杜维尔、丹尼斯、史蒂芬妮·摩尔、保罗·伊莫里、卡特琳、莫娜·亨尼格尔、艾米丽·丹尼特、亚伦·卡彭特、黛比·维瓦里、科里、卡罗尔·比利克、杰西·厄莱因、威廉·科、蒂姆·牛顿、瓦尔希亚、辛迪·法拉、阿纳斯塔西娅·马丁、希拉、埃里克·汉森、米哈尔·鲁道夫、里奇·贝沃根、香农·基特、诺玛·戈登和阿奇塔。此外，还要感谢为色盲读者提供反馈的几位：汤姆·弗莱斯、斯里亚·纳维尔及其家人，还有克里斯汀·劳森。

网站大神亚当·彼得希：他创建了非常好用的"MathGamesWithBad-Drawings.com"网站，请你一定要去看看。

出版方（他们将一堆格式奇怪的文件变成了一本真正的书）：卡拉·桑顿、贝琪·赫尔塞博斯、汉娜·琼斯、梅兰妮·戈尔德、凯蒂·贝内兹拉、保罗·凯普尔、亚历克斯·布鲁斯、洛里·帕西玛迪斯、弗朗西斯卡·贝戈斯，以及黑狗出版社的所有人。

我知道，以上还漏掉了无数名字。对这些名字，以及它们所代表的人，我深表歉意。还要特别感谢我的家人、我的朋友、我的同事、我的学生、我的泰伦和凯西。

这就是本书的尾声了。不过，如果你想继续盯着这一页，期待看到一点儿彩蛋，比如乔什·布洛林戴上一只漂亮的手套（或者我们在漫威电影结尾等待的任何东西——我不知道具体是什么），请自便。

常见问题列表

嘿，为什么你要把参考书目弄成一个"常见问题列表"？

因为这是我的书，朋友，如果我愿意，我可以选择任何奇怪的形式。

以下这些是真正的问题吗？当然是，每句话都有问号什么的。

不，我的意思是，他们真的是"经常被问及"吗？这取决于你对"经常"和"被问及"的定义。

我明白了，所以这些所谓的"问题"只是你介绍参考资料来源的借口。你怎么敢这么说？你说的这句话是一个指控，不是一个问题。不过，你说的倒也没错。

好吧，那你在写作时参考了什么书呢？

我很高兴你问了这个问题！先不谈我在写特定章节时所参考的书（稍后会具体介绍），以下是本书在整体写作中的参考书目。

迈克尔·艾伯特（Michael Albert）、理查德·诺瓦科夫斯基（Richard Nowakowski）和大卫·沃尔夫（David Wolfe），《游戏课程：组合博弈论导论》（*Lessons in Play : An Introduction to Combinatorial Game Theory*，马萨诸塞州韦尔斯利镇：A. K.彼得斯出版社，2007年）。

利·安德森（Leigh Anderson），《游戏圣经：300多款游戏的规则、装备、策略》（*The Games Bible: Over 300 Games: The Rules, the Gear, the Strategies*，纽约：沃克曼出版公司，2010年）。

安德烈亚·安焦利诺，《超有趣的纸笔游戏》（纽约：斯特灵出版社，1995年）。这本书是弗兰考—普鲁士迷宫游戏、赛车游戏、点和三角形、纳扎雷诺、脚步游戏和靶心游戏的参考来源。

R.C.贝尔（R. C. Bell），《来自不同文明的桌游》（*Board and Table Games from Many Civilizations*,

纽约：多佛出版社，1979年）。

埃尔温·伯利坎普、约翰·康威和理查德·盖伊（Richard Guy），《数学游戏的制胜之道》（第1—4卷，马萨诸塞州韦尔斯利镇：A. K.彼得斯出版社，2001年）。这本书是多米诺工程、点格游戏、抽芽游戏、塞车游戏、老板的谷仓游戏的参考来源。

罗杰·凯卢瓦（Roger Caillois），《人，玩耍和游戏》[*Man, Play, and Game*，英译本由迈耶·巴拉什（Meyer Barash）翻译，香槟市：伊利诺伊大学出版社，2001年]。

詹姆斯·卡斯，《有限与无限的游戏》（*Finite and Infinite Games*，纽约：自由出版社，1986年）。

格雷格·科斯蒂基安，《游戏中的不确定性》（*Uncertainty in Games*，马萨诸塞州剑桥市：麻省理工学院出版社，2013年）。

詹姆斯·欧内斯特，《赫尔曼酋长的假日趣味套装：美好生活指南》（*Chief Herman's Holiday Fun Pack : Instruction Booklet and Guide to Better Living*，西雅图：便宜游戏出版公司，2000年）。这是一分钱智慧、翻转游戏、骗局游戏、爱情与婚姻游戏的参考来源。

斯基普·弗雷（Skip Frey），《骰子游戏的完整之书》（*Complete Book of Dice Games*，纽约：哈特出版公司，1975年）。这是小猪游戏的参考来源。

马丁·加德纳，《打结的甜甜圈和其他数学娱乐》（*Knotted Doughnuts and Other Mathematical Entertainments*，纽约：W. H.弗里曼出版公司，1986年）。这本书是SIM游戏、赛马游戏、Quadraphage游戏的参考来源。

马丁·加德纳，《数学狂欢节》（*Mathematical Carnival*，纽约：企鹅出版集团，1990年）。这是抽芽游戏、塞车游戏、老板的谷仓的参考来源。如果没有加德纳留在《科学美国人》中"数学游戏"专栏上的遗产，这本书很可能就不存在了。不过，他的贡献远不止于数学游戏。道格拉斯·霍夫施塔特称赞他是"20世纪美国最伟大的智者之一"，史蒂芬·杰·古尔德称赞他是"捍卫理性和优秀科学的明亮灯塔，对抗着我们周围的神秘主义和反智主义"。我认为他最被低估的优点是他优秀的品位，没人能像他一样精准地收集那些既容易理解又有深度的问题。

道格拉斯·霍夫施塔特，《无所不在的模式识别：寻找心灵和模式的本质》（*Metamagical Themas : Questing for the Essence of Mind and Pattern*，纽约：基础图书出版公司，1985年）。这本书是削弱游戏、增强游戏、失望游戏、平庸之才游戏的参考来源。

约翰·赫伊津哈（Johan Huizinga），《游戏人：文化中的游戏元素研究》（*Homo Ludens : A Study of the Play-Element in Culture*，伦敦：红杉燃烧出版公司，1980年）。

沃尔特·尤里斯，《100个纸笔策略游戏》（伦敦：卡尔顿图书出版公司，2002年）。这本书是正方形珊瑚虫、点集游戏、一串葡萄、黑洞、收藏家游戏的参考来源。

倪睿南（原名莱纳·尼西亚），《正确解释骰子游戏》（蓝狒犬出版公司）。这是从33到99、银行家游戏的参考来源。

大卫·麦克亚当斯（David McAdams），《游戏规则改变者：博弈论和改变战略形势的艺术》（*Game-Changer : Game Theory and the Art of Transforming Strategic Situations*，纽约：W. W.诺顿出版公司，2014年）。

伊凡·莫斯科维奇（Ivan Moscovich），《1 000种玩法思考：谜题、悖论、幻觉和游戏》（*1 000 Playthinks : Puzzles, Paradoxes, Illusions, and Games*）。这是交叉游戏的参考来源。

若昂·佩德罗·内图（João Pedro Neto）、乔治·努诺·席尔瓦（Jorge Nuno Silva），《数学游戏：抽象的游戏》（*Mathematical Games : Abstract Games*，纽约州米尼奥拉：多佛出版社，2013年）。

奥里奥尔·里波尔，《一起来玩：世界各地的100款游戏》（芝加哥：芝加哥评论出版社，2005年）。这本书是摩拉游戏的来源。

锡德·萨克森，《游戏之域》（纽约：多佛出版社，1969年）。这本书是别断线、纸上拳击、LAP游戏、图案2游戏的来源。

R.韦恩·施米特伯格，《经典游戏的新规则》（纽约：约翰威立国际出版集团，1992年）。这本书是华兹华斯及其几个变体游戏的来源，包括靶心游戏的变体。

约翰·夏普（John Sharp）、大卫·托马斯（David Thomas），《趣味、品位和游戏：一种闲散、无生产力和好玩的美学》（*Fun, Taste, and Games : An Aesthetics of the Idle, Unproductive, and Otherwise Playful*，马萨诸塞州剑桥市：麻省理工学院出版社，2019年）。

埃里克·所罗门，《纸笔游戏》（多伦多：通用出版公司，1993年）。这本书是华兹华斯游戏（也就是"想一个字母"游戏）、埋藏的珍宝，以及纸笔版的埃莱夫西斯游戏（这个游戏是塞萨拉游戏诞生的灵感来源）的参考来源。

弗朗西斯·苏（Francis Su），《数学的力量》（*Mathematics for Human Flourishing*，康涅狄格州纽黑文：耶鲁大学出版社，2020年）。

布莱恩·厄普顿（Brian Upton），《游戏的美学》（*The Aesthetic of Play*，马萨诸塞州剑桥市：麻省理工学院出版社，2015年）。

所以你的参考文献都是书籍吗？没有网站吗？ 怎么可能，以下就是其中一部分。

美国游戏杂志（The American Journal of Play）：由纽约罗彻斯特的斯特朗国家玩具博物馆（Strong National Museum of Play）运营。网址 https：//www.journalofplay.org。

桌游极客网站（Board Game Geek）：这是本书不可或缺的一个参考来源，更重要的是，这里汇聚了很多乐于助人、热情友爱，但难以取悦的游戏爱好者。它的作用是不可取代的。网址 http：//boardgamegeek.com。

博纳骰子（Bona Ludo）：一个优秀的桌游博客。网址 http：//bonaludo.com。

让我们一起与数学玩耍（Let's Play Math）：由丹尼斯·加斯金斯（Denise Gaskins）运营的一个面向教师和家庭教育的宝库。网址 http：//denisegaskins.com。

数学之爱（Math for Love）：这个网站由丹·芬克尔（Dan Finkel）和凯瑟琳·库克（Katherine Cook）运营，上面提供了许多课堂上可以用的好想法，以及关于质数攀登游戏和圆点卡游戏的信息，这2款获奖的数学棋盘游戏——如果我有资格这么评价的话——可以说相当出类拔萃。网址 https：//mathforlove.com。

数学怪人（Math Hombre）：约翰·戈尔登教授的个人网站，充满了伟大的思想和迷人的魅力。网址 http：//mathhombre.blogspot.com。

数学难题（Math Pickle）：另一个家庭教育和课堂游戏资源宝库。由罗拉·萨尼奥（Lora Saarnio）和戈德·汉密尔顿（Gord Hamilton）运营，他们设计了一款非常巧妙的桌游——圣托里尼游戏。网址 https：//mathpickle.com。

我的最爱，米宝（My Kind of Meeple）：艾米莉·萨金特（Emily Sargeantson）撰写的关于桌游世界的博客，既有趣又有着深刻的见解。网址 https：//mykindofmeeple.com。

关于游戏的错误观点（So Very Wrong about Games）：我最喜欢的桌面游戏播客之一（网址 http：//twitter.com/sowronggames）。其他几个分别是，破解桌面游戏（Breaking Into Board Games）、游戏学（Ludology）和这款游戏很糟糕（This Game Is Broken）。

和你的孩子谈论数学（Talking Math with Your Kids）：克里斯托弗·丹尼尔森（Christopher Danielson）运营的网站，旨在激发大人和孩子之间的数学对话。他的著作《哪个不属于我？》（*Which One Doesn't Belong?*）和《多少？》（*How Many?*）也值得一读。网址 https：//talkingmathwithkids.com。

引言

你说我是小黑猩猩？ 没错，不过是史蒂芬·杰·古尔德先生这么说的，而且说得很对。我推荐你看看《熊猫的拇指：自然史的沉思录》（*The Panda's Thumb : More Reflections in Natural History*，纽约：W. W. 诺顿出版公司，1980 年）中"对米老鼠的生物学敬意"这一节的内容。

你说你喜欢简单的游戏，但我想知道最复杂的棋盘游戏是什么？ 大概是"北非战争游戏"（Campaign for North Africa）。这个游戏的规则手册使用的是 8 号字体，长达 90 页。游戏需要 10 名玩家，据说要持续 1 500 个小时（而且这只是估计，迄今还没有人完成这个游戏并验证该数字）。这是一个模拟游戏，但其复杂程度不亚于它所模拟的现实，就像刘易斯·卡罗尔虚构的等比例地图一样。想尝尝复杂是什么滋味吗？一个玩家告诉游戏网站小宅网（Kotaku）的编辑："在每个回合会消耗 3% 的燃料。不过，如果你是生活在某个日期之前的英国人——那时的英国人使用的是 50 加仑（约为 189 升）的油桶而不是油罐，则会消耗 7% 的燃料。" 2018 年 2 月 5 日，小宅网上的一篇文章说："这个臭名昭著的棋盘游戏需要 1 500 个小时才能完成。" 文章的作者是卢克·温基（Luke Winkie），网址 https : //kotaku.com/the-notoriousboard-game-that-takes-1500-hours-to-compl-1818510912）。现在你还觉得这个游戏有意思吗？

在哪里可以进一步了解 SET 游戏？ 丹尼尔·斯坦伯格（Danielle Steinberg），《犬类癫痫和紫色涂鸦：SET 的意外成功故事》（"Canine Epilepsy and Purple Squiggles : The Unexpected Success Story of SET"，*Gizmodo*，2018 年 8 月 23 日）。网址 https : //gizmodo.com/canine-epilepsy-and-purple-squiggles-the-unexpected-su-1828527912。

在哪里可以进一步了解魔方的制作方法？ 《厄尔诺·鲁比克的神秘生活》（"The Perplexing Life of Erno Rubik"，《发现》（*Discover*），8，1986（8）：81）。版权 © Family Media Inc.。网址 http : //www.puzzlesolver.com/puzzle.php?id=29;page=15。

概率论真的起源于一个赌徒出的谜题吗？ 历史从来没有那么简单，但这确实是一个关键时刻。详见基思·德夫林（Keith Devlin），《未完成的游戏：帕斯卡、费马和 17 世纪使世界现代化的信》（*The Unfinished Game : Pascal, Fermat, and the Seventeenth-Century Letter That Made the World Modern*，纽约：基础图书出版公司，2010 年）。

在哪里可以进一步了解柯尼斯堡七桥问题？ 我是从本科生特奥·保莱蒂（Teo Paoletti）的论文《莱昂纳德·欧拉对柯尼斯堡桥问题的解答》（"Leonard Euler' s Solution to Konigsberg Bridge Problem"）中知道这些桥的名字的，它是新泽西学院数学历史课教授朱迪特·卡多斯留的作业。网址 https : //www.maa.org/press/periodicals/convergence/leonard-eulers-solution-tothkonigsberg-bridge-problem。

在哪里可以进一步了解约翰·康威? 我参考了吉姆·普罗普发表的纪念康威的文章《一个康威粉丝的自白》("Confessions of a Conway Groupie")和《数学魔法》("Mathematical Enchantments"),2020 年 5 月 16 日,网址 https://mathenchant.wordpress.com/2020/05/16/confessions-of-a-conway-groupie。另外,推荐大家看看康威的传记作者西沃恩·罗伯茨(Siobhan Roberts)写的讣告——《数学"神奇天才"约翰·霍顿·康威去世,享年82岁》("John Horton Conway, a 'Magical Genius' in Math, Dies at 82",《纽约时报》,2020年4月15日)。

第1章 空间游戏

引言

在玩"小行星"游戏的时候,我真的是在一个巨大的甜甜圈内航行吗? 不是的,你是在一个巨大的甜甜圈表面航行。欲知详情,请看由凯蒂·施特克勒(Katie Steckles)和彼得·罗利特(Peter Rowlett)主持的播客节目《数学对象》(*Mathematical Objects*)中"克莱因瓶与马修·斯克罗格斯"(Klein Bottle with Matthew Scroggs)这集。

英格丽·多贝西是在什么场合下说起关于洋娃娃衣服的几何问题的呢? 我是从丹尼斯·加斯金(Denise Gaskins)的文章《数学与教育语录》("Math and Education Quotations")中看到的,参见 https://denisegaskins.com/best-of-the-blog/quotations。而加斯金是摘自 J.J. 奥康纳和 E.F. 罗伯逊共同撰写的文章《数学的历史》("MacTutor History of Mathematics",《英格丽·多贝西》,苏格兰圣安德鲁大学,2013 年 9 月),参见 https://mathshistory.st-andrews.ac.uk/Biographies/Daubechies。

那个 M.C. 埃舍尔是谁? 他是数学家最喜欢的视觉艺术家,这部分引自《埃舍尔谈埃舍尔:探索无限》(*Escher on Escher: Exploring the Infinite*,纽约:哈利·N. 阿布拉姆斯出版社,1989年)。

那个声称几何并不"正确"而只是"方便"的"亨利·庞加莱"是谁? 是某个心怀不满的学生吗?庞加莱被认为是最后一个掌握了那个时代所有数学知识的数学家,所以"心怀不满的学生"这个评价好像也没错。他的这句话摘自其著作《科学与假说》(*Science and Hypothesis*,纽约:多佛出版社,1952年,第50页)。

数学家约翰·尤索和前 NFL 球员约翰·尤索是同一个人吗? 是的。他的队友都叫他尤索。这句话出自他与路易莎·托马斯(Louisa Thomas)合著的回忆录《心灵与物质:数学与足球的生活》(*Mind and Matter: A Life in Math and Football*,纽约:企鹅出版集团,2019 年)。

点格棋

这个游戏到底是怎么回事? 关于这个游戏的第一本出版物是爱德华·卢卡斯的《娱乐算术:数学娱乐导论》(*L'Arithmetique Amusante: Introduction Aux Recreations Mathematiques*,巴黎:Gauthier-Villars et Fils Imprimeurs-Libraires,1895 年),在谷歌图书上可以搜索到。

不,我是说,我怎么才能赢? 如果你想知道游戏的策略,可以看看埃尔温·伯利坎普的权威著作《点格棋:复杂的儿童游戏》。计算机图形专家埃里克·海恩斯(Eric Haines)在发给我的电子邮件中回忆了他与伯利坎普的一次会面经历,当时伯利坎普"在点格棋中玩弄了所有的新手,我们像虫子一样被碾压"。《数学游戏的制胜之道》中对此也有详细的描述。或者,如果你经常上网,推荐你一个不错的网站——加拿大数学家伊兰·瓦尔迪(Ilan Vardi)创建的《数学游戏》,最初是在雅虎地球村(GeoCities),现在在网址 http://www.chronomaitre. org/dots.html。还有朱利安·韦斯特(Julian West)的著作《没有机会的游戏》(*Games of No Chance*,美国国家数学科学研究所出版,1996 年,第 29 卷)一书中"点格棋的冠军级游戏"这一节。

为什么这个游戏有这么多名字? 就像加拿大的第一民族(印第安人)用很多词来形容雪一样,我们这些后工业时代的民族也需要用很多词来形容中产阶级的这个休闲活动。无论如何,在此要感谢网友分享的点格棋的各个国际名称。谨向以下用户表达谢意:@OlafDoschke、@ mathforge、@ConorJTobin、@marioalberto、@LudwigBald、@LauraKinnel,等等。

正方形珊瑚虫的名字是你想出来的,还是沃尔特·尤里斯? 事实上,是乔·基森韦瑟和他的朋友。

抽芽游戏

为什么"奇特的拓扑风味"要加引号? 马丁·加德纳通过引用数学专业学生大卫·哈茨霍恩(David Hartshorne)的信向世界介绍了抽芽游戏。在那封信中,大卫写道:"我的一个朋友是剑桥大学古典文学专业的学生,最近他向我介绍了一种叫'抽芽'的游戏。上学期,这个游戏在剑桥风靡一时，它有一种奇特的拓扑风味。"资料来源：加德纳的著作《数学狂欢节》。

哇，拓扑学太酷了！那当然了！我强烈推荐大卫·里查森的著作《欧拉的宝石：多面体公式和拓扑学的诞生》（*Euler's Gem*，新泽西州普林斯顿：普林斯顿大学出版社，2012年）。

这个叫约翰·康威的家伙听起来很有个性。你说的没错。关于康威，如果想读一本令人愉悦的传记，可以读西沃恩·罗伯茨的《在玩的天才：约翰·霍顿·康威的好奇心》（*Genius at Play*：*The Curious Mind of John Conway*，纽约：布鲁姆斯伯里出版公司，2015年）。

要怎么在抽芽游戏中获胜呢？关于游戏策略，目前你仍然无法击败《数学游戏的制胜之道》。也就是说，在这方面计算机现在已经超越了人类。要了解更多信息，可以看看朱利安·勒莫因（Julien Lemoine）和西蒙·维耶诺（Simon Viennot）共同撰写的《用尼姆数进行的抽芽计算机分析》["Computer Analysis of Sprouts with Nimbers"，《没有机会的游戏4》（*Games of No Chance 4*），美国国家数学科学研究所出版，2015年，第63卷]。

呃，如果我不想读学术文献呢？凯文·利伯（Kevin Lieber）在Vsauce2频道的油管视频推进和丰富了我本人的研究。试试搜索"The Dot Game That Breaks Your Brain"（让你的大脑崩溃的点游戏）。

如果游戏一直持续下去呢？这是不可能的。从n点开始的游戏最多可以持续走$(3n-1)$步。以下进行简单证明：首先，你应该留意到，每个点有3条"命"。因此，n个点博弈始于$3n$条命。每次移动消耗2条命并引入1条新命，总命数减少1条。因为游戏不能在只剩下1条命的情况下继续，所以它必然在$(3n-1)$次移动之前停止。

终极井字棋

怎样才能了解更多关于分形的知识？推荐一本由分形几何学家和诗人共同撰写的著作（还有比这更完美的作者组合吗？）：迈克尔·弗雷姆和阿米莉亚·厄里，《分形世界》（康涅狄格州纽黑文：耶鲁大学出版社，2016年）。

如果我只是想看漂亮的自然风景照呢？试试看《大自然的混乱》（*Nature's Chaos*，纽约：利特尔&布朗出版社，2001年），书中的抒情内容由《混沌》的作者詹姆斯·格雷克执笔，大自然的分形照片由艾略特·波特（Eliot Porter）拍摄。或者你可以搜索保罗·伯克（Paul Bourke）创建的网站——谷歌地球的分形（Google Earth Fractal）。

当你说特朗普在"玩终极井字棋"时，你是在夸他还是损他？ 尽管我坚信政治说服可以通过漫画书的尾注来实现，也很想在这里分享自己的辛辣观点，但我并不是那个提出这个类比的人。该类比出自奥利弗·罗德的文章《特朗普没在玩3D国际象棋，他玩的是终极井字棋》（"Trump Isn't Playing 3D Chess—He's Playing Ultimate Tic-Tac-Toe"，538网站，2018年5月7日）。

柏拉图真的说过整个世界是由特殊的直角三角形构成的吗？ 千真万确，就在《蒂迈欧篇》（*Timaeus*）。他声称一切都是由火、土、水和空气构成的；这些是"实体"；"每一种物体都具有实体，而每一种实体都必然被包含在平面中；每一个平面的直线图形都是由三角形组成的；所有三角形实质上都是由2种三角形组成的……"你很难反驳这一观点，就像很难反驳一堆废话一样。

罗伯特·弗罗斯特的那句话是从哪儿看来的？ 我在网上找不到。哦，那句话是我编的。如果我告诉你那句话就是弗罗斯特说的，听起来就有道理多了，不是吗？

什么？！这不是违反了学术诚信吗？！ 嘿，这哪有每个人都引用《未选择的路》一半糟糕？好像它一定是胜利的人生智慧（"我选择了人迹少的那条"），而不是给武断赋予虚名的花言巧语（"虽然在这条小路上很少留下旅人的足迹"）。

蒲公英游戏

在这一节，你参考了哪些资料？ 什么资料都没有参考。这个游戏是从我脑海中蹦出来的，就像雅典娜从宙斯的脑袋上蹦出来一样，出现的时候就已经完全成熟，随时准备战斗。我是不会把这一荣耀让给任何人的。

那你在这一节中提到的那十几个人呢？ 哦，是的，他们提出了很好的建议和见解，我还是得把一些荣耀让给他们。

还有那些帮你测试游戏的人呢？ 哦，对了，他们也是！谢谢每一个人，你们是最棒的。但除此之外，我真的没有参考其他的了！

量子井字棋

这个游戏对量子力学的隐喻有多贴切？ 相当贴切。事实上，这个游戏的创造者已经把它当成了一种教学工具。请查阅艾伦·戈夫的《量子井字棋：量子力学中叠加态的教学隐喻》["Quantum Tic-Tac-Toe : A Teaching Metaphor for Superposition in Quantum Mechanics"，《美国物理杂志》(*American Journal of Physics*)，第74卷，第11期，2006年]。或者艾伦·戈夫、戴尔·莱曼（Dale Lehmann）和乔尔·西格尔（Joel Siegel）共同撰写的文章《量子井字棋，幽灵硬币和魔法信封：相对论量子物理学的隐喻》("Quantum Tic-Tac-Toe,Spooky-Coins and Magic-Envelopes,as Metaphors for Relativistic Quantum Physics")，于2002年发表在AIAA/ASME/SAE/ASEE联合推进会议和展会，参见https : //doi.org/10.2514/6.2002-3763。

我有些不敢问，但还是想知道，怎么才能了解更多关于量子物理学的知识呢？ 我书架上有2本书：查德·奥泽尔（Chad Orzel）的《如何跟你的狗聊量子物理》(*How to Teach Quantum Physics to Your Dog*)和菲利普·波尔（Philip Ball）的《不只是奇异：为什么你以为自己知道的关于量子物理的一切都是不同的》(*Beyond Weird : Why Everything You Thought You Knew about Quantum Physics Is Different*，芝加哥：芝加哥大学出版社，2020年)。

如果游戏规则可以不断变化，岂不是更"量子化"？ 这是个有趣的问题。戈夫曾写道："游戏中的规则几乎是不可免去的，但事实上还是有其他人尝试过，并得到了截然不同的规则集合。"例如，程序Quantum TiqTaqToe(https : //quantumfrontiers.com/2019/07/15/tiqtaqtoe)就具有逐渐积累的量子特征，推荐你试试。或者，要想了解更学术的游戏方法，请参阅J. N. 利伍（J. N. Leaw）和S. A. 张（S. A. Cheong）在2010年发表在arXiv.org上的《量子井字棋的战略见解》("Strategic Insights from Playing the Quantum Tic-Tac-Toe")，参见https : //arxiv.org/pdf/1007.3601.pdf。

第2章 数字游戏

引言

如果每个数字都很有趣，那么试卷上的"在这里填上数字"是否有趣呢？ 如果你想要一个有建设性的证据来证明每个数字都是有趣的，请查阅大卫·威尔斯（David Wells）的《企鹅词典：好奇和有趣的数字》(*The Penguin Dictionary of Curious and Interesting Numbers*，纽约：企鹅出版集团，1998年)。还有一个可爱而令人振奋的推论能够证明"每个数字都是有趣的"：苏珊·达戈斯蒂诺（Susan D'Agostino）的文章《生活中的每一分钟都是有趣的》["Every Minute of Your Life Has Been Interesting"，《人文数学杂志》(*Journal of Humanistic Mathematics*)第7卷，第1期（2017年）：第117—118页]。

在哪里可以进一步了解整除数列？ 去寻找世界第八大奇迹吧：整除数列在线百科全书（参见 http : //oeis.org）。你可以在那里找到几乎所有的东西，包括完全数（A 000 396）、友好数（A 259 180），以及28个交际数（A 072 890）的荒谬循环。

你的朋友朱利安真的说过纯粹数学"让数学家不再流落街头"吗？ 是的，她在2003年说的，我当时就在现场。不过我在现场并没有听到约翰·利特伍德的妙语："完全数虽然没有做出任何贡献，但它们也没有带来任何伤害。"这句话出自约翰·利特伍德的《数学家杂记》（*A Mathematician's Miscellany*，伦敦：梅休因出版公司，1953年）。

筷子游戏

我可以从哪里了解更多关于这款游戏的信息，比如如何击败对手？ 世界各地的孩子在油管上发布了数十个可爱的教学视频，其中一些展示了某些规则下的必胜方法。与此同时，在维基百科上，你还可以找到可靠的数学分析过程和一个全面的变体游戏列表。

哇，奥尔林先生，你真的只在油管和维基百科上研究过自己的书吗？ 嗯……学生们，请关注我怎么说，不要在意我怎么做！

顺序游戏

白棋在国际象棋中真的有很大优势吗？ 是的。在最高级别的游戏中，白棋是为了赢，黑棋是为了平局。这一节的国际象棋语录来自加里·艾伦·法恩（Gary Alan Fine）的《玩家和棋子：国际象棋如何构建社区和文化》（*Players and Pawns : How Chess Builds Community and Culture*，芝加哥：芝加哥大学出版社，2015年）。

那个疯狂的图厄－摩尔斯序列是谁想出来的？ 它是以阿克塞尔·图厄（Axel Thue）和马斯顿·摩尔斯（Marston Morse）的名字命名的，但最先研究它的是欧仁·普鲁赫（Eugene Prouhet）。2015年11月7日至8日，菲尔·哈维（Phil Harvey）在英国MathsJam大会上发表了题为"累积公平"（Cumulative Fairness）的演讲后，我才知道的。

数学家给图厄－摩尔斯提了哪些愚蠢的应用呢？ 以下列出了其中一部分：马克·亚伯拉罕斯（Marc Abrahams），《如何倒出一杯完美的咖啡》（"How to Pour the Perfect Cup of Coffee"，《卫报》，2010年7月12日）；约书亚·库珀（Joshua Cooper）和亚伦·达特勒（Aaron Dutle），《贪婪伽罗瓦博弈》（"Greedy Galois Games"，参见 https : //people.math.sc.edu/cooper/ThueMorseDueling.pdf；伊格纳西奥·帕拉西奥斯—韦尔塔（Ignacio Palacios-Huerta），《竞赛、

公平，以及普鲁赫－图厄－摩尔斯序列》["Tournaments,Fairness,and the ProuhetThue-Morse Sequence"，《经济探究》（*Economic Inquiry*），第50卷，第3期，2012年：第848—849页]；我个人最喜欢的——莱昂内尔·莱文（Lionel Levin）和凯瑟琳·E. 斯坦格（Katherine E. Stange），《如何充分利用共享的食物：先计划最后一口》（"How to Make the Most of a Shared Meal：Plan the Last Bite First"，《美国数学月刊》，第119卷，第7期，2012年：第550—565页）。

从33到99

在哪里可以看那个日本广告？ 在油管上搜索"Nexus 7：10 Puzzle"就可以了。我是从加里·安东尼克（Gary Antonick）的文章《你能破解在日本走红的24个谜题和10个谜题吗？》（"Can You Crack the 24 Puzzle,and the 10 Puzzle That Went Viral in Japan?"，《纽约时报》，2015年9月7日）中看到的。

嘿，这个游戏不就是"24点"吗？ 罪名成立。不过，每轮改变目标数字确实会让游戏变得更有趣。要想了解更多关于24点游戏的历史，可以看看约翰·麦克劳德（John McLeod）的《24》，参见https：//www.pagat.com/adders/24.html。24点游戏还有一个简单而有趣的在线版本，参见http：//4nums.com。

这个游戏和"4个4"问题一样吗？ 确实一样。帕特·巴卢（Pat Ballew）在他的博客中详细介绍了"在有4个4问题之前，还有4个3问题之类的其他问题"的历史，2018年12月30日，参见https：//pballew.blogspot.com/2018/12/before-there-were-four-fours-therewere.html。如果你需要剧透，保罗·伯克已经整理了一份令人印象深刻的解决方案清单：http：//paulbourke.net/fun/4444。

用5个骰子可以得到多少不同的数字？ 这取决于你指的是什么数字。包括分数吗？还有负数呢？如果用不同的方式创造出相同的数字算不算呢？不管怎样，这里有一部分骰子的组合结果。

骰子	你能组成多少个数字	有多少是整数	从33到99的67个数中，可以得到多少个
1，2，3，4，5	3 068	117	60
2，3，4，5，6	5 281	222	61
2，2，3，3，5	1 722	81	45
4，4，4，4，4，	200	35	13
1，2，3，4，7	4 027	150	67

我不是英国人，你说的这个《倒计时》节目是什么？ 油管上有无数瑞秋·莱利施展魔法的倒计时视频。如果你想看她正好得到649的视频，参见https：//youtu.be/9eMs_o08Gm4?t=295。

嘿，我是个老师，想多了解一些"数字格"游戏。好了，各位不是老师的读者，这段话不适合你。（等待非老师的读者离场）好了，现在只剩下我们这些教育工作者了。我把这个游戏版本归功于玛瑞琳·伯恩斯（Marilyn Burns）的那篇文章《4个双赢的数学游戏》["4 Win-Win Math Games"，《做数学题》（Do the Math），2009年3—4月]。数学教育网站nRich上对这个游戏的讨论也值得一看，参见https://nrich.maths.org/6606，还有教育家詹娜·莱柏的文章《我最喜欢的游戏之一：数字格》["One of My Favorite Games：Number Boxes"，《拥抱挑战》（Embrace the Challenge），2019年5月29日]，参见https://jennalaib.wordpress.com/2019/05/29/one-of-my-favorite-games-number-boxes。此外，我强烈推荐纳内特·约翰逊（Nanette Johnson）和罗伯特·卡普林斯基（Robert Kaplinsky）创建的开放中间问题网站（Open Middle Problems），网址http://openmiddle.com。

一分钱智慧

这个游戏是怎么来的？ 来自詹姆斯·欧内斯特创建的绝无仅有的便宜游戏网站（Cheapass Games）[①]，网址http://cheapass.com。本书适合家长和孩子一起阅读，所以我希望尽量避免提及任何不文明的用语，但詹姆斯强迫我用了这样的词。

人类的文字真的来自绵羊的代币吗？ 可以这么说。要想深入了解人类学，请阅读丹尼斯·施曼特—巴塞特（Denise Schmandt-Besserat）的文章《代币对计数和写作起源的意义》（"Tokens：Their Significance for the Origins of Counting and Writing"，参见https://sites.utexas.edu/dsb/tokens/tokens/）。如果还想更深入，可以看看丹尼斯·施曼特—巴塞特的文章《书写的两个先驱：简单的记号和复杂的记号》（"Two Precursors of Writing：Plain and Complex Tokens"），被收录在韦恩·M. 森纳（Wayne M. Senner）编著的《写作之源》（The Origins of Writing，林肯：内布拉斯加大学出版社，1991年，第27—41页）一书中。

哪4种面值的硬币可以让你用最少的硬币组成从1美分到99美分的所有金额？ 你要找的面值是1美分、5美分、18美分和25美分，这4种硬币加在一起，就可以只用389个硬币组成从1美分到99美分之间的每一种金额，这是最少的情况。

　　我惊讶地发现，这个最优体系与我们现有的美元货币体系有3个是一样的。我说的"惊讶"其实是指"无聊"，我个人最喜欢的面额是1美分、3美分、13美分和31美分的组合，它们共需要400个硬币来组成所有数值，但我认为，为了独特的13美分和31美分，多用一些硬币是值得的。

---

① "ass"有"笨蛋、屁股"的意思。译者注

注：我们通常从面值最大的硬币开始换零钱，然后再从小的面值找。例如，为了得到72美分，我们会尽可能多地使用25美分（2个），然后是尽可能多地使用10美分（2个）、5美分（0个）和1美分（2个）。这被称为"贪婪算法"，在我们的"1美分—5美分—10美分—25美分"系统中，它最小化了硬币的数量。

但在"1美分—5美分—8美分—25美分"的体系中，情况并非如此。例如，贪婪算法会告诉你应该用7个硬币（2个25美分硬币、1个18美分硬币和4个1美分硬币）得到72美分，但还有一个更好的选择只用到了4个硬币（都是18美分硬币）。所以在这个世界上，高效的找零非常难！

如果你坚持只使用贪婪算法，那么最好的货币体系是"1美分—3美分—11美分—37美分"（需要410个硬币）。

变体游戏"新的找零规则"会导致游戏没完没了吗？ 不会的。让我们先看看"完美的找零"。每个1分硬币仍然能应付1个回合，每个5分硬币最多可以换6个回合（第一次可以换成5个1分硬币，后面每次1个1分硬币），每个10分硬币最多可以兑换13个回合（第一次可以兑换2个5分硬币，每个5分硬币再换6次），每个25分硬币可以兑换33个硬币（第一次可以兑换2个10分硬币和1个5分硬币，然后每个10分硬币可以换13次，每个5分硬币可以换6次）。所以你最初的硬币最多可以换：$33 + (13 + 13) + (6 + 6 + 6 + 6) + (1 + 1 + 1 + 1 + 1) = 88$个回合。

那"更完美的找零"呢？ 假设有5名玩家。每个1分硬币仍然能应付1个回合。在游戏中，5分硬币最多可以兑换20个1分硬币，因此最多可以兑换21个回合。10分硬币最多可以兑换15个5分硬币（每个最多可兑换21次）和20个1分硬币（每个最多可兑换1次），总共可兑换336个回合。一个25美分硬币最多可以兑换10个10分硬币（每个最多可以换336次），再加上所有的5分硬币和25分硬币（相当于第11个10美分硬币），总共可以换3 696次。因此，你绝对不会持续超过4 435个回合。

预言游戏

哇，这种自我指涉的情况真是让我大开眼界。 这仅仅是个开始，烧脑的问题还在后面呢。要想进一步了解，请深入研究道格拉斯·霍夫施塔特的作品，他是《哥德尔、艾舍尔、巴赫：集异璧之大成》（*Gödel Escher Bach：An Eternal Golden Braid*）和《无所不在的模式识别：寻找心灵和模式的本质》的作者。或者，要了解更多关于伯特兰·罗素、库尔特·哥德尔，以及20世纪逻辑史，我推荐阿波斯托洛斯·佐克西亚季斯（Apostolos Doxiadis）和赫里斯托斯·帕帕季米特里欧（Christos Papadimitriou）等人合著的《疯狂的罗素：逻辑学与数学的奇幻之旅》（*Logicomix : An Epic Search for Truth*，纽约：布鲁姆斯伯里出版公司，1999年）。

我不想只读书，我想做一些题！ 好吧，那我推荐雷蒙德·斯穆里安（Raymond Smullyan）的《模仿一只知更鸟》（*To Mock a Mockingbird*，纽约：牛津大学出版社，1982年），里面有一系列以鸟叫声为主题的有趣（棘手）谜题，从基本逻辑到哥德尔定理都有涉及。

不，我不想读一整本书，我就想随便翻翻。 那就读霍夫施塔特的《无所不在的模式识别：寻找心灵和模式的本质》中的自我指涉语句，从温和地刺激大脑到无情地刺激大脑：

This sentence no verb.（这个句子里没有动词。）

This sentence contains exactly threee erors.（这句话中正好有3个错误。）

As long as you are not reading this sentence, its fourth word has no referent.（只要你不读这句话，它的第4个单词就没有指向。）

Thit sentence is not self-referential because "thit" is not a word.（Thit 句子不是自我指涉的，因为"Thit"不是一个单词。）

If I had finished this sentence.（假如我把这句话说完。）

This sentence is not about itself, but about whether it is about itself.（这句话不是关于它本身，而是关于它是否关于它自己。）

I have nothing to say, and I am saying it.（我无话可说，同时我正在说这句话。）

This sentence does in fact not have the property it claims not to have.（这句话实际上并没有它声称没有的性质。）

你是怎么想出那个自我描述表的？ 这是一个经典谜题，尽管我以前没有见过它以表格的形式出现。参见亚历山大·波哥莫尼（Alex Bogomolny）的文章《位值》["Place Value"，《快刀斩乱麻！》（*Cut the Knot!*），1999年7月，网址 https : //www.cut-the-knot.org/ctk/SelfDescriptive.shtml]。

自我描述表的其他解是什么？ 都在下面了，包括这一章里的。

数字	1	2	3	4
出现次数	2	3	2	1

数字	1	2	3	4
出现次数	3	1	3	1

数字	1	2	3	4	5
出现次数	3	2	3	1	1

数字	1	2	3	4	5	6	7
出现次数	4	3	2	2	1	1	1

数字	1	2	3	4	5	6	7	8
出现次数	5	3	2	1	2	1	1	1

数字	1	2	3	4	5	6	7	8	9
出现次数	6	3	2	1	1	2	1	1	1

如果你想让你的表包含从1到 n 的数字，以上就是一个详尽的列表。

数字游戏大拼盘

你说锁定网格游戏的灵感来自YouCubed上的一个任务？ 你好，我是乔·博勒，优立方的创始人，你指的是什么任务？嘿，乔，很高兴你能来！这个任务就是"离100有多近？"参见 https : //www.youcubed.org/tasks/how-close-to-100。

我怎样能在收税员游戏中获胜呢？ 尽管击败收税员的方法有很多，但最优策略是未知的。更多的策略思想，请参阅罗伯特·K.莫尼奥特（Robert K. Moniot）的文章《收税员游戏》["The Taxman Game"，《数学视野》（*Math Horizons*），2007年2月，第18—20页]。顺便说一句，感谢数学老师香农·杰特（Shannon Jeter）和她的学生建议用无性别的"收税员"来取代原来游戏中的名字"收税小哥"。

我好像在哪里见过星系棋游戏？ 也许是在油管上，维·哈特（Vi Hart）的视频"在数学课上涂鸦：星星"（"Doodling in Math Class : Stars"），或者安娜·韦尔特曼（Anna Weltman）的著作《这不是一本数学书》（*This Is Not a Math Book*）中。

第3章　组合游戏

引言

拉夫·科斯特是谁？ 他写了一本书，名叫《游戏设计中的趣味理论》（*Theory of Fun for Game Design*，加利福尼亚州塞巴斯托波：欧莱礼媒体公司，2004年）。拉夫·科斯特的《快乐的理论：10年之后》（*A Theory of Fun : 10 Years Later*）是一个简洁的漫画版总结（参见 https : //www.raphkoster.com/gaming/gdco12/Koster_Raph_Theory_Fun_10.pdf），这个电子版文件的第75页给出了关于该游戏的4个核心挑战的论述。

如何能了解更多关于复杂性理论的知识？ 我所知道的一切都是从父亲吉姆·奥尔林那里学来的，他是网络流和其他优化算法领域的学者。但我知道你要找到他并不容易。所以，你可以看看我的灵感来源：肖恩·卡罗尔（Sean Carroll）Mindscape 播客的第99集：《斯科特·阿伦森谈复杂性、计算和量子引力》（"Scott Aaronson on Complexity，Computation，and Quantum Gravity"）。

你会解魔方吗？ 下一个问题。

《纽约时报》真的像报道流行病一样报道了"十五拼图游戏"吗？ 是的，但是他们在开玩笑。这篇关于十五拼图游戏的文章被刊登在《纽约时报》第4版（1880年3月22日）。但从某一方面来看，讽刺意味还是很明确的：拉瑟福德·海斯总统偶然发现了这个游戏（由"一个特别邪恶的南方准将"放在那里），并评论道："看起来很简单……一共有15个数字，你必须把它们排成2行，一行是8个，另一行是7个。"1876年，在一个由15人组成的小组中，海斯以8∶7的结果赢得了有争议的选举。《纽约时报》猜测他会说："我好像在什么地方玩过这个游戏，但想不起来是哪里了。"

SIM 游戏

弗兰克·拉姆齐27岁就去世了，他是怎么完成这么多工作的？ 实际上，他去世时才26岁。我猜他大概是个有时间转换器的骗子吧（开玩笑）。无论如何，推荐大家读一下谢丽尔·米萨克所写的拉姆齐的传记《弗兰克·拉姆齐：权力的绝对过剩》（*Frank Ramsey：A Sheer Excess of Powers*，牛津：牛津大学出版社，2020年）。

你是说我记不住SIM游戏的制胜策略？ 这算是挑衅吗？！嘿，请便。来源是欧内斯特·米德（Ernest Mead）、亚历山大·罗沙（Alexander Rosa）和夏洛特·黄（Charlotte Huang）共同撰写的文章《SIM游戏：第二玩家的制胜策略》（"The Game of Sim：A Winning Strategy for The Second Player"，《数学杂志》第47卷，第5期，1974年：第243—247页）。

我是一个喜欢给点连线的成年人，我能通过学习更多的拉姆齐理论来使这个有点丢脸的爱好合法化吗？ 当然可以！看看马丁·加德纳在《打结的甜甜圈》一书的"SIM游戏，Chomp游戏和赛车游戏"一章中所讲的内容。还有一篇文章值得一读：吉姆·普罗普的《数学、游戏和罗纳德·格雷厄姆》["Math，Games，and Ronald Graham"，《数学魅力》（*Mathematical Enchantments*），2020年7月16日]。普罗普的作品一如既往地优秀，参见 http：// mathenchant.org。

有人证明SIM游戏不会出现平局吗？ 我第一次见到这个漂亮的证明，是在董延参加的一期博客节目——《我最喜欢的定理》（*My Favorite Theorem*）第31集，主持人是伊芙琳·兰姆（Evelyn Lamb）和凯文·克努森（Kevin Knudson）。董延将这一证明比作奶酪配西兰花——一种能让孩子们愿意吃蔬菜的方式。当然，很多时候，数学证明更像是生萝卜，需要几天的时间来咀嚼，几周的时间来代谢。

如果我只应该有150个人际关系，为什么会有700个脸书好友？ 嘿，我不了解你的生活。要想了解更多人类学方面的知识，推荐阅读罗宾·邓巴（Robin Dunbar）的《你需要多少朋友：神秘的邓巴数字与遗传密码》（*How Many Friends Does One Person Need? Dunbar's Number and Other Evolutionary Quirks*）。顺便说一下，社会学家桑德尔·绍洛伊的故事是我从亚历山大·波哥莫尼那里了解到的，他引用了诺佳·阿龙（Noga Alon）、迈克尔·克里维里维奇（Michael Krivelevich）和T. 高尔斯（T. Gowers）合著的《普林斯顿数学指南》（*The Princeton Companion to Mathematics*，新泽西州普林斯顿：普林斯顿大学出版社，2008年，第562页）。

Teeko 游戏

拜托，约翰·斯卡恩的那些荒唐名言一定是你编出来的吧？ 当然不是，它们来自约翰·斯卡恩的著作《斯卡恩谈Teeko》（*Scarne on Teeko*，1955年首次出版；2007年，Lybrary.com 发行了电子版）。我还借鉴了布莱克·埃斯金（Blake Eskin）发表的一篇有趣而尖锐的文章《游戏世界》["A World of Games"，《华盛顿邮报》（*Washington Post*），2001年7月15日]。

你引用的歌词到底来自哪首歌？ 来自乔纳森·库尔顿的歌曲《骷髅山》（*Skullcrusher Mountain*），在一个公正的世界里，它将和歌曲《紫雨》（*Purple Rain*）一样有名。感谢乔纳森允许我引用这段歌词。

怎样才能在不买猴子和打字机的情况下，学到更多关于语言组合的知识呢？ 我都不知道在哪儿能买到猴子或者打字机。你会喜欢豪尔赫·路易斯·博尔赫斯的短篇小说《巴别塔图书馆》"The Library of Babe"，选自《小说选》（*Collected Fictions*），纽约：企鹅出版集团，1998年]。虽然不太记得过去的事了，但我怀疑自己在每本书里都引用了这个故事。我也不知道未来的事，但我猜想我在以后的书中也将继续引用它。

盖·斯蒂尔是怎么解析Teeko游戏的？ 他对此的分析非常难找，这款游戏似乎只在玩家之间传播。不出我所料，最容易找到的来源为桌游极客网站，参见 https://boardgamegeek.com/thread/816476/steele-guy-november-23-1998-re-teeko-hakmem.

你能解释一下 Teeko、跳棋、国际象棋和围棋的位置组合数对比表中的计算方法吗？ 当然。一个原子的质量大约是 10^{-23} 克。如果将其乘以 7.5×10^7（Teeko 的大致位置组合数），你会得到约 10^{-15} 克，这是一个细菌的大概质量。如果将其乘以 5×10^{20}（跳棋的大致位置组合数），你会得到约 10^{-2} 克，这是一只苍蝇的质量。如果将其乘以 10^{40}（国际象棋的大致位置组合数），你会得到 10^{18} 克，这是北美洲五大湖中第二大湖休伦湖的大致质量。如果将其乘以 2×10^{170}（围棋的大致位置组合数），你会得到 10^{147} 克，这是一个，呃，绝对的天文数字。如果你把可见宇宙中的每个原子都变成一个可见宇宙大小的物体，你大概会得到这样的质量。

邻居游戏

在哪里可以进一步了解邻居游戏？ 目前找到的唯一资料是萨拉·范德维尔夫（Sara Van Der Werf）于 2015 年 12 月 13 日发表的文章《5×5：最神奇的娱乐游戏》（"5x5 Most Amazing Just for Fun Game"），参见 https://www.saravanderwerf.com/5x5-mostamazing-just-for-fun-game）。还要感谢简·科斯蒂克帮我回忆。

你怎么知道邻居游戏来源于华兹华斯游戏？ 我不知道，但间接证据很有力。华兹华斯的年代明显更久远一些，在 1973 年出版的《纸笔游戏》中，埃里克·所罗门称其是"一种来历不明的古老游戏"，"在英国已经流行了很多年"，同时也是"所有文字游戏中最棒的"。在 1992 年出版的《经典游戏的新规则》中，R.韦恩·施米特伯格将这款游戏命名为"Crossword Squares"（填字游戏），并在记分规则上做了一些改变：①你可以在同一行或同一列中计算多个单词（只要一个单词不包含另一个单词就行，如 lob 在"slobs"中一样）；②3 个、4 个和 5 个字母的单词的得分分别是 10 分、20 分和 40 分；③在你创造了一个单词之后，同一个棋盘上的同一个单词只能得到一半的分数。

"石头游戏"是真实存在的吗？ 当然是，它出自米沙·格洛伯曼和希拉·海蒂合著的《人们走向椅子》（*The Chairs Are Where the People Go*，纽约：法勒、施特劳斯和吉鲁出版社，2011 年）。

直角游戏

在哪里能找到更多寻形谜题？ 看看莎拉·卡特（Sarah Carter）的精彩博客《数学等于爱》（*Math Equals Love*），参见 https://mathequalslove.net/zukei-puzzles。下面是我展示的一些解决方案。

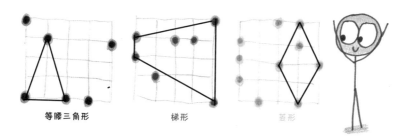

等腰三角形   梯形   菱形

那个17×17正方形是怎么回事? 我是通过山姆·沙阿(Sam Shah)了解的,他在《非期刊》(*The Aperiodical*)2019年的"大型互联网数学竞赛"中描述了这个正方形,参见https://aperiodical.com/2019/07/the-biginternet-math-off-the-final-sameer-shah-vs-sophie-carr。我喜欢山姆的叙述:"我的眼睛震动着,跳跃着,首先集中在蓝色和它们连接的链条上,当蓝色消失时,我立即看到所有黄色的蛇出现在水平和垂直位置,当红色随机弹出时……我对它百看不厌。"总之,这是比尔·加尔萨奇(Bill Garsach)发表的关于"17×17挑战"谜题的答案,"这个挑战价值289美元,不是开玩笑"。摘自《计算复杂性》(*Computational Complexity*),2009年11月30日。加尔萨奇还启发玩数学网站的编辑专门介绍了反矩形,参见https://playwithyourmath.com/2020/01/01/23-no-rexangles。

等等,你是说你最喜欢的油管视频之一是一个人解数独? 是的,接下来的25分钟里你所观看的这个视频,将成为你一天中最精彩的部分——《数独奇迹》["The Miracle Sudoku",《破解神秘》(*Cracking the Cryptic*,2020年5月10日),参见https://www.youtube.com/watch?v=yKf9aUIxdb4]。

"四边形"和"类星体"的拼写是正确的吗? 是的。资料来源:伊安·斯图尔特(Ian Stewart)的文章《四边形和类星体游戏》("Playing with Quads and Quazars",《科学美国人》,1996年3月1日,第84—85页)。

关于数独,心理学家还发现了什么? 参见张慧尚和珍妮特·M.吉布森(Janet M. Gibson)共同撰写的文章《数独谜题中的单双数效应:工作记忆、年龄和经验的影响》("The Odd-Even Effect in Sudoku Puzzles:Effects of Working Memory,Aging,and Experience",《美国心理学杂志》第124卷,第3期,2011年:第313—324页)。

在哪里可以了解更多关于国际象棋研究的知识? 威廉·G.蔡斯(William G. Chase)和赫伯特·A.西蒙(Herbert A. Simon)共同撰写的文章《国际象棋中的知觉》["Perception in Chess",《认知心理学》(*Cognitive Psychology*),第4卷,第1期,1973年:第55—81页]。在心理学中,图片总是复杂的。后来的一项研究表明,专家在记忆随机棋盘时还是保留了一些优势(尽管这种优势被削弱了):费尔南德·戈贝特(Fernand Gobet)和赫伯特·A.西蒙《回忆快速呈现的随机国际象棋位置是技能的作用》["Recall of Rapidly Presented Random Chess Positions Is a Function of Skill",《心理规律公告与评论》(*Psychonomic Bulletin and Review*),第3卷,第2期,1996年:第159—163页]。

亚马逊棋

你是怎么知道这个游戏的呢? 在《打结的甜甜圈》中,马丁·加德纳讨论了Quadraphage,这是大卫·L.西尔弗曼的《你的策略》(*Your Move*,纽约:麦格劳希尔集团,1971年)一书中的一系列谜题。我记下了这个想法,后来误以为是自己的想法,还花了几个月的时间试图把它设计成游戏,直到善于分析的6年级学生艾比打破了我的困境。她无视王的位置,在棋盘的边缘放了一排筹码(你可以先细分棋盘,这样会更好,但关键在于艾比的洞察力——不必受限于王的当前位置,只需要建造围墙——这样就将游戏简化为一个可解决的谜题)。我试着把棋子换成一匹马,这样基本上是摸索着走向了亚历克斯·伦道夫的"马追逐游戏"(来自《游戏之域》);但后来另一个艾比——一位计算机科学教授,破解了这个版本,终于有人将我指向沃尔特·赞考斯卡斯的宝藏游戏:亚马逊棋。

所以你没看过《数字狂》(*Numberphile*)的视频? 没看过,但我知道它很棒。数学家埃尔温·伯利坎普教过《数字狂》的主持人布雷迪·哈兰(Brady Haran)玩这个游戏。你可以在油管上搜索"与布雷迪·哈兰的最后一场游戏(亚马逊棋)["A final game with Elwyn Berlekamp(Amazons)"]。要想了解更多战略细节,你可以观看他《埃尔温·伯利坎普》频道上的视频。伯利坎普于2019年去世,他的《数学游戏的制胜之道》的合著者理查德·盖伊和约翰·康威也去世了,为我的这本书增添了一缕感伤。

你说的那些亚马逊棋专家都是谁? 他们是桌游极客网站的高贵居民。特别有用的是2008年@cannoneer的评论(参见https://boardgamegeek.com/thread/348357/why-i-love-amazons),包括Nick Bentley有深度的回复(@milomilo122),以及2014年@ErrantDeeds的评论(参见https://boardgamegeek.com/thread/1257900/amazons-walking-fine-line-between-depth-and-access)。网站上也有很多关于这款游戏的讨论。我尤其推荐大卫·普卢格(David Ploog)的分析:https://www.mathematik.hu-berlin.de/~ploog/BSB/LG-Amazons.pdf。

组合游戏大拼盘

我对你来说真的只是化学物质的组合吗? 是的,没错。

你是从哪里得到这么可怕的想法的? 从斯尼扎娜·劳伦斯(Snezana Lawrence)和马克·麦卡特尼(Mark McCartney)合编的《数学家和他们的神:数学和宗教信仰之间的互动》(*Mathematicians & Their Gods*:*Interactions between Mathematics and Religious Beliefs*,牛津:牛津大学出版社,2015年)一书。具体来说,是罗宾·威尔逊(Robin Wilson)和约翰·福维尔(John Fauvel)合著的那一章——"暴风雨前的平静:文艺复兴时期的组合学"("The Lull before the Storm:Combinatorics in the Renaissance"),我就是引用了这一章中《创世之书》里的话。

你的意思是,把我简化成一个简单的组合练习是一种宗教观念? 也是一种世俗观念。听听伊塔洛·卡尔维诺(Italo Calvino)是怎么说的:"我们是谁?如果不是经验、信息、读过的书、想象中事物的组合,那么我们是谁?每个人的生命都是一本百科全书,一座图书馆,一份物品清单……一切都可以以各种可能的方式被不断地打乱和重新排序。"伊塔洛·卡尔维诺的著作《写给下一个千年的六份备忘录》(*Six Memos for the Next Millennium*,纽约:年代图书出版社,1993年),英文版译者是派崔克·克雷(Patrick Creagh)。在伊塔洛的讲述中,我是由厄苏拉·勒奎恩(Ursula Le Guin)的小说、保罗·西蒙(Paul Simon)的歌词和里斯花生酱杯组成的人形大杂烩。但这并不意味着我毫无价值或缺乏独创性。事实上,这就是独创性。创造力是一种组合游戏,把同样的旧东西组合成前所未有的新东西。

好吧,我没有之前那么生气了。 那当然了,我说到做到。

第4章　风险与回报游戏

引言

在《成交不成交》的例子中,那些是真实的数字吗? 是的,它们来自美国版的第1期。

史上第一篇关于概率论的专著是什么? 根据布莱兹·帕斯卡和皮埃尔·德·费马之间的书信,应该是克里斯蒂安·惠更斯的著作《论赌博中的机会》(*De Rationciniis In Ludo Aleae*,1656—1657年)。我找到了泽维尔大学数学和计算机科学系教授理德·J.普尔斯坎普(Richard J.Pulskamp)翻译的版本,2009年7月18日,参见https://www.cs.xu.edu/math/Sources/Huygens/sources/de%20ludo%20Aleae%20-%20rjp.pdf。

我一直不理解:《星际迷航》里的人物为什么要玩扑克牌? 实际上,这是《星际迷航》粉丝们长期以来的一个未解之谜。"没有一个理性的人,"游戏学家格雷格·科斯蒂基安写道,"他们会因为游戏本身的魅力而玩轮盘赌——看一个球在转盘上滚动对猫来说可能很有趣，但对人类来说没什么吸引力。"

无赌注扑克牌游戏也面临同样的问题：挑战全在于下注，而下注则全在于赌注。那么，为什么联邦旗舰上的高级官员会把空闲时间花在一个随机的过程上？

公平地说，这并不是24世纪娱乐观念中唯一一古怪的地方。有了食物，他们不是选择大口喝奶昔，而是喝伯爵茶。有了一个逼真的虚拟现实系统，他们不会沉迷于色情、暴力幻想或《侠盗猎车手》，而是选择扮演经典文学作品中的角色。或者，当你整个一周都在面对致命的风险时，你最想要的就是毫无意义的风险。又或者，当你的文明程度达到星际舰队军官的水平时，你对乐趣的看法就会变得和猫一样。

在哪里可以进一步了解约翰·冯·诺伊曼？ 可以看看诺曼·麦克雷（Norman Macrae）的著作《约翰·冯·诺伊曼：建立现代计算机、博弈论、核威慑等理念的科学天才》（*John von Neumann：The Scientific Genius Who Pioneered the Modern Computer, Game Theory, Nuclear Deterrence, and Much More*，纽约：万神殿出版社，1992年）。

削弱游戏

你是从哪里知道这个游戏的？ 道格拉斯·霍夫施塔特的著作《无所不在的模式识别：寻找心灵和模式的本质》，其中有一章节介绍了该游戏的原始版本及其他变体：增强游戏和失望游戏。

你说的《公主新娘》的场景是什么？ 天哪，你连这都不知道，快去看看电影吧！《公主新娘》是20世纪福克斯电影公司在1987年出品的一部电影，由罗伯·莱纳（Rob Reiner）执导。它的风格微妙而荒谬，再加上曼迪·帕廷金（Mandy Patinkin）出色的表演，共同奠定了影片温暖而极具自我意识的基调。

你是如何想出这些关于随机性价值的例子的？ 我从斯科特·亚历山大（Scott Alexander）的书评《书评：我们成功的秘密》（"Book Review：The Secret of Our Success，SlateStarCodex"，2019年6月4日）摘录了几个例子（纳斯卡皮猎人、罗马将军、观鸟占卜、驯鹿骨头占卜）。这本书就是约瑟夫·亨里奇（Joseph Henrich）的《我们成功的秘密：文化如何推动人类进化，驯化我们的物种，让我们更聪明》（*The Secret of Our Success：How Culture Is Driving Human Evolution, Domesticating Our Specie, and Making Us Smarter*，新泽西州普林斯顿：普林斯顿大学出版社，2016年）。其他的则来自我和父亲——可爱的吉姆·奥尔林，多年来关于概率和随机性的对话。

摩拉是一个真正的游戏吗？ 如假包换。在油管上搜索"Morra"，就能看到一大家人在院子里欢聚的美好画面。我也推荐你看看DW Euromaxx的视频《世界上最吵的游戏：摩拉是世界上最古老的手游——它真的很吵！》（"The World's Loudest Game：Morra Is the World's Oldest Hand Game—and It Is LOUD !"，2019年8月24日），参见 https：//www.youtube.com/watch? v=nEvJIG42D14。

别管削弱游戏了，我要怎样才能在石头剪刀布中获胜呢？ 我推荐你看布雷迪·哈兰的节目《数字狂》——汉娜·弗莱参加的那期："在石头剪刀布中获胜"（"Winning at Rock Paper Scissors"，2015年1月26日），参见 https：//www.youtube.com/watch? v=rudzYPHuewc。她讨论的是王志坚、徐斌和周海军的论文《剪刀石头布游戏中的社会循环和条件反应》（"Social Cycling and Conditional Responses in the Rock-Paper-Scissors Game"，2014年4月21日），参见 https：//arxiv.org/pdf/1404.5199v1.pdf。至于我本人的看法，我是从格雷格·科斯蒂基安的《游戏中的不确定性》中获得的灵感："石头剪刀布是一款玩家不可预测性游戏，因为它是决定游戏的不确定性、存在理由和文化延续的唯一因素。"

也许只是你们这些笨蛋没有自由意志，我自认为可以战胜任何电脑的预测。 好吧，在你的自信心爆棚之前，试试斯科特·阿伦森描述的f/d预测器。你可以在网上找到它：https：//people.ischool.berkeley.edu/~nick/aaronson-oracle，更多细节在这儿：https：//github.com/elsehow/aaronson-oracle。阿伦森在他的量子计算课上讨论了从德谟克利特（Democritus）至今的情况，你可以在他的博客上了解更多内容：https：//www.scottaaronson.com/blog/?p=2756。

是谁想出了三人版的削弱游戏？ 我的精英团队——由6年级和7年级的游戏测试员组成。我记得是拉伦、艾比和内森设计了这个变体游戏，不过我对自己的记忆力不太有信心，所以还要感谢洛翰、艾伦、夏洛特和安吉拉。

"7"真的是最常见的"随机"数字吗？ 是的。参见迈克尔·科波维（Michael Kubovy）和约瑟夫·普索特卡（Joseph Psotka）共同撰写的文章《7的优势和数字选择的明显自发性》["The Predominance of Seven and the Apparent Spontaneity of Numerical Choices"，《实验心理学杂志：人类的感知和表现》（*Journal of Experimental Psychology：Human Perception and Performance*），第2卷，第2期，1976年：第291—294页]。更近的例子来自《让8500名大学生从1到10中随机选择一个数字》（"Asking over 8500 College Students to Pick a Random Number from 1 to 10"，2019年1月4日），参见：https：//www.reddit.com/r/dataisbeautiful/comments/acow6y/asking_over_8500_students_to_pick_a_random_number。

琶音游戏

兄弟！在世界仍在遭受新冠病毒重创的情况下，你为什么要提这项关于致命疾病的研究？ 我知
道，我知道，对不起。这是关于风险框架的经典研究，但我知道你可能不希望残酷的现实闯
入你的游戏漫画书中。总之，最早介绍它的是阿莫斯·特沃斯基和丹尼尔·卡尼曼，来自
文章《决策的框架和选择的心理学》（"The Framing of Decisions and the Psychology of Choice"，
《科学》第211卷，第4481期，1981年：第453—458页）。这个游戏在丹尼尔·卡尼曼的
《思考，快与慢》中也有出现。

医生真的认为35岁是怀孕的分水岭吗？ 是的，这个观点太常见了。你可以读读艾米丽·奥斯
特的著作《一个经济学家的怀孕指南》（*Expecting Better*：*Why the Conventional Pregnancy Wisdom
Is Wrong—and What You Really Need to Know*，纽约：企鹅出版集团，2013年）。如果你是那种
①想要或有小孩，②会读数学书尾注的人，那么奥斯特的书100%适合你。

我赢得单人版升调游戏的概率有多大？ 这取决于你的游戏策略。不过，不可否认的是，掷骰子
的失败概率有63%（如得到2个2 + 2，或3个4 + 5）。如果你不喜欢无法获胜的游戏（会有
人喜欢吗？！），可以引入一个规则：如果连续2次掷出一样的相同数组（如在3-3之后，又
得到一个3-3），或者连续3次掷出一样的不同数组（如在1-4之后掷出1-4，接着又得到一个
1-4），可以重新掷。

离谱游戏

是什么促使你发明了这款游戏？ 正如我在这一章中提到的，动力来自道格拉斯·哈伯德的《数
据化决策》。此外，还要感谢来自爱德华国王学校、圣保罗学院和参加明尼苏达州 Protospiel
2019年聚会的各位帮忙测试这个游戏。

你是如何计算出那些最优策略的呢？在简化版本中，你只是预测掷骰子的结果？ 为了简化分
析，我假设你必须选择1～n的范围。如果允许其他可能性存在，选择范围较小的人希望重
叠部分最大化，而选择范围较大的人则希望重叠部分最小化，但基本分析是相似的。如果你
假设每个玩家都掷自己的骰子，那么定量结果也会略有变化（也就是说，猜测是独立的，这
对于游戏中的典型问题来说是一个更好的模型），但对策略的基本定性描述保持不变。

不，我是说，你怎么得到这些数字的？ 哦！我用了加州大学洛杉矶分校托马斯·弗格
森（Thomas Ferguson）教授网站上一个便捷的应用程序，参见：https : //www.math.ucla.
edu/~tom/gamesolve.html。

到底傻成什么样，才会说自己对某件事有100%的自信呢？ 就是一些普通的人类傻瓜。参见波琳·奥斯汀·亚当斯（Pauline Austin Adams）和乔·K.亚当斯（Joe K. Adams）共同撰写的文章《识别和复制难以拼写的单词的信心》（"Confidence in the Recognition and Reproduction of Words Difficult to Spell"，《美国心理学杂志》第73卷，第4期，1960年：第544—552页）。类似的问题在丹尼尔·卡尼曼的《思考，快与慢》中也出现了。

我可以在哪儿学到更多关于良好校准的知识？ 在这类认知问题上，我最喜欢的作家是朱莉亚·加利夫（Julia Galef）。她出版了一本既引人入胜又发人深思的书——《童子军思维模式：为什么有些人看得清楚，有些人看不清楚》（*The Scout Mindset*：*Why Some People See Things Clearly and Others Don't*，纽约：Portfolio，2021年）。

纸上拳击

在哪里可以了解更多关于为政党利益改划选区的政治信息？ 推荐大卫·利特的著作《一本书讲民主：它是如何运作的，为什么它不起作用，以及为什么修复它比你想象的容易？》（*Democracy in One Book or Less*：*How It Works, Why It Doesn't, and Why Fixing It Is Easier than You Think*，纽约：伊珂出版社，2020年）。

在哪里可以了解到更多关于为政党利益改划选区的数学知识？ 推荐穆恩·达钦的相关研究。在史蒂文·斯特罗伽兹（Steven Strogatz）主持的Quanta播客《X的乐趣》（*Joy of X*）中，她出现在《穆恩·达钦谈公平投票和随机漫步》这一集。她在塔夫茨大学的研究团队被称为"度量几何学和为政党利益改划选区小组"，参见：http://mggg.org。

在哪里可以进一步了解长得像埃尔布里奇·格里的火蝾螈？ 你好像误解了什么是为政党利益改划选区。

这个莫名其妙的高尔夫球比喻是谁提出来的？ 扎克·麦克阿瑟，他是一名来自芝加哥的高中数学老师和高尔夫教练。感谢迈克尔·赫利（Michael Hurley）介绍我们认识。

赛车游戏

你是从哪里知道这个游戏的？ 最初的信息来源是马丁·加德纳的《打结的甜甜圈》，后来我从安德烈亚·安焦利诺的《超有趣的纸笔游戏》中选取了一些变体。

你相信未来是未确定的（本体论意义上的"不确定"），还是仅仅是未揭示的（认识论意义上的"不确定"）？ 未确定的。

你还未确定吗？ 不，我的意思是未来是不确定的，不确定性是本体论的。

哦，太棒了！所以我们确实有自由意志？ 并不是，不确定性存在于量子水平，然后传播到更大的维度。有意识的人类意志没有任何作用。

所以……我们没有自由意志？ 不，这只是一个有用的虚构理论，所以不要太担心。

你刚刚还说我没有自由意志！我怎么能不担心呢？ 好吧，换个角度来说，你只需要担心你能控制的东西，在一个没有自由意志的世界里，你什么也控制不了。因此，你什么都不用担心。问题解决了！

风险与回报游戏大拼盘

在哪儿能找那种有101种不同手势的石头剪刀布变体？ 它的创造者是大卫·C.洛夫莱斯（David C. Lovelace），这个游戏被称为"RPS-101：有史以来最可怕的复杂游戏"，参见 https : //www.umop.com/rps101.htm。

为什么石头剪刀布需要更多的手势呢？ 山姆·卡斯在描述蜥蜴–斯波克的变体时是这么说的："当你足够了解一个人时，你和这个人玩任何形式的剪刀石头布游戏，可能有75% ~ 80% 的结果都是平局。"《生活大爆炸》的编剧引用了这个捏造的数字，就好像它是某种经验事实一样，这就是为什么你不应该从情景喜剧中学习社会科学课程，至少不是美国哥伦比亚电视台的情景喜剧，参见 http : //www.samkass.com/theories/RPSSL.html。

你是从哪里知道"到101就出局"游戏的？ 玛丽莲·伯恩斯的《关于数学教学》（*About Teaching Mathematics*，加利福尼亚州索萨利托：数学解决方案出版社，2007年），她将其称为"101，You're Out"（到101就出局）。感谢罗伯特·比梅斯德弗（Robert Biemesderfer）提出了更加押韵的名称"101 and You're Done"（到101就输了）。

我如何在"到101就出局"游戏中获胜？ 这是对贪婪算法的一个简单改进。给剩余的每个骰子分配一个预测值，如果剩余的骰子不会让你超过上限，才乘以10。预测值为0的算法是贪婪算法，实际上，你在假装后来的骰子不存在。预测值为6，则是一种超级安全的算法，没有任何超额的风险。简言之，你的预测值越高，你的策略就越谨慎。在模拟中，我发现预测值为4.5时，平均得分最高：每轮88.4分，只有1.5%的时候会破产。

你玩过骗局游戏吗？ 没有，但它的创造者詹姆斯·欧内斯特玩过。参见詹姆斯·欧内斯特的著作《赫尔曼酋长的假日趣味套装：美好生活指南》。

排序游戏是从哪里来的？ 来自我和父亲吉姆·奥尔林的一次谈话，我们试图改进离谱游戏的规则。相较之下，我还是更喜欢离谱游戏（它更容易让人想出好问题），但我觉得排序游戏的计分规则更直观和巧妙。

我要怎样做才能在小猪游戏中获胜？ 首先，这里有一个不太完美的策略：每一轮都要保证掷一定次数的骰子。"我将掷n次，然后停止，不管得到的分数是多少。"稍微计算一下，最佳值是 $1/(\ln 18 - \ln 13)$，大约是3.07次。换句话说，滚动3次，然后退出，这样平均可以得到11.5分。

　　然而，问题是，谁在乎你掷了几次。重要的是，你的分数。所以一个更好的策略是，"将骰子滚动到可以得到分数x，然后停止，无论需要滚动多少次"。概率论揭示最佳数字是26.5。因此，得到26点或以下，继续掷骰子；得到27点或以上，停止并记录得分。在每一回合中，这种策略理论上会比"滚动3次"策略多出0.4分。

第5章　信息游戏

引言

我想再多了解一些关于信息的信息。 你可以阅读这篇具有历史意义的文章——克劳德·香农的《通信的数学理论》["A Mathematical Theory of Communication"，有2部分，《贝尔系统技术杂志》（*Bell System Technical Journal*）第27卷，1948年第3期，第379—423页和第4期：第623—656页]。另外，在本章中，我还参考了2个重要的二手资料：詹姆斯·格雷克的《信息简史》（*The Information : A History, a Theory, a Flood*，纽约：维塔奇书局，2011年）；吉米·索尼（Jimmy Soni）和罗伯·古德曼（Rob Goodman）合著的《香农传：从0到1开创信息时代》（*A Mind at Play : How Claude Shannon Invented the Information Age*，纽约：西蒙和舒斯特出版社，2017年）。

靶心游戏

最佳策略是怎样的呢？ 极小化极大算法是一个明智的方法。对每个可能的猜测，设想一下最令人失望的反馈，也就是让你能划掉最少选项的反馈。然后，在这些最坏的情况中，找出信息量最大的那个。它所对应的数字就是你应该选的，而其最小反馈就是最大值。因此，"极小化极大"。要了解更多信息，可以参阅唐纳德·E.克努特（Donald E. Knuth）的文章《作为头脑大师的计算机》["The Computer as Master Mind"，《娱乐数学杂志》（*Recreational Mathematics*）第9卷，第1期（1976—1977年）：第1—6页]。

我从没留意过"探针"（probe）和"问题"（problem）之间的概念联系。 这一见解来自保罗·洛克哈特的《度量》（*Measurement*，马萨诸塞州坎布里奇：贝尔纳普出版社，2014年）。

我不喜欢那个翻转纸牌的研究，你欺骗了我。 如果你想对此发起集体诉讼，那么96%的实验对象都可以加入你的队伍。这个研究被称为"沃森选择任务"，参见P.C.沃森（P.C. Wason）和戴安娜·夏皮罗（Diana Shapiro）共同撰写的文章《推理问题中的自然和人为经验》["Natural and Contrived Experience in a Reasoning Problem"，《实验心理学季刊》（*Quarterly Journal of Experimental Psychology*）第23卷，1971年：第63—71页]。此外，如果你希望自己在这个项目中表现得更好一些，只需把字母变成饮料，把数字变成年龄，然后执行规则："任何含酒精饮料的卡片必须年满21岁。"逻辑结构和之前是一样的，但问题变得简单多了。

买者自负

赢家真的被诅咒了吗？ 在这里，我要声明一下，这不是什么类似《体育画报》封面的诅咒那样的超自然现象，这是真实的。如果想快速了解这一问题，可以看看亚当·海斯（Adam Hayes）的文章《赢家的诅咒》["Winner's Curse"，《投资百科》（*Investopedia*），2019年11月8日]。

你能用一个令人振奋的故事来说明人类有多擅长估算，以平衡这个关于"诅咒"的黑暗论调吗？ 当然可以。去读读詹姆斯·索罗维基（James Surowiecki）的著作《群体的智慧》（*The Wisdom of Crowds*，纽约：锚图书，2005年）。从这本书中，我找到了估算牛体重的例子。

已读，谢谢，我已经准备好再次被人类的邪恶摧残。 那你可以去读读迈克尔·刘易斯的著作《说谎者的扑克牌》（纽约：W. W.诺顿出版社，1989年）。我就是从这本书中找到了为该游戏命名的灵感。

啊，我的灵魂又遭受了重创。 好吧，来看看幸灾乐祸的大卫·D.柯克帕特里克（David D. Kirkpatrick）的文章《以4.5亿美元成交价购入"救世主"的神秘买家是沙特王子》（"Mystery Buyer of $450 Million 'Salvator Mundi' Was a Saudi Prince"，《纽约时报》，2017年12月6日），可能会让你感觉好一点。卖家认为这幅画出自达芬奇之手，但学者对此一直存有争议。如果你问我的看法，我认为是这个说法是可信的（不过沙特王子没有问我）。不管怎样，很难想象花费了近5亿美元买下一幅不是达·芬奇真迹的画作会是什么感受。

当你设计这个游戏时，有哪些人提供了帮助？ 此处向游戏测试员马特·唐纳德、罗伯·利布哈特和杰夫·白表达诚挚的感谢。

LAP游戏

你是从哪里知道这个游戏的？《游戏之域》，但给我更多启发的是桌游极客上一个很棒的帖子，用户 @russ、@LarryLevy、@mathgrant 和 @Bart119 探讨了战略思想，并指出了模糊的棋盘设计的存在，参见 https : //boardgamegeek.com/thread/712697。另外，简洁的彩虹LAP变体来自伊丽莎白·科恩和瑞秋·洛唐的著作《设计团队工作：异构课堂的策略》（纽约：教师学院出版社，2014年）。

量子钓鱼

你是从哪里知道这个游戏的呢？ 现在回想起来，我妻子在加州大学伯克利分校读研究生的时候，就有人试图教我了。但直到在准备写这本书，我才看到安东·格拉申科关于该游戏的介绍，参见 http : //stacky.net/wiki/index.php?title=Quantum_Go_Fish。Everything2 上也有详细的介绍参见 https : //everything2.com/title/Quantum+Fingers。红迪网上关于 r/math 的讨论——"量子钓鱼（一个真正适合数学家的纸牌游戏）"，也值得一看。

这让我想起了"20个问题"游戏，是不是很奇怪？ 不奇怪，我也有同样的想法。美国物理学家约翰·惠勒（John Wheeler）用这个游戏来说明我们选择问的问题如何塑造了我们对现实的看法。在这个游戏中，把猜测者带出房间，然后其他人在回答"是"和"否"的特定模式上达成一致。例如，"是""是""否""是""是""否"……这样重复下去。无论猜测者问什么，总是这样回答（除非它与之前的答案相矛盾）。猜测者的问题本身就会创造出他们所询问的对象。不管最后猜出了什么，都是"正确"答案。

以下是一个使用"是/是/否"模式的例子。它是活的吗？ 是的。是一个人吗？是的。是男性吗？不是。是女性吗？是的。她出名吗？是的。她是个艺人吗？不是。她是政治领袖吗？是的。她是现任或者前任国家元首吗？是的。她的第一语言是英语吗？不是。她是欧洲人吗？是的。是安格拉·默克尔吗？是的。

"尖峰时刻"你玩得怎么样？ 相当不错，不过我现在已经没有这套玩具了。如果你想送我礼物，新想法品牌（ThinkFun）最近出了新的"尖峰时刻"。

塞萨拉

我在哪里可以了解到更多关于归纳游戏的知识？ 你可以从马丁·加德纳的著作《折纸、埃莱夫西斯和索玛立方体》(*Origami,Eleusis,and the Soma Cube*，纽约：剑桥大学出版社，2008年）开始了解。想了解埃莱夫西斯发明者的想法，请看罗伯特·阿博特的《埃莱夫西斯和埃莱夫西斯快车》：http：//www.logicmazes.com/games/eleusis。这个游戏的开发者科里·希斯在他的个人博客中详细介绍了禅道游戏的设计历史，让我受益匪浅：参见http：//www.koryheath.com/zendo/design-history。

我认为你夸大了在没有明确假设的情况下收集数据的危险。 并没有。如果你想了解有关该内容的详细信息，可以读读我在《欢乐数学》（天津：天津科学技术出版社，2021年）中介绍P值黑客和复制危机的章节"兵临城下：科学殿堂的危机"。

达尔文真的说过"我讨厌所有人、所有事"吗？ 是的。出自罗伯特·克鲁威奇（Robert Krulwich）所写的文章《查尔斯·达尔文和糟透的一天》（"Charles Darwin and the Terrible,Horrible,No Good,Very Bad Day"，克鲁威奇奇观博客，2012年10月19日），参见https：//www.npr.org/sections/krulwich/2012/10/18/163181524/charles-darwinand-the-terrible-horrible-no-good-very-bad-day。

爱因斯坦真的说过他"很少"有什么想法吗？ 是的。参见比尔·布莱森（Bill Bryson）《万物简史》(*A Short History of Nearly Everything*，纽约：百老汇图书，2003年）。

R.C.巴克真的说过"创造力是数学的灵魂"吗？ 我理解你在达尔文和爱因斯坦的名言上质疑我，因为那两句话听起来像是在开玩笑，但你真的要问我这句话的资料来源吗？

是的。 好吧，我是从丹尼斯·加斯金斯的玩数学网站"语录十五：更多的数学乐趣"栏目中看到的：参见https：//denisegaskins.com/2007/09/19/quotations-xv-more-joy-of-mathematics。她是从约翰·A.布朗（John A. Brown）和约翰·R.马约尔（John R. Mayor）共同撰写的文章《教学机器和数学程序》["Teaching Machines and Mathematics Programs"，《美国数学月刊》第69卷，第6期（1962年）：第552—565页]中看到的。

信息游戏大拼盘

"赢—输—香蕉"玩的时候真的有策略性吗？ 还是只是无聊的废话？这由玩家自己决定，尽管聪明的红迪网站用户（u/tdhsmith）认为，只要问了这个问题，你就进入了蜕变的赢—输—香蕉游戏。这个游戏和原来的主题相似，但在现实世界中进行。游戏分为3个派别：

"不确定（赢）派……不确定赢—输—香蕉游戏是否有策略性。这就是你现在的阵营，一旦加入这个阵营，你就会立即询问游戏是否有策略，从而触发游戏的第2阶段。

"不在乎（输）派……试图说服不确定派，使其相信游戏没有策略。如果不确定派站在了他们这边，那就只有不在乎派赢了，因为他们的观点更有优势，而不确定派则白白浪费了自己的时间。

"策略（香蕉）派……试图说服不确定派，使其相信游戏是丰富且具有策略性的。如果不确定派站在了他们这边，那么这两派就都赢了，因为他们度过了一段有趣且具有战略意义的时光。"

顺便说一下，这个游戏是我从乔尼·布锡莱特（Jonny Bouthilet）和马库斯·罗斯（Marcus Ross）那里听说的。该游戏的设计者是克里斯·西斯里克（Chris Cieslik），美术监制是卡拉·贾德（Cara Judd），发行商是阿玛迪斯游戏公司（Asmadi Games）。